Deepen Your Mind

推薦序

科技是第一生產力，每一次新技術的出現都會帶來生產力的進步，甚至進一步引發產業變革。但是，新技術的理論與生產實踐之間存在鴻溝，跨越這條鴻溝是需要大量的探索實踐才可能實現的。無論是當下的 5G、區塊鏈和人工智慧，還是量子通訊、量子計算、自動駕駛等探索中的技術，無不依賴於前仆後繼的產業人去探尋實踐道路。

聯邦學習作為近幾年新生的資料安全共用技術，在「資料孤島」的情境下有用武之地。高速發展的資訊化技術使得政府、企業累積了大量的資料資訊，這些資料資訊對建構社會信用系統、提升使用者服務品質具有重要作用。但是這些資料資訊往往因涉及使用者隱私問題，導致流轉障礙，形成了「資料孤島」狀態，不能滿足國家培育資料要素市場的需求。同時，處於行動網際網路這個大背景下，使用者的各種行為（舉例來說，消費、社交、娛樂等）都發生深刻的變化，使用者越來越多的資訊線上化，同時也在資料化。

作為產業從業者，我們所面對的挑戰是大量使用者仍然沒有被傳統金融機構的服務所覆蓋，對需要金融服務的使用者來說，其資訊搜集困難、資訊不健全，大量的「資料孤島」使得使用者的分析猶如瞎子摸象。同時，很多不良企業為了自己的業績和利潤，鋌而走險、非法獲取和傳播使用者的個人隱私資料，造成了大量使用者資訊的洩露。對此，監管部門重拳出擊，整頓市場。聯邦學習為監管、市場提供了一種可能的技術化解決方案。我們可以借助其技術特點，讓資料可用不可見、隱私資料不出庫，建構基於隱私計算的聯邦學習模型，全面地評估使用者的風險水準，既保證了使用者的隱私安全，又防止了資料的洩露。我們如果能夠合理地使用該技術，持續探勘其潛在價值，那麼能為數位經濟發展提供有益的幫助。

在金融科技等產業化應用中，該技術的理論門檻相對較高，涉及密碼學、演算法、工程等多項內容，市場上的相關技術和研究資料較少，導致企業在產業實踐中常常遇到難以解決的問題，需要花費較長時間。

本書全面地介紹了聯邦學習的技術原理，突出案例應用和實踐經驗，對聯邦學習產業應用具有較大的參考價值。

程建波

京東集團副總裁、京東科技集團風險管理中心負責人

前言

✤ 寫作背景

聯邦學習迅速成了產業界的寵兒，很多網際網路企業紛紛投入研發資源，並進行市場布局。這項技術於 2016 年被 Google 提出，在 2019 年年初被引入，在 2020 年即已出現數十家企業提供的產品，並出現了大規模的商業應用，這種速度在新技術應用中實屬罕見。

究其原因，是因為聯邦學習可以解決企業之間的「資料孤島」問題，讓企業可以透過使用更多的資料提高 AI 模型的效果，提供給使用者更便捷的個性化服務。同時，在這個過程中資料是安全的，使用者的隱私資訊不會被輸出和洩露，因此這項技術不但不會損害合作企業的利益，而且可以為其帶來額外的收益。對於使用者而言，他們既可以享受個性化服務品質的提升，又不用擔心具體隱私資訊的傳播，有利而無害，因此願意授權網際網路服務商透過這種安全的方式使用外部資料。對於市場監管而言，這種方式的跨企業資料服務不是直接複製資料，而是需要透過聯邦網路，由聯邦參與方共同確認才能產生結果，這解決了使用傳統方式造成的資料被任意複製、難以監管的難題。

從技術層面來看，聯邦學習是密碼學、分散式運算、機器學習三個學科綜合的技術，涉及面較廣，部署實施難度大，很多具體問題需要跨領域的綜合知識才能解決。一方面，在人才市場中這種綜合型人才十分缺乏，很多專案都面臨無人可用的困境。另一方面，越來越多的人關注到聯邦學習這個新興技術，希望系統地掌握聯邦學習的原理，並在產業應用中解決具體問題。不幸的是，市面上相關的書籍還很少，網路文章往往不夠系統和深入。我們在聯邦學習產品化、探索實踐的過程中累積了大量經驗，撰寫了這本關於技術與實戰的書，希望幫助讀者更進一步地掌握聯邦學習，在符合法律法規及現有監管政策的前提下開展對聯邦學習技術的探索。我們也希望與網際網路夥伴一起，組建更大的聯邦網路，在確保使用者隱私資料

安全的前提下，提供給使用者更優質的服務，促進跨企業巨量資料產業的健康發展。

✤ 如何閱讀本書？

本書詳細地說明了聯邦學習的相關概念，同時列出了較多案例，適合對聯邦學習感興趣的讀者閱讀。本書在必要之處列出數學公式，讀者在閱讀這些小節時需要具備統計學的基礎知識。

我們對本書進行了系統性的編排和統整。本書共 12 章，包括聯邦學習基礎、具體的聯邦學習演算法、聯邦學習的產業應用和展望三大部分。各個部分相對獨立，讀者可依據目標和興趣進行選擇性地重點閱讀。

第 1 章～第 3 章為聯邦學習基礎，旨在幫助讀者了解聯邦學習的市場背景、技術現狀，以及基礎的隱私保護技術、機器學習技術和分散式運算技術。建議聯邦學習的初學者和求職者重點閱讀這個部分，藉以梳理清楚聯邦學習的基本問題和基本技術。第 1 章從全域的角度概述了聯邦學習的基本問題，用於建立對聯邦學習的整體認識，主要由陳玉林和範昊撰寫。第 2 章介紹多方計算和隱私保護，是聯邦學習成功地解決資料孤島問題，實現跨企業巨量資料融合的關鍵，主要由周帥撰寫。第 3 章介紹傳統機器學習，包括基本概念、方法和效果評價，是聯邦學習建立聯合模型、有效地利用多方資料解決業務問題的基礎，主要由王帝撰寫。

第 4 章～第 8 章為具體的聯邦學習演算法，旨在幫助讀者了解具體演算法的應用背景、特點和擴充方法，進而幫助讀者根據需求選擇合適的演算法，適合聯邦學習從業者進行重點閱讀。第 4 章介紹聯邦交集計算的相關理論和具體方法，用於提供聯邦資料之間的對應關係，主要由王森和何天琪撰寫。第 5 章介紹聯邦交集計算的相關理論和具體方法，用於提供聯邦資料之間的對應關係，主要由張一凡撰寫。第 6 章～第 8 章分別介紹垂直聯邦學習、水平聯邦學習和聯邦遷移學習這三種方案的架構、方法和案例。垂直聯邦學習用於解決相同使用者在不同企業場景中產生的資料的聯合建模問題，主要由陳忠和李怡欣撰寫。水平聯邦學習用於解決不同使用

者在相同場景中產生的資料的聯合建模問題，主要由敖濱和張潤澤撰寫。聯邦遷移學習用於解決不同使用者在不同場景中產生的資料的聯合建模問題，主要由王森撰寫。

第 9 章～第 12 章為聯邦學習的產業應用和展望，旨在幫助讀者了解聯邦學習技術的商業應用現狀、挑戰、趨勢，以及與資料資產和要素市場的連結，據此引發讀者進一步思考。該部分較為巨觀，涉及面廣，適合聯邦學習相關的專案管理者重點閱讀。第 9 章介紹了常見的開放原始碼架構、訓練服務和推理架構，並對具體部署過程中遇到的通訊、資源不足等問題列出了最佳化方案，主要由張德、陳行、閆玉成、孫浩博、黃樂樂、肖祥文撰寫。第 10 章介紹產業案例，包括聯邦學習在醫療健康、金融產品廣告投放、風控金融等場景中的應用，主要由王博、季澈和石薇撰寫。第 11 章從資料自身價值出發說明資料資產的相關概念和特徵，據此引出聯邦學習應用中的激勵機制和定價模型，主要由吳極、孫果和周帥撰寫。第 12 章介紹聯邦學習的挑戰和可擴充性，由陳玉林和陳曉霖撰寫。

✤ 致謝

本書是很多人共同努力的結果，在此感謝各位作者的辛勤付出。同時，在本書後期的整理和內容統整過程中，何彥婷、劉雲、孟璐、張竹清等同事做出了貢獻，在此表示衷心的感謝。

我們也要感謝劉威。透過他的介紹，我們和電子工業出版社的石悦編輯相識，最終達成了合作。在審稿過程中，石悦編輯多次邀請專家列出寶貴意見，對書稿的修改完善造成了重要作用。在此感謝石悦編輯對本書的重視，以及為本書出版所做的一切。

由於作者水準有限，書中不足之處在所難免。此外，由於聯邦學習方興未艾，技術不斷完善，新演算法層出不窮，本書難免有所遺漏，敬請專家和讀者批評指正。

彭南博、王虎

目錄

Chapter 01　聯邦學習的研究與發展現狀

1.1　聯邦學習的背景 1-1

1.2　巨量資料時代的挑戰：資料孤島 1-4

　　1.2.1　「資料孤島」的成因 1-4

　　1.2.2　具體實例 1-5

　　1.2.3　資料互聯的發展與困境 1-8

　　1.2.4　解決「資料孤島」問題的困難與聯邦學習的優勢 1-10

1.3　聯邦學習的定義和基本術語 1-12

　　1.3.1　聯邦學習的定義 1-13

　　1.3.2　聯邦學習的基本術語 1-14

1.4　聯邦學習的分類及適用範圍 1-17

　　1.4.1　垂直聯邦學習 1-18

　　1.4.2　水平聯邦學習 1-20

　　1.4.3　聯邦遷移學習 1-21

1.5　典型的聯邦學習生命週期 1-23

　　1.5.1　模型訓練 1-24

　　1.5.2　線上推理 1-24

1.6　聯邦學習的安全性與可靠性 1-25

　　1.6.1　安全多方計算 1-25

　　1.6.2　差分隱私 1-27

　　1.6.3　同態加密 1-28

　　1.6.4　應對攻擊的穩固性 1-29

1.7　參考閱讀 1-30

Chapter 02　多方計算與隱私保護

2.1　多方計算 2-1

2.2　基本假設與隱私保護技術 2-2

　　2.2.1　安全模型 2-2

　　2.2.2　隱私保護的目標 2-3

　　2.2.3　三種隱私保護技術及其關係 2-6

2.3　差分隱私 2-8

　　2.3.1　差分隱私的基本概念 2-8

　　2.3.2　差分隱私的性質 2-15

　　2.3.3　差分隱私在聯邦學習中的應用 2-17

2.4　同態加密 2-19

　　2.4.1　密碼學簡介 2-20

　　2.4.2　同態加密演算法的優勢 2-21

　　2.4.3　半同態加密演算法 2-22

　　2.4.4　全同態加密演算法 2-27

　　2.4.5　半同態加密演算法在聯邦學習中的應用 2-28

2.5　安全多方計算 2-30

　　2.5.1　百萬富翁問題 2-30

　　2.5.2　安全多方計算中的密碼協定 2-32

　　2.5.3　安全多方計算在聯邦學習中的應用 2-42

Chapter 03　傳統機器學習

3.1　統計機器學習的簡介 3-1

　　3.1.1　統計機器學習的概念 3-1

　　3.1.2　資料結構與術語 3-4

　　3.1.3　機器學習演算法範例 3-6

3.2　分散式機器學習的簡介 3-11

3.2.1 分散式機器學習的背景 3-11

3.2.2 分散式機器學習的平行模式 3-12

3.2.3 分散式機器學習比較聯邦學習 3-16

3.3 特徵工程 3-17

3.3.1 錯誤及缺失處理 3-17

3.3.2 資料類型 3-17

3.3.3 特徵工程方法 3-19

3.4 最佳化演算法 3-22

3.4.1 最佳化問題 3-22

3.4.2 解析方法 3-24

3.4.3 一階最佳化演算法 3-25

3.4.4 二階最佳化演算法 3-27

3.5 模型效果評估 3-29

3.5.1 效果評估方法 3-30

3.5.2 效果評估指標 3-32

Chapter 04 聯邦交集計算

4.1 聯邦交集計算介紹 4-3

4.1.1 基於公開金鑰加密體制的方法 4-4

4.1.2 基於混亂電路的方法 4-7

4.1.3 基於不經意傳輸協定的方法 4-9

4.1.4 其他方法 4-11

4.2 聯邦交集計算在聯邦學習中的應用 4-11

4.2.1 實體解析與垂直聯邦學習 4-11

4.2.2 非對稱垂直聯邦學習 4-14

4.2.3 聯邦特徵匹配 4-19

Chapter 05　聯邦特徵工程

5.1　聯邦特徵工程概述 5-1

　　5.1.1　聯邦特徵工程的特點 5-1

　　5.1.2　傳統特徵工程和聯邦特徵工程的比較 5-3

5.2　聯邦特徵最佳化 5-5

　　5.2.1　聯邦特徵評估 5-5

　　5.2.2　聯邦特徵處理 5-8

　　5.2.3　聯邦特徵降維 5-19

　　5.2.4　聯邦特徵組合 5-26

　　5.2.5　聯邦特徵嵌入 5-32

5.3　聯邦單變數分析 5-37

　　5.3.1　聯邦單變數基礎分析 5-38

　　5.3.2　聯邦 WOE 和 IV 計算 5-40

　　5.3.3　聯邦 PSI 和 CSI 計算 5-44

　　5.3.4　聯邦 KS 和 LIFT 計算 5-47

5.4　聯邦自動特徵工程 5-50

　　5.4.1　聯邦超參數最佳化 5-51

　　5.4.2　聯邦超頻最佳化 5-55

　　5.4.3　聯邦神經結構搜索 5-57

Chapter 06　垂直聯邦學習

6.1　基本假設及定義 6-1

6.2　垂直聯邦學習的架構 6-2

6.3　聯邦邏輯回歸 6-4

6.4　聯邦隨機森林 6-13

6.5　聯邦梯度提升樹 6-19

　　6.5.1　XGBoost 簡介 6-19

6.5.2　SecureBoost 簡介 6-24

6.5.3　SecureBoost 訓練 6-24

6.5.4　SecureBoost 推理 6-26

6.6　聯邦學習深度神經網路 6-30

6.7　垂直聯邦學習案例 6-34

Chapter **07**　水平聯邦學習

7.1　基本假設與定義 7-1

7.2　水平聯邦網路架構 7-2

7.2.1　中心化架構 7-2

7.2.2　去中心化架構 7-5

7.3　聯邦平均演算法概述 7-7

7.3.1　在水平聯邦學習中最佳化問題的一些特點 7-7

7.3.2　聯邦平均演算法 7-8

7.3.3　安全的聯邦平均演算法 7-10

7.4　水平聯邦學習應用於輸入法 7-12

Chapter **08**　聯邦遷移學習

8.1　基本假設與定義 8-1

8.1.1　遷移學習的現狀 8-1

8.1.2　圖形中級特徵的遷移 8-5

8.1.3　從文字分類到圖形分類的遷移 8-8

8.1.4　聯邦遷移學習的提出 8-11

8.2　聯邦遷移學習架構 8-11

8.3　聯邦遷移學習方法 8-15

8.3.1　多項式近似 8-15

8.3.2 加法同態加密 8-16

8.3.3 ABY 8-16

8.3.4 SPDZ 8-17

8.3.5 基於加法同態加密進行安全訓練和預測 8-19

8.3.6 基於 ABY 和 SPDZ 進行安全訓練 8-22

8.3.7 性能分析 8-24

8.4 聯邦遷移學習案例 8-25

8.4.1 應用場景 8-25

8.4.2 聯邦遷移強化學習 8-26

8.4.3 遷移學習的補充參考閱讀 8-33

Chapter 09 聯邦學習架構揭祕與最佳化實戰

9.1 常見的分散式機器學習架構介紹 9-1

9.2 聯邦學習開放原始碼框架介紹 9-10

9.2.1 TensorFlow Federated 9-11

9.2.2 FATE 框架 9-14

9.2.3 其他開放原始碼框架 9-16

9.3 訓練服務架構揭祕 9-18

9.4 推理架構揭祕 9-23

9.5 最佳化案例分析 9-26

9.5.1 特徵工程最佳化 9-27

9.5.2 訓練過程的通訊過程最佳化 9-28

9.5.3 加密的金鑰長度 9-31

9.5.4 隱私資料集求交集過程最佳化 9-31

9.5.5 伺服器資源最佳化 9-32

9.5.6 推理服務最佳化 9-33

Chapter 10 聯邦學習的產業案例

10.1 醫療健康 10-1

    10.1.1 患者死亡可能性預測 10-2

    10.1.2 醫療保健 10-4

    10.1.3 聯邦學習在醫療領域中的其他應用 10-6

10.2 金融產品的廣告投放 10-7

10.3 金融風控 10-10

    10.3.1 資料方之間的聯邦學習 10-11

    10.3.2 資料方與金融機構之間的聯邦學習 10-14

10.4 其他應用 10-17

    10.4.1 聯邦學習應用於推薦領域 10-17

    10.4.2 聯邦學習與無人機 10-19

    10.4.3 聯邦學習與新型冠狀病毒肺炎監測 10-21

Chapter 11 資料資產定價與激勵機制

11.1 資料資產的相關概念及特點 11-1

    11.1.1 巨量資料時代背景 11-1

    11.1.2 資料資產的定義 11-2

    11.1.3 資料資產的特點 11-4

    11.1.4 資料市場 11-8

11.2 資料資產價值的評估與定價 11-10

    11.2.1 資料資產價值的主要影響因素 11-10

    11.2.2 資料資產價值的評估方案 11-16

    11.2.3 資料資產的定價方案 11-19

11.3 激勵機制 11-20

    11.3.1 貢獻度量化方案 11-21

11.3.2 收益分配方案 11-23

11.3.3 資料資產定價與激勵機制的關係 11-24

Chapter 12　聯邦學習面臨的挑戰和可擴充性

12.1 聯邦學習面臨的挑戰 12-1

12.1.1 通訊與資料壓縮 12-2

12.1.2 保護使用者隱私資料 12-2

12.1.3 聯邦學習最佳化 12-4

12.1.4 模型的堅固性 12-6

12.1.5 聯邦學習的公平性 12-8

12.2 聯邦學習與區塊鏈結合 12-10

12.2.1 王牌技術 12-10

12.2.2 可信媒介 12-11

12.2.3 比較異同 12-12

12.2.4 強強聯合 12-14

12.3 聯邦學習與其他技術結合 12-15

Appendix A　參考文獻

聯邦學習的研究與發展現狀

▌ 1.1 聯邦學習的背景

1956 年夏天，人工智慧（Artificial Intelligence，AI）的概念在美國達特茅斯學院問世，人工智慧領域就此誕生。經歷了 60 多年的起起落落，人工智慧經歷了時間的考驗，逐漸發展成熟。特別是在 AlphaGo 擊敗了頂尖的人類圍棋玩家後[1]，人工智慧引起了學術界和工程界對其發展潛力的極大關注，國內外掀起了對人工智慧技術研究和應用的高潮[2]，甚至在政府管理和城市建設中，也開始使用人工智慧技術。

縱觀世界發展趨勢，人工智慧無疑是發展最迅速的學科，越來越多的菁英投身於人工智慧的研究與發展中。從 2011 年至今，隨著巨量資料[3]、邊緣計算[4]、大型雲端運算平台[5]和各種開放原始碼框架的發展，機器學習（包括深度學習、強化學習）等人工智慧技術以前所未有的速度應用到各個產業，不管是傳統的自然科學學科（如地質學、數學等），還是現代新興的工程應用學科（如金融工程、智慧電網資訊工程等），都開始引入機器學習技術推動學科發展[6]，甚至有人將人工智慧技術革命

列為人類歷史上的第四次工業革命，這足以看出人工智慧技術對於人類社會發展和科學創新的重要性。

但是，人工智慧技術在為我們帶來機遇的同時，也帶來了新的挑戰。特別是隨著巨量資料的發展，資料的隱私和安全引起了全世界的重視[7]。不管是個人、企業，還是組織，都不希望自己的隱私資料被洩露，但是現有的技術卻無法提供良好的資料保護能力。2018 年，Facebook 因駭客入侵導致 2900 多萬個使用者的個人資料洩露，一下子陷入了輿論風暴中，同時也引發了我們每個人對資訊安全的思考：我們的隱私資料是否早已洩露，而我們卻毫無察覺？為了加強對資料隱私安全的保護，各國開始紛紛出台各類法律法規，希望能夠從法律層面規範和保護資料安全。

2018 年 5 月，歐盟發布了新法案《通用資料保護條例》（General Data Protection Regulation，GDPR）以加強對使用者資料隱私保護和對資料的安全管理[8]。金融資訊幾乎囊括了行動網際網路的所有資料，在這樣的新要求之下，即使重新簽訂授權協定，也依然有一大批網際網路公司被查、被停業，這無疑給人工智慧技術在金融產業的發展迎頭一擊。

資料使用的限制使得網際網路資料分散在不同企業、組織中，形成了「資料孤島」現象，各方資料不能直接共用或交換，而面對這個問題，人工智慧的學術界和企業界目前並無較好的解決方案來應對這些挑戰[9]，人工智慧的發展開始進入瓶頸期。因此，如何在解決「資料孤島」問題的同時保證資料隱私和安全，成為各界最關注的事情。正是在這樣的背景之下，聯邦學習（Federated Learning，FL）從天而降，為資訊技術發展帶來了新的希望[10]。

在聯邦學習的概念提出之前，國外已經出現了一系列相關研究工作。早在 20 世紀 80 年代早期，研究人員就已經展開了針對資料隱私保護的密

碼學研究。Vaidya 等人首先在使用中央伺服器學習本地資料的同時進行保護隱私的早期研究[11]。隨著「資料孤島」問題的凸顯，聯邦學習在統計機器學習[12]和安全多方計算[13]等技術的基礎之上發展的日趨成熟，並開始演化出水平聯邦學習、垂直聯邦學習、遷移聯邦學習三大研究範圍。2017 年 4 月，Google 研究科學家 McMahan 等人發表 Federated Learning: Collaborative Machine Learning without Centralized Training Data[14]，標誌著聯邦學習第一次進軍機器學習領域，文中介紹了使用者可以透過行動裝置利用聯邦學習訓練模型。

2019 年 2 月，Google 基於 TensorFlow 建構了全球首個產品級可擴充的大規模行動端聯合學習系統，並且已經實現了在千萬台裝置上運行；Google 還發表了 Towards Federated Learning at Scale: System Design [15]，並發布了全球第一個聯邦學習框架：TFF 框架（TensorFlow Federated Framework）。2019 年 5 月，Google 開發者還特別推出了《什麼是聯盟學習》的中文漫畫對聯邦學習介紹。除了 Google，Facebook 的 PyTorch 框架也支持實現隱私保護的聯邦學習技術，同時其 AI 研究小組同步推出了 Secure and Private AI 課程，說明了在 PyTorch 框架下如何使用聯邦學習技術。

目前，正值人工智慧發展的關鍵期，聯邦學習技術將為整個產業帶來革命性的突破，突破人工智慧的發展瓶頸。國內外各大網際網路巨頭紛紛開始進行聯邦學習布局，「資料隱私安全保護」與「資料孤島」問題即將被解決，聯邦學習將為世界展現一個新的、更美好的未來。目前，關於聯邦學習的綜合性書籍較少，我們希望以通俗易懂的語言為讀者描述一個新的透徹的「聯邦學習」世界。本書聚焦於國內外聯邦學習技術的研究和發展，對聯邦學習的基礎（包括發展現狀、安全計算、統計機器學習等）、方法（包括聯邦交集計算、特徵工程、水平聯邦學習等）和應用（包括聯邦學習框架、產業案例等）進行詳細的介紹。

▌1.2 巨量資料時代的挑戰：資料孤島

正如前文所述，聯邦學習、人工智慧等誕生於巨量資料時代。因此，為了讓讀者更深入地了解和認識聯邦學習技術，本書首先簡要地介紹巨量資料時代的資訊技術，著重分析巨量資料時代面臨的主要問題—「資料孤島」現象，並透過許多實例，讓讀者直觀地了解。透過閱讀本節，讀者將對「聯邦學習能做什麼」這個基本問題建立直觀而感性的認識。

1.2.1 「資料孤島」的成因

通俗地説，在一個組織中，各級部門都擁有各自的資料，這些資料互有關係卻又獨立存在於不同的部門。出於安全性、隱私性等方面考慮，各個部門只能獲取本部門的資料，而無法獲得其他部門的資料。這就好像在資訊技術這片大海之中，資料各自儲存、各自訂，形成了海上的一座座孤島，即「資料孤島」[16~19]。這些「資料孤島」由於受到內部隱私或外部法律法規的約束無法進行連接互動，資料庫彼此無法相容。經過對國內外的各類「資料孤島」現象進行分析，我們將其成因複習為以下三類。

首先，資料管理制度因素。歐洲國家的資料管理現狀以英國為典型，英國政府從 1980 年開始就針對資料管理發布了一系列相關法律法規和政策，特別是對私人資料安全保護、資訊管理，以及政府資料隱私管理等領域進行了相關約束，目前已經形成了一套相對完整的資料治理系統。儘管現在英國已經退出了歐盟，但是英國的大部分資料管理方案和資料隱私保護政策框架與歐盟都是相通的。在美國，私人資料和政府資料的管理是分開的。美國從 1950 年開始建立關於全國犯罪資料的管理系統，這些犯罪資料除了可以用於查詢犯罪記錄，還對企業應徵、個人背景調查、社會治理和政府計畫造成了重要作用。但是，即使在相對完整的資

料管理系統之下，如果在各個環節資料無法進行流通，那麼最終也依然會演化成「資料孤島」。雖然中國的巨量資料產業發展得很快，但是在資料管理與利用、資料安全、資訊公開、政府資料開放與隱私保護、網路資訊安全等方面目前還沒有一套完備的資料管理系統。這也加劇了「資料孤島」的形成[18,20]。

其次，法律法規的約束已經成為世界性趨勢。正如 1.1 節所講，國內外對資料隱私保護紛紛出現相關法案，力圖避免資料洩露帶來的惡劣影響。除了以上兩點，業界的一些學者和資料管理人員認為，利益和信任問題是形成「資料孤島」現象的核心原因[22]。當資料的集中程度過高時就有可能產生大量的資料備份，容易引起資料洩露。假設有 A 公司和 B 公司，B 公司出於業務 1 的需求，向 A 公司購買相關資料，並和 A 公司簽署了合約，在合約中明確規定該資料只能用於業務 1 的需求。但是當 A 公司把相關資料給 B 公司之後，B 公司到底如何使用資料，A 公司就不得而知了。

1.2.2 具體實例

有一些看起來不太明顯的「資料孤島」，比如 A 公司的資料可能對 B 公司有用，但是 A 公司和 B 公司都不知道，它們自己都沒有意識到「資料孤島」問題，只是獨立收集和獨立儲存著自己的業務資料。資料一旦可以共用，就會對政府部門、資料電信業者、企業產生巨大的商業價值。本節將用幾個案例詳細地介紹「資料孤島」現象和聯邦學習在消除「資料孤島」方面的優勢，而對於可能遇到的挑戰困難將在 1.2.4 節中詳細說明。

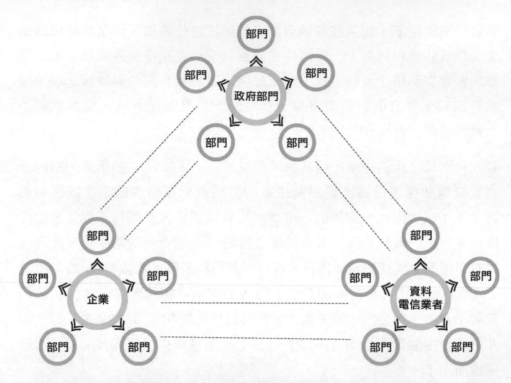

圖 1-1 政府部門「資料孤島」、資料電信業者「資料孤島」、企業「資料孤島」示意圖
（虛線表示無法流通，彼此獨立）

案例一：金融服務的「資料孤島」

金融服務是提高生活水準、促進生產和消費的重要途徑，在社會經濟發展中具有重大意義。金融服務所產生的資料包括使用者的實名資訊、擔保資訊、借貸資訊、還款和催收資訊等，這些資料是非常有價值的。舉例來說，借款後失聯可認為是詐騙行為；連續在多個金融機構借款，可認為是資金鏈斷裂、拆東牆補西牆的多頭借貸行為等。存在這些行為的使用者具有比較高的風險，金融機構找出這類使用者後阻斷放款，可以減少壞賬造成的損失，從而降低經營成本，為優質使用者提供更優惠的貸款，吸引更多使用者實現規模擴張，在提供給使用者便利的同時，促進經濟健康發展。

然而，對使用者來說，這些資料屬於隱私資訊，資料洩露將給使用者造成巨大的損失。這使得大量金融服務資料只能保存於公司內部，形成金融服務資料的「孤島」。

案例二：消費行為的「資料孤島」

經過 20 多年的發展，在網上購買商品已成為很多人的生活習慣。電子商務平台提供了各式各樣的商品，以及品質保證服務、便捷的送貨到家等各種服務。小到各種零食、牙籤，大到家用電器都可以在電子商務平台買到，甚至還能買到房產。2020 年，電子商務平台更成了人們生活中必不可少的一部分，不僅讓人們獲得了更多的實惠，還降低了交換感染的風險。電子商務平台經常會做促銷活動以便吸引新客，然而這催生了一批「黑灰產業」使用者。他們利用虛假身份和規則漏洞套取非法利益，造成了電子商務平台的損失。在套取非法利益的同時，這些使用者也在電子商務平台留下了消費行為資料，可作為「黑灰產業」使用者的辨識依據，據此可以幫助其他網際網路服務防止這些使用者帶來更多損失。然而，消費行為資料也是使用者的隱私，只能在電子商務平台的公司內部保存和使用，這便形成了消費行為的「資料孤島」。

從上述兩個例子中，我們可以看出，「資料孤島」其實存在於生產消費的各方面，所產生的資料僅在「孤島」內部發揮了作用。若各個機構間進行合作，聯合利用各方資料，則可以更充分地探勘資料中蘊含的價值。

（1）在案例一中，金融機構詳細地記錄了使用者的實名資訊、擔保資訊、借貸資訊、還款和催收資訊等。我們可以透過各家金融機構所記錄的使用者資訊聯合建模，辨別高風險使用者，以加強對不良使用者的放貸控管，使得信用良好的使用者可以享受到更好的服務，形成正向循環。

（2）在案例二中，使用者在各家電子商務平台上留下了消費記錄，我們可以整合電子商務平台和其他網際網路服務的使用者資料，對利用虛假身份套取非法利益的「黑灰產業」使用者進行辨別，以減少其他電子商務平台和網際網路服務被非法套利的損失。

1.2.3　資料互聯的發展與困境

從 1.2.2 節的案例中可以看出「資料孤島」現象對人工智慧的進一步發展產生了負面影響。鑑於此，不同國家的政府、大型企業和組織正在試圖打破「資料孤島」的門檻，進行資料互聯以獲得更為豐富的資料，促進自身發展。資料互聯技術在不同領域之間發展的參差不齊，依舊面臨許多亟待解決的問題。本節將以醫療、金融、教育領域為例，詳細地講解資料互聯共用的發展與困境。

1. 醫療領域

健康醫療巨量資料作為基礎性戰略資源，獲得了全世界各國政府的重視：歐美、日本等較多國家都已將其列為大力發展的戰略領域。醫療領域的資料互聯可以分為三類。① 政府主導的互聯互通。舉例來說，英國政府主導的英國國民保健服務（National Health Service，NHS）的資訊網路 NHS.net、加拿大政府創建的全國性互聯互通的電子健康檔案系統（Interoperable Electronic Health Records，IEHR）、美國的國家健康資訊網路（Nationwide Health Information Network，NHIN）等。但由於缺乏強有力的政策支持以及互聯互通的國家技術標準，這些資料互聯政策的推進一波三折。② 企業主導的互聯互通。穿戴裝置的出現，讓企業擷取使用者的健康資料變得容易。舉例來說，蘋果的 Apple Watch、小米手環。不同的可穿戴裝置可以收集使用者某一方面的健康資料，自動上傳並儲存在裝置製造商的資料庫中。但由於競爭關係的存在，不同廠

商之間往往缺乏資料互聯的意願，公眾健康資料難以被整合，如何最大化其價值仍是困難。③ 研究機構主導的互聯互通。舉例來說，美國的退伍軍人健康資訊交換（Veterans Health Information Exchange）、印第安那健康資訊交換（Indiana Health Information Exchange）、美國 FDA 哨點系統（Sentinel）等研究機構都參與了資料互聯的專案。但如何實現持續、互聯、即時的資料安全性監測，如何處理跨機構、多個來源、具備不同特徵的資料，仍是研究機構的核心目標和挑戰之一。

2. 金融領域

金融資料的互聯共用，正引發全球金融領域的變革，各國政府都紛紛推出相關法律促進金融資料共用。英國政府競爭和市場委員會（Competition and Markets Authority，CMA）於 2016 年主導了 Open Banking 計畫，鼓勵銀行產業資料互通，並於 2018 年開始在英國各大銀行逐步實現；歐盟於 2016 年透過 PSD2（Payment Service Directive 2）法令，規定從 2018 年 1 月 13 日起歐洲銀行必須把支付服務和相關客戶資料開放給第三方服務商。美國消費者金融保護局（Consumer Financial Protection Bureau，CFPB）於 2016 年 11 月就金融資料共用廣泛徵求社會意見，並於同年 10 月發布金融資料共用的 9 條指導意見；澳洲於 2017 年 8 月發布 Review into Open Banking in Australia（Issue Paper），規劃了金融資料共用的宏偉藍圖。新加坡、韓國、日本等國也紛紛推出金融共用的戰略計畫，希望透過金融資料共用推動傳統銀行、金融科技公司更深層次的協作和競爭，最終追求使用者利益最大化。

3. 教育領域

教育領域的資料互聯也不斷發展，但依舊面臨諸多難題。2014 年 1 月，為促進高等教育不斷進步，美國教育部等機構聯合開放教育資料。2014 年 3 月，歐盟正式啟動為期兩年的 OpenEdu 專案，旨在研究開放教育戰

略。共建共用教育資料，再透過網際網路整合和最佳化設定，這些舉措讓優質教育資源形成一種流動的良性循環，使更多群眾從中受益，但是教育資料的共用互聯依舊面臨著資料隱私、資料安全等問題。

面對資料互聯共用的諸多難題，聯邦學習無疑是一把利器。它可以建立起事前發現和事後干預的風險辨識模型，幫助我們破除「資料孤島」問題的負面影響，並針對金融領域、網際網路領域高發的職業信貸詐騙、網路刷單、非法套利等違規行為對症下藥，從根本上解決「資料孤島」問題。對於使用者而言，「資料孤島」的破解可以使個體得到全方位的金融資料評估，有效資產設定和規劃不再受限；對於企業而言，完整、全面的資料結合巨量資料分析和人工智慧等先進的技術可以幫助企業探勘出新的商機與資料價值；對於社會而言，資料數量和品質的提高提升了機器學習、人工智慧專案的效果上限，社會更加智慧化。聯邦學習的出現，對「資料孤島」的破除，可以幫助使用者、企業、社會達到多方共贏的局面。

在 1.2.4 節中，我們將進一步解讀聯邦學習在解決「資料孤島」問題上發揮的具體優勢。

1.2.4 解決「資料孤島」問題的困難與聯邦學習的優勢

結合目前國內外的企業、組織的資料儲存現狀和法律法規對資料共用的限制，要解決「資料孤島」問題主要有以下困難。

（1）資料安全保護。如果我們要解決「資料孤島」問題，那麼需要將分散在不同組織中的資料分享給各方，或各方將資料分享到一個第三方協作平台，但是在這個過程中，除了需要考慮資料洩露問題[23]，也要考慮資料有沒有可能被第三方協作平台惡意利用。這不僅是資料管理技術的需求，還涉及信任問題。

（2）資料格式與統一。即使我們對第三方協作平台信任，願意將資料發表給第三方協作平台，這些資料到底能不能用也是一個值得思考的問題。由於資料來自不同的企業和組織，很可能在資料格式方面不統一[24]。舉例來説，同樣是營運收入資料，在不同的企業中可能存在不同的分級方式：在 A 公司 5000～6000 可能為一級，在 B 公司 5000～5500 可能為一級，那麼這些資料在資料融合的時候就會出現問題。

（3）資料傳輸速度。各方在資料傳輸過程中還會出現一些問題，如果把資料發表給第三方協作平台，在傳輸過程中資料的壓縮和傳送速率都可能不一樣，目前還沒有一種架構能夠保證不同資料來源的傳送速率完全相同。除了傳送速率，巨量資料時代的巨量資料還會帶來其他問題，如資料傳輸的成本。

（4）資料定價難。資料身為無形資產，不同於傳統資產。它依靠於特定的業務場景，可以被流轉和複製，並且隨著應用場景的變化，資料價值也對應地改變，因而資料資產的定價存在資料產權難以確定、交易標的難以確定、商業價值難以衡量、缺少定價標準等諸多難題。

在機器學習中，我們除了要考慮以上問題，還要考慮模型的準確性、安全性、可解釋性等問題，而聯邦學習身為針對安全的巨量資料的機器學習技術，和其他技術最基本的差異在於：聯邦學習的應用場景十分廣泛，並沒有特別的領域或具體演算法限制，比如微眾銀行已經在故障檢測、風控管理、智慧城市建設等領域中應用聯邦學習技術。從「資料孤島」問題來看，聯邦學習提供了一種解決資料安全和「資料孤島」問題的可行性方向。以垂直聯邦學習為例，聯邦學習系統在解決「資料孤島」問題中主要有以下幾個優勢。

（1）安全性。透過引入 RSA 和 Hash 加密機制，保證了在多方互動過程中只用到交集部分，而差集部分不會產生資料洩露[25]，且對梯度和損

失計算所需的中間結果進行加密以及額外的隱藏處理，以保證真實的梯度資訊不會向對方洩露。

（2）無損性。同態加密技術保證了在傳輸過程中各方的原始資料不會被傳輸，並且這些加密後的資料具有可計算性[26]。

（3）共用性。相對於單獨一方，聯合建模機制提高了模型的準確性，同時與資料集中建模相比，保證了模型品質無損和模型的可解釋性。

（4）公平性。聯邦學習技術保證了參與方的公平性，讓各個參與方都能在資料獨立的條件下建立聯合訓練模型。

除了上述幾點，正如 1.2.2 節所述，在聯邦學習技術實踐應用時，使用者還可能從資料中發現更多的資料價值和商機。

▋ 1.3 聯邦學習的定義和基本術語

前面兩節介紹了聯邦學習的「出生背景」，本節將重點對「聯邦學習」的定義進行描述，這樣讀者對於「聯邦學習是什麼」就有比較清晰的認識。因為國外的大專院校或網際網路公司可能使用的不同名稱來指代聯邦學習，所以讀者在學習聯邦學習時易產生困惑，下面把國內外常用的聯邦學習的技術名稱和比較權威的相關定義呈現出來，為讀者建立起對聯邦學習的初步認知。除此之外，聯邦學習作為一項比較前端的新技術，想要快速入門聯邦學習，看懂相關技術介紹或權威論文，對聯邦學習中重點術語的了解是必不可少的。相信在閱讀完本節之後，讀者再遇到相關術語，腦海裡已經有大致的認識了。

1.3.1 聯邦學習的定義

既然要了解聯邦學習，那麼我們首先要了解聯邦學習剛被提出時是如何定義的。聯邦學習這個術語是由 McMahan 等人在 2016 年提出的[27]：「我們把我們的方法稱為聯邦學習，因為學習任務是由一個鬆散的聯邦參與裝置（我們稱之為用戶端）來解決的，而這個聯邦裝置是由一個中央伺服器來協調的」。

Google 採用 "Federated Learning" 術語來描述這項技術，但是在國外不同的企業、不同的組織有不同的術語，比如 UC Berkeley 使用 "Shared Learning" 這一術語。到目前為止，國內外主要使用 "Federated Learning"，一般翻譯為「聯邦學習」。本書統一使用「聯邦學習」介紹這項有巨大發展潛力的前端技術。關於聯邦學習的定義，在比較權威的論文中主要有三種。在文獻[28]中，研究者基於伺服器等裝置對聯邦學習進行更廣泛的定義[28]。

定義 1-1：聯邦學習是一種機器學習設定，在中央伺服器或服務提供者的協調下，多個實體（用戶端）協作解決機器學習問題。每個客戶的原始資料都儲存在本地，不進行交換或傳輸；作為替代，透過特定的中間運算結果的傳輸和聚合來達到機器學習模型訓練的目標。

基於模型訓練方式，在文獻[29]中，聯邦學習的定義如下。

定義 1-2：聯邦學習是在異質、分散式網路中的隱私保護模型訓練。

較權威的聯邦學習的定義來自 Federated Machine Learning: Concept and Applications。其基於聯邦學習技術的實現方法，對聯邦學習的定義如下[30]。

定義 1-3：令 N 個資料所有者為 $\{F_1,\cdots,F_N\}$，他們都希望整合各自的資料 $\{D_1,\cdots,D_N\}$ 來訓練出一個機器學習模型。傳統的方法是把所有的資料放

在一起並使用 $D = D_1 \cup \cdots \cup D_N$ 來訓練一個模型 M_{SUM}。聯邦學習系統是一個學習過程，資料所有者共同訓練一個模型 M_{FED}。在此過程中，任何資料所有者 Fi 都不會向其他人公開其資料 D_i。此外，M_{FED} 的精度表示為 V_{FED}，應該非常接近 M_{SUM} 的精度 V_{SUM}。設 δ 為非負實數，如果 $|V_{FED} - V_{SUM}| < \delta$，那麼我們可以說聯邦學習演算法具有 $\delta - \text{accuracy}$ 損失。

為了便於大多數讀者了解聯邦學習的概念，本書對聯邦學習的定義如下。

定義 1-4：聯邦學習是一種具有隱私保護屬性的分散式機器學習技術，其應用場景中包括 N 個參與方及其資料 $D_1, \cdots, D_N$，該技術透過不可逆的資料變換 $\langle \cdot \rangle$ 後，在各個參與方之間交換不包含隱私資訊的中間運算結果 $\langle D_1 \rangle, \cdots, \langle D_N \rangle$，用於最佳化各個參與方相關的模型參數，最終產生聯邦模型 M，並將 M 應用於推理。

1.3.2 聯邦學習的基本術語

我們希望對密碼學和聯邦學習感興趣的學生、工程師、研究人員都能透過本書對聯邦學習有更全面的了解。因為聯邦學習涉及很多機器學習、密碼學和資料安全方面的基礎知識，所以我們將從頭開始解釋每一個概念，並不要求讀者有密碼學和機器學習背景，讀者將透過本書掌握相關的數學理論基礎和實際程式設計。為了做到這一點，我們在本節主要為讀者呈現常見的聯邦學習術語，其他相對不常出現的術語可以參見本書後續章節。

首先，聯邦學習是一種機器學習技術。機器學習是電腦從資料中尋找統計規律的過程，像人一樣解決不確定性問題。比如，在不同的光源條件下判斷出熟人及其名字（人臉辨識）、依據對某人歷史行為的評估決定是否借錢給他（風控存取控制建模）以及借給他多少錢（授信額度建

模)等。人從書本、課堂以及實踐探索中不斷積攢經驗,成為具有智慧的個體;機器學習與此略有不同,它的經驗來自大量的資料,接受某個領域的資料便可被訓練成為該領域的「智慧體」,舉例來說,利用大量的人臉圖形可以訓練出人臉辨識或身份認證系統。利用資料獲得經驗的過程稱為建模,利用經驗對新資料做出估計或預測的過程稱為推理。

其次,根據資料的分布形式,聯邦學習可以分為三種常見的應用類型:水平聯邦學習、垂直聯邦學習、聯邦遷移學習,針對這三種應用類型的詳細實例可參見本書第 6 章(垂直聯邦學習)、第 7 章(水平聯邦學習)和第 8 章(聯邦遷移學習)。

水平聯邦學習是一種滿足以下條件的聯邦學習形式,限定各個聯邦成員提供的資料集特徵含義相同、模型參數結構相同,並使用聯邦平均等隱私保護技術生成聯邦模型。在推理過程中,聯邦模型在聯邦成員內單獨使用。這種形式使得聯邦模型能夠利用多方的資料集進行模型訓練,提升推理泛化能力。不同資料集的樣本是不同的,因此從模型訓練效果上來看,整體訓練資料集是各個聯邦成員資料集按照樣本維度堆疊的,因為樣本一般表示為行向量,所以這種形式稱為「水平的」。水平聯邦學習適合業務相近但客群差異較大的場景。舉例來說,在手機智慧輸入法應用中,不同使用者的目標都是利用歷史輸入序列預測下一個輸入詞。因此,可以使用水平聯邦學習來利用數千萬個使用者的輸入序列特徵建立「熱門詞」的模型。

與水平聯邦學習相比,垂直聯邦學習(也被稱為垂直聯邦學習)的不同之處在於,限定各個聯邦成員提供的資料集樣本有足夠大的交集,特徵具有互補性,模型參數分別存放於對應的聯邦成員內,並透過聯邦梯度下降等技術進行最佳化。在推理過程中,聯邦模型需要聯合所有參與方一起使用,由各個參與方依據自身的特徵值和參數算出中間變數,最終由業務方聚合中間變數獲得結果。業務方是指提供業務場景和業務標籤

Y 的聯邦成員，在聯邦架構中也被稱為 Guest 方；與之對應的，僅提供特徵 X 而不提供業務標籤的聯邦成員稱為資料方，也被稱為 Host 方。這種形式使得聯邦模型能夠從不同角度（特徵維度）觀測同一個樣本，進而提升推理的準確性。不同資料集的特徵維度是不同的，因此從模型訓練效果上來看，整體訓練資料集是各個聯邦成員資料集按照特徵維度堆疊的。因為特徵一般表示為列向量，所以這種形式稱為「縱向的」或「垂直的」。垂直聯邦學習適合客群相近但業務差別較大的場景。舉例來說，在風險評分應用中，可以使用垂直聯邦學習從借貸歷史、消費等不同維度檢查使用者風險。

聯邦遷移學習是一種特殊的形式，既不限定資料集的特徵含義相同，也不需要樣本有交集，是一種在相似任務上傳播知識的方法。舉例來說，企業 A 是一家資訊服務提供者，需要提升廣告推薦模型的效果。企業 B 是一家電子商務公司，需要提升商品推薦模型的效果。在這種情況下可以使用聯邦遷移學習，利用雙方相似的使用者瀏覽序列，取出深層使用者行為特徵作為知識，在雙方模型間共用和遷移，最終提升雙方模型的效果。可以看到，兩個聯邦成員的輸入資料的含義是不同的，客群是不同的（不需要找出相同樣本），預測目標也是不同的，相同之處在於雙方的業務均與使用者的喜好和習慣有關，而這些喜好和習慣可以作為知識共用，降低了模型過擬合的可能性，從而提升了模型效果。

再者，聯邦學習的最大特點是對使用者的隱私進行保護，使得隱私資料可以得到產業界應用，提供給使用者更好的服務。當前，比較常見的隱私保護技術包括安全多方計算、同態加密、差分隱私，說明如下。

安全多方計算是一種用於多方協作的分散式運算技術，在多個資料參與方進行共同計算的情況下，保證互不信任的各個參與方在獲取所需計算結果的同時不會洩露原始資料資訊。安全多方計算需要針對不同的應用使用不同的計算協定，包括不經意傳輸協定、祕密共用協定等。

同態加密是一種基於數學計算加密的密碼學技術，在四則運算與加密運算之間滿足交換律，即針對資料 A，透過同態加密技術加密產生資料 B，在加密資料 B 上進行資料加減等運算。所得到的結果，與我們在資料 A 上進行相同的加減運算並加密得到的結果是一樣的。同態加密一般分為全同態加密和半同態加密。其中，全同態加密同時滿足加法同態加密和乘法同態加密，半同態加密只能滿足其中一種。

差分隱私是一種在敏感性資料上增加雜訊保護隱私的方法，例如某資料庫的樣本特徵是隱私資訊，只能允許查詢其樣本集的特徵值總和等統計資訊。在沒有雜訊的情況下，攻擊者首先查詢包含使用者 A 的集合 S1 的特徵值總和，然後查詢不包含使用者 A 的集合 S2 的特徵值總和，兩者相減即可得到使用者 A 的特徵值（這類攻擊方法稱為差分攻擊）。在有雜訊的情況下，差分攻擊只能得到經過兩次隨機雜訊污染的特徵值，使用者隱私得到保護。差分隱私的困難在於選擇增加雜訊的強度。一方面，雜訊太強將導致資料不可用；另一方面，雜訊太弱將導致隱私保護形同虛設，隱私資訊可能透過特定方法被獲取。

▋ 1.4 聯邦學習的分類及適用範圍

在實際應用中，孤島資料往往具有不同的分布特點。據此，聯邦學習可以分為三類：水平聯邦學習、垂直聯邦學習、聯邦遷移學習。本節將簡介各類方案對應的特點，以便讀者初步了解不同業務場景中的聯邦學習方法，三類聯邦學習的架構和具體理論知識可參見第 6 章（垂直聯邦學習）、第 7 章（水平聯邦學習）和第 8 章（聯邦遷移學習）。

假設有處於同一個領域的兩個小公司 A 和 B，A 公司和 B 公司都擁有各自的資料集 D_A 和 D_B。D_A 和 D_B 都以矩陣形式表示，兩個矩陣的行資料

代表使用者樣本資料，矩陣的列資料代表使用者特徵，其中還分別擁有標籤。A 公司和 B 公司在進行聯合訓練時，可能存在以下四種情況：

（1） 在資料集中，使用者特徵部分重疊較多，但是使用者樣本部分重疊較少。

（2） 在資料集中，使用者特徵部分重疊較少，但是使用者樣本部分重疊較多。

（3） 在資料集中，使用者特徵部分和使用者樣本部分都重疊較少。

（4） 在資料集中，使用者特徵部分和使用者樣本部分都重疊較多。

1.4.1 垂直聯邦學習

垂直聯邦學習主要對應上面資料集特徵的第二種情況，如果兩個或多個資料集中的相同的使用者樣本較多，那麼我們就按照垂直切分的方式從資料集中取出使用者樣本完全相同，但是使用者特徵不同的資料進行訓練。簡單來説，垂直聯邦學習根據特徵維度進行切分（如圖 1-2 所示），是一種基於特徵維度的聯邦學習方式。

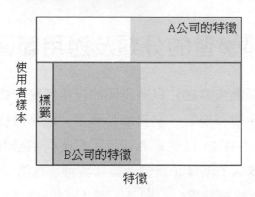

圖 1-2 垂直聯邦學習示意圖

目前，很多模型都已經在垂直聯邦學習中獲得了較好的應用，如類神經網路模型[31]、邏輯回歸模型[32]、隨機森林模型[33]等。

垂直聯邦學習將多個參與方的資料集中的特徵整理在一起，並且透過同態加密等方式保護資料隱私安全，其中使用者模型是一致的。在垂直聯邦學習中，各方都使用一致的方法模型（資料不同），因此可以透過聯合模型管理所有的模型。在文獻[30]中，研究者將垂直聯邦學習複習為

$$X_A \neq X_B, Y_A \neq Y_B, I_A = I_B, \forall D_A, D_B \qquad (1\text{-}1)$$

式（1-1）中，D_A 指的是 A 公司的資料集，D_B 指的是 B 公司的資料集；X_A 指的是 A 公司的特徵，Y_A 指的是 A 公司的標籤，I_A 指的是 A 公司的使用者樣本。 A 和 B 為不同的公司。同理，X_B 指的是 B 公司的特徵，Y_B 指的是 B 公司的標籤，I_B 指的是 B 公司的使用者樣本。

下面透過一個公司 A 與信貸公司的合作案例來了解垂直聯邦學習的建模過程。公司 A 作為資料提供方，擁有大量使用者的行為特徵和部分信貸資料；信貸公司擁有大量的使用者信貸資料。現在對公司 A 資料和信貸公司資料中同一批使用者進行聯邦建模，就屬於垂直聯邦學習。我們統一利用雙方的資料資訊建立模型，透過垂直聯邦學習建模之後獲得了很好的實驗結果，不同使用者的風險辨識 KS（Kolmogorov-Smirnov）指標均大幅度上升，使得風控模型對信用良好使用者和失信使用者有更好的區分，如圖 1-3 所示。

圖 1-3 中橫軸分別為僅使用公司 A 的資料、僅使用信貸公司的資料和使用雙方的資料進行聯邦建模的三種情況，客群 1 和客群 2 分別表示兩個不同客群，縱軸的 KS 指標表示對信用良好使用者和失信使用者的區分度。

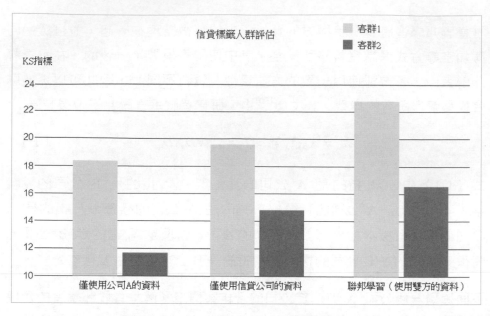

圖 1-3 垂直聯邦學習建模的實驗結果

1.4.2 水平聯邦學習

水平聯邦學習的主要應用場景為使用者特徵部分重疊較多,但是使用者樣本部分重疊較少。如果兩個或多個資料集中的使用者特徵部分重疊較多,那麼我們就按照水平切分的方式,從資料集中取出特徵完全相同但是使用者不同的資料進行訓練。簡單來説,水平聯邦學習根據使用者維度進行切分(如圖 1-4 所示),是一種基於使用者樣本的聯邦學習方式。比如,對不同地區的資料電信業者服務(如四川省的行動服務、雲南省的行動服務等)來説,因為其分布在不同的區域,所以使用者樣本部分重疊較少,但是這些不同區域的業務特徵是很相似的,因此特徵空間的重疊區域較大。這樣的資料集就適合採用水平聯邦學習的方式進行訓練。

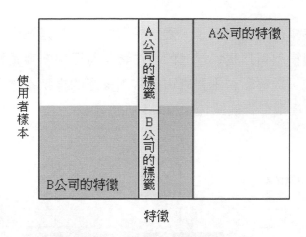

圖 1-4　水平聯邦學習示意圖

水平聯邦學習的典型應用場景是「端-雲」服務框架。該場景主要針對擁有同構資料的大量終端使用者，比如在網際網路中使用同一個 App 的使用者，服務商透過融合不同終端使用者的資料進行聯合建模。在經過使用者授權後，使用者的個人隱私均不出個人終端裝置（手機、平板電腦等）就可以參與模型的訓練與更新。水平聯邦學習透過去中心化、分散式的建模方式在保證使用者個人隱私的前提下，利用了不同使用者的資料，建立了有價值的聯邦學習模型。在文獻[30]中，研究者將水平聯邦學習複習為

$$X_A = X_B, Y_A = Y_B, I_A \neq I_B, \forall D_A, D_B \qquad (1\text{-}2)$$

式（1-2）中各項的含義與式（1-1）中各項的含義相同。

1.4.3 聯邦遷移學習

聯邦遷移學習是聯邦學習和遷移學習的結合體。在學習聯邦遷移學習之前，我們先來認識遷移學習。隨著機器學習的廣泛應用，在很多有監督學習場景中常常需要進行大量資料標注，這是一項十分耗時且乏味的工

作，因此遷移學習就被引入了。遷移學習的出發點是減少人工標注資料的時間，使得模型可以透過已有的標注資料將已學知識遷移到未標注的資料中。目前，遷移學習主要應用在將訓練好的模型參數遷移到新的模型中輔助新的模型進行訓練（如圖 1-5 所示）。

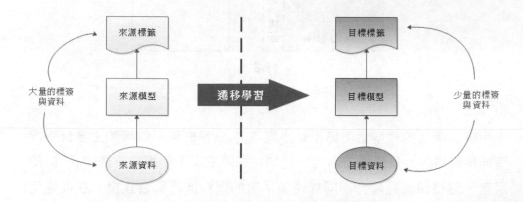

圖 1-5 遷移學習思想示意圖

2010 年，Pan 等人在文獻[34]中基於來源域（Source Domain）和目標域（Target Domain）將遷移學習分為歸納遷移學習、直推式遷移學習和無監督遷移學習三種方向。在最近的研究中，對遷移學習的研究主要集中在基於特徵表示的遷移學習方法，其已經在圖形分類、文字分類、自然語言處理（NLP）等領域獲得了很好的效果。

聯邦遷移學習主要對應上面資料集中的第三種情況，即如果兩個或多個資料集中的使用者樣本和使用者特徵都不太相同，那麼我們就按照遷移學習的方式，從資料集中來彌補資料不足或標籤不足進行訓練。簡單來說，聯邦遷移學習不對資料切分（如圖 1-6 所示），是一種基於知識遷移的聯邦學習方式。在文獻[30]中，研究者將聯邦遷移學習複習為

$$X_A \neq X_B, Y_A \neq Y_B, I_A \neq I_B, \forall D_A, D_B, \text{A 和 B 為不同的公司} \qquad (1\text{-}3)$$

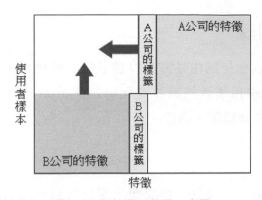

圖 1-6　聯邦遷移學習示意圖

假設現在有某銀行的資料集和美國某外賣公司的資料集，因為在不同的國家，所以使用者的交換很少。因為銀行業務和外賣公司業務相差很大，所以使用者特徵的交換也很少。如果使用者需要進行有效的聯邦建模，就需要借助遷移學習技術，解決單邊資料缺乏或標籤少的問題，從而更有效地進行聯邦模型訓練。

▌ 1.5 典型的聯邦學習生命週期

在實際應用中，模型的開發與完善往往對實驗結果具有非常重要的作用，因此對聯邦模型生命週期的了解是很有必要的。一般的聯邦模型生命週期如下：需求確定、資料集部署、模型初始化、模型訓練、模型評估、模型上線和線上推理（如圖 1-7 所示）。

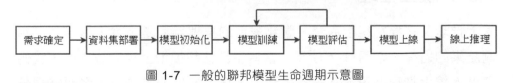

圖 1-7　一般的聯邦模型生命週期示意圖

現在，我們將介紹模型訓練和線上推理模組，其中對訓練過程更為詳細的介紹可以參考 9.3 節，具體的推理過程詳見 9.4 節。

1.5.1 模型訓練

聯邦學習的訓練過程是指由各方資料建立模型的過程。從訓練過程的整體來看，如果把聯邦學習的訓練過程分為「分治」和「聯合」兩個部分，那麼了解起來會簡單、清晰。

1.「分治」部分

「分治」源於「分治演算法」的思想。基於各個參與方在保護資料安全前提下的合作建模需求，各方工程師需要辨識具體問題。因為我們需要基於各個參與方不同的資料進行模型訓練，所以各個參與方需要先在各自本地終端部署資料和進行模型初始化，透過在本地執行訓練程式進行本地模型的更新，最後所訓練的模型也擁有不同的模型參數。

2.「聯合」部分

雖然不同的框架的實現方式不同（如水平聯邦學習、垂直聯邦學習），但主要是全域模型、本地模型的訓練和模型更新。全域模型透過聚合各個參與方本地計算的資訊進行訓練來完成模型更新，然後再把各個參與方所需的資訊傳遞到本地，開始下一輪的疊代訓練。在這個過程中，我們需要注意的是敏感性資料的安全傳輸，比如對模型的梯度損失值常常採用同態加密，以在滿足計算要求的前提下保護各方隱私。

1.5.2 線上推理

線上推理又被稱為線上服務，聯邦學習的推理過程是指從上線模型到預測結果的過程。如圖 1-7 所示，當模型評估和模型上線完成之後，我們將進入線上推理階段。在聯邦學習中，線上推理通常由一端發起推理任務，其他參與方協作開展聯合預測並最終得到推理結果。

▌ 1.6 聯邦學習的安全性與可靠性

傳統機器學習模型的典型工作流程如圖 1-8 所示，而聯邦學習則需要在保護各方隱私的條件下獲得模型。因此，在上述典型流程的基礎上，還需要結合特定的資料隱私保護技術。舉例來說，同態加密保證了在傳輸過程中，各方在不洩露原始資料的同時又能得到真實的資料運算結果，而對梯度的額外隱藏處理，保證了真實梯度資訊不會向對方洩露。總之，聯邦學習實現資料隱私保護主要透過安全多方計算（Secure Multi-Party Computation，SMC）、差分隱私（Differential Privacy，DP）和同態加密（Homomorphic Encryption）這三種方法。下面將分別對這三種方法進行簡單介紹。

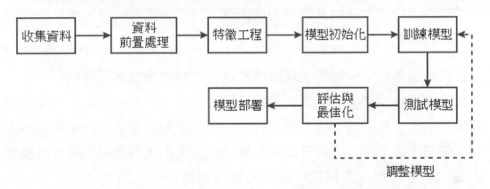

圖 1-8 傳統機器學習模型的典型工作流程示意圖

1.6.1 安全多方計算

安全多方計算問題首先由圖靈獎（ACM A.M. Turing Award）獲得者、中研院院士姚期智教授於 1982 年提出，也就是著名的百萬富翁問題：兩個爭強好勝的富翁 Alice 和 Bob 在街頭相遇，如何在不曝露各自財富的前提下比較出誰更富有？安全多方計算是密碼學的重要分支之一，目前主要用於解決各個互不信任的參與方之間的資料隱私和安全保護的協作

計算問題，以實現在不洩露原始資料的條件下為資料需求方提供安全的多方計算[13,35,36]。為了讓讀者更容易了解安全多方計算，看以下這例。

假設小明認為自己得了某種傳染病 A，但是還不確定。這時，他正好聽說朋友小張有一個關於傳染病 A 的相關血液資料庫。如果小明把自己的血液測試資料發給小張，小張就可以透過這些資料判斷小明是否得了傳染病 A。但是小明又不想讓別人知道他得了傳染病，所以直接把資料發給小張是不可行的，因為這樣自己的隱私就被小張知道了。

那麼，小明和小張如何在保證資料隱私的前提下，實現這種計算呢？這就是安全多方計算。一般來說，安全多方計算有兩個特點：一是兩個（或多個）參與方進行基於他們各自私密輸入資訊的計算；二是他們都不希望除了自己以外的參與方知道自己的輸入資訊。目前，解決上述問題的方法如下。

假設存在可信任的中間方（或服務提供者）能夠保證隱私資料不洩露，然後各方把資料交給中間方（或服務提供者）進行安全計算，但是這同時也是高風險的。對上述案例來說，假設小王是值得信任的中間方，小明不信任小張，所以把自己的資料發給小王。小張也把自己的資料發給小王，小王透過計算驗證，再把結果回饋給小張，這就完成了一次計算，但是小王到底能不能保證資料隱私安全，實在值得商榷。所以有學者指出：「將針對特殊例子的安全多方計算，拓展到通用的安全多方計算方法是不切實際的。」如 1.2 節所述，我們可以利用聯邦學習的技術優勢，在不洩露原始資料的情況下，進行聯合安全計算、訓練模型，這樣既能保護資料隱私和資料安全，又能提供給使用者個性化的服務，具體的技術實現方法可參見第 2 章。

透過上述例子，如圖 1-9 所示，我們可以把安全多方計算抽象了解：兩個（或多個）資料參與方分別擁有各自的隱私資料，在不洩露個人隱私

資料的前提下,透過一定的計算邏輯(公共函數)計算出最終想要的結果,並且參與方只能得到計算結果,計算過程的中間資料和各方原始隱私資料均不共用。

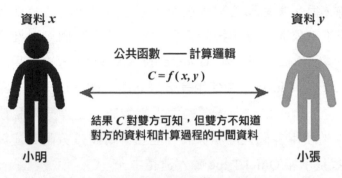

圖 1-9 安全多方計算過程抽象圖

1.6.2 差分隱私

為了避免個人資料被惡意使用或企業的敏感資訊被洩露,資料發行者往往會採用一些資料隱私保護技術,例如對資料進行隨機擾動或進行匿名化處理等,但是即使資料是匿名化的,也不能完全保證私有隱私資料的安全。舉例來說,當攻擊者獲得了部分洩露的資訊時(常見的攻擊方式將在 1.6.4 節中介紹),攻擊者可以透過合併重疊資料獲取到其他的資訊,或透過對多次查詢結果的比較獲得有效資訊。

針對上述資訊洩露風險,Dwork 等人提出差分隱私[37]。一般來說,滿足差分隱私條件的資料集,可以抵擋住對隱私資料的任何一種分析,因為差分隱私具有資訊理論意義上的安全性。差分隱私能夠保證攻擊者獲取的部分資料,幾乎和他們從沒有這部分記錄的資料集中能獲取的相差無幾,因此這部分資料內容對於推測出其他的資料內容幾乎沒有用處[37~41]。差分隱私技術的最大優點在於,即使對於大規模的資料集,也只需增加少量雜訊即可實現高度的隱私保護。

在實踐方面，蘋果公司在 2016 年 6 月宣佈，將透過差分隱私收集 iPhone 中的行為統計資料，這標誌著差分隱私演算法正式在實際生活中應用，我們可以透過差分隱私在獲取資料價值的同時，保護個人的資訊隱私。同時，很多學者和工程師也開始關注差分隱私的發展和應用。儘管蘋果公司沒有公開具體的技術實現細節，但是我們可以推測蘋果公司使用的差分隱私演算法可能和 Google 的 RAPPOR 專案使用的演算法很相似，Google 在 Chrome 中使用差分隱私隨機回應演算法收集行為統計資料。除此之外，蘋果公司還透過使用當地語系化差分隱私技術來實現 iOS/macOS 的使用者個人隱私保護，並且計畫將差分隱私演算法應用於 Emoji、尋找提示和 QuickType 輸入建議中。

1.6.3 同態加密

差分隱私透過增加雜訊或使用泛化方法實現資料隱私保護。不同於差分隱私，同態加密將私人隱私資料直接加密，在加密上進行計算，所得結果經解密後，與原始資料的輸出結果一致。這樣就可以實現各個參與方在無須共用本地資料的前提下進行合作。

同態加密包含半同態加密和全同態加密兩種形式。與半同態加密相比，全同態加密的複雜度較高，發展相對緩慢。2009 年，世界上第一個完備的全同態加密體制由美國科學家 Gentry 提出。如前文所說，聯邦學習的本質是一種隱私保護下的多方運算，因此在聯邦學習中常採用同態加密進行隱私保護。

在聯邦學習中引入同態加密的優勢在於：同態加密保證了資料運算在加密層進行，而不直接利用原始資料進行計算。因此，管理和儲存加密資料的中間方（或服務提供者）就可以直接對加密資料進行聯合訓練，而不會洩露各個參與方的隱私資料。

1.6.4 應對攻擊的穩固性

目前，在應對攻擊時，機器學習系統因穩固性不足容易出現各種各樣的問題。這些問題主要包括非惡意的攻擊（比如，在資料前置處理中的錯誤、訓練標籤混亂、進行模型訓練的用戶端不可靠等），以及在模型訓練和部署過程中出現的顯性攻擊。由於聯邦學習的分布性和隱私保護技術的融合，聯邦學習在應對一些傳統攻擊方式時可以更進一步地保護資料，表現出良好的可靠性。

首先來看攻擊方式，在分散式資料中心和集中式設定中，主要可分為三種攻擊方式，即模型更新中毒攻擊[42]、資料中毒攻擊[43,44]和逃避攻擊[45]（如圖 1-10 所示）。聯邦學習和普通的分散式機器學習、集中式學習相比，主要差別在於各個資料參與方協作訓練的方式不同，而使用已部署模型的推論在很大程度上基本保持不變。我們已經對差分隱私、同態加密等隱私保護技術進行了討論，現在，以在聯邦學習中如何抵禦模型更新中毒攻擊為例簡要地介紹。

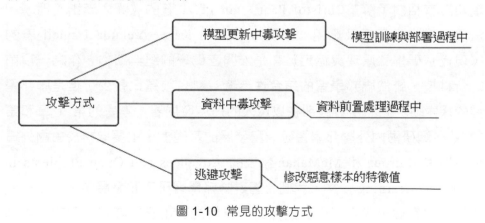

圖 1-10 常見的攻擊方式

在抵禦模型更新中毒攻擊方面，中央伺服器可以透過對用戶端模型更新進行約束：約束任何本地用戶端對整個模型的更新，然後整理本地的模型更新集合並將高斯雜訊增加到集合中。這樣可以有效地防止任何用戶

端更新對模型更新的過度干預，並且可以實現在具有差分隱私的情況下
進行模型訓練。最近的研究工作已經探索了在聯邦學習環境中的資料中
毒攻擊。Geyer 等人對聯邦學習中的差分隱私進行了研究，並且提出了
一種保護用戶端差分隱私的聯邦最佳化演算法，在隱私損失和模型性能
之間取得平衡。實驗結果表明，在有足夠多的參與客戶的情況下，這種
方法可以以較小的模型性能代價實現客戶級差分隱私[46]。

▍1.7 參考閱讀

入門聯邦學習需要有機器學習的知識基礎，現在國內外的機器學習發展
得比較成熟，參考文獻很豐富，其中南京大學周志華老師著的《機器學
習》就是入門機器學習的一本首推讀物；Shai Shalev-Shwartz 和 Shai
Ben-David 著的《深入理解機器學習：從原理到演算法》對於了解機器
學習演算法和應用也很有幫助。除此之外，入門聯邦學習還需要對密碼
學知識有相關了解，Christof Paar、Jan Pelzl 著的《深入淺出密碼學：
常用加密技術原理及應用》以及 Jonathan Katz、Yehuda Lindell 著的
《現代密碼學：原理與協定》都是入門密碼學的經典讀物。作為一項前
端新科技，雖然聯邦學習的綜合性參考資料目前還比較少，但是聯邦學
習的探索研究和應用實踐卻在以驚人的速度發展著。本書的第 1 章和第
12 章在調研國內外聯邦學習研究和發展的基礎上，主要取材於由國外電
腦科學家 Kairouz 和 McMahan 發表的 Advances and Open Problems in
Federated Learning 一文。我們希望對聯邦學習研究和發展中，需要解決
的挑戰問題做出詳細、全面的介紹，這對於真正研究聯邦學習和推進聯
邦學習的技術實踐將具有重要意義。

多方計算與隱私保護

▌ 2.1 多方計算

在當前的網際網路時代,由於網路基礎設施發達,社會個體之間的互動變得更加頻繁,多方之間的計算場景變得更加廣泛。比如,區塊鏈技術的誕生和走紅,暗示了人們對多方計算的需求之大。多方計算不僅逐漸成為學術界的研究熱點,同時為工業界的許多複雜問題提供了一種解決想法。

多方計算的應用場景非常豐富。推動多方計算發展的因素可以分為兩個方面:算力和資料。首先,因為運算資源的成本較高和網路通訊速度大幅提升,所以越來越多的場景希望使用多個節點的協作計算來代替單一節點的高負荷運轉。同時,多個節點同時工作,可以極大地提高計算任務的平行性,有效地減少計算密集型工作的時間成本。

多方計算除了具有整合算力的優勢,另一個天然的優勢便是可以將分散式儲存的多方資料進行聚合。這不僅為網路拍賣、電子投票以及電子選舉等需要聚合多方資料的計算場景提供了合適的技術,還在資料層面提

升了機器學習模型的學習效果，尤其在資料量不足的情況下，多方計算可以有效地提高模型的性能。

但是，無論是在網路拍賣等場景中，還是在分散式機器學習中，使用者的隱私問題都是在技術實踐中需要解決的重要部分。一個實用的、完整的電子投票協定不僅要準確地計算出投票結果，還要在有效地確保投票者身份合法性的情況下，能夠同時保護每個使用者投票內容的隱私性。在分散式機器學習中也是一樣的。參與同一個分散式運算任務的機構數量可能很多，其可信度參差不齊，而在如今的資訊社會中，資訊與能源一樣，已經成為一種重要的資源，資料本身也具有很高的價值。如果參與計算的各方將自己的敏感性資料資源直接分享給其他機構，那麼難免會產生對資料隱私性問題的顧慮。

因此，多方計算的安全性問題尤為重要。如何在完成多方計算任務的情況下，使用隱私保護技術有效地保護各個參與方的隱私，是在多方計算中需要考慮的重要問題。

2.2 基本假設與隱私保護技術

2.2.1 安全模型

因為在多方計算中參與方的可信度不同，所以面臨的資料安全性問題也不同。在資訊安全領域，一般會根據參與方的可信程度，將通訊場景（如聯邦學習的多方計算場景）分為以下三種安全模型場景[47]。

定義 2-1：在理想模型（Real-Ideal Model）場景中，參與計算的每一方都是可信的。每一方都將嚴格按照協定規則計算相關結果並發送給其他參與方，不會進行多餘的計算。

定義 **2-2**：在半誠實模型（Semi-Honest Model）場景中，參與方被認為是半誠實的，即每一方都將按照協定規則計算相關結果並發送給其他參與方，但會根據其他參與方輸入的資訊或互動的中間結果對有價值的額外資訊進行推導。

定義 **2-3**：在惡意模型（Malicious Model）場景中，參與方都是完全不可信的。每一方都可能會不誠實地執行協定或篡改資料，破壞協定的正常執行。

如果在理想模型中進行多方計算，那麼我們可以完全地信任其他參與方，也就無須使用隱私保護技術來隱藏敏感資訊。但現實並非如此，理想模型在現實場景中並不存在，我們只能依靠隱私保護技術去解決半誠實模型或惡意模型場景中的隱私性問題，在非理想的場景中完成共用資料的需求。當然，在傳統的多方計算場景中，參與計算的各方雖然不是完全可信的，但是都會被某些協定、規則或業務要求所束縛。因此，以破壞協定正常運行為目的的惡意參與方也不常見。所以，本章主要關注「半誠實模型」場景。

2.2.2 隱私保護的目標

隱私保護的方法許多，從羽量級的 K-匿名演算法到複雜的密碼學演算法，都為資料的通訊和共用提供了解決方案，為很多複雜但有意義的場景實現提供了可能。這些演算法雖然都能有效地保護資料隱私，但它們的原理卻具有本質區別，當然對運算資源和通訊量負載的要求也不同。根據隱私保護的目標，我們可以將與聯邦學習關係較為密切的隱私保護演算法分為兩大類：差分隱私演算法和密碼學方法。接下來，我們簡單介紹一下這兩種演算法的隱私保護的目標以及對隱私的保護程度。

在介紹隱私的保護目標之前，我們先簡單地介紹幾個相關的概念。值得注意的是，以下幾個概念都有嚴格的數學定義，在此為了方便了解，採用通俗的方式進行描述，嚴格的定義可參考文獻[48～50]。

定義 2-4：如果兩個分布 X 和 Y 的統計距離是可忽略的，那麼可以認為這兩個分布是統計不可區分（Statistical Indistinguishability）的。

定義 2-5：如果對任意多項式時間的演算法 D 和任選的多項式 P 來説，區分兩個分布的可能性滿足以下條件，那麼可以認為兩個分布 X 和 Y 是計算不可區分（Computational Indistinguishability）的，滿足式（2-1）。$\Pr[a]$ 表示事件 a 發生的機率。

$$\Pr\big[D(X)=1\big]-\Pr\big[D(Y)=1\big]<1/p \qquad (2\text{-}1)$$

以上兩個定義描述了兩種分布之間的相似關係。通俗地講，隱私保護就是將一個蘊含著統計資訊的分布（或可以用來進行機器學習的資料集）透過某種處理，使其與一個均勻分布（或完全隨機的、沒有任何學習價值的資料集）的相似性達到某種不可區分的程度。這就是隱私保護的目標，而這個「不可區分的程度」即所謂的隱私保護的程度。舉例來説，密碼學方法身為隱私保護的方法，透過某種數學變換對明文進行處理，使得得到的加密與均勻分布達到計算不可區分的程度。

值得注意的是，隱私保護技術的目的是更進一步地為多方之間的通訊和計算進行服務。我們在考慮隱私程度的同時，也不能忽略其實用性。也就是説，我們應該在隱私程度和演算法效率之間進行折衷考慮，在業務效率可接受的範圍內，最大化隱私保護程度。在密碼學研究中，正是基於這種折衷的考慮，要求密碼演算法構造的加密與均勻分布達到計算不可區分的程度即可。

除了使用密碼學的方法對資料進行加密從而對隱私進行保護的策略，還有 K-匿名等傳統的隱私保護方法，但這些傳統的隱私保護方法在面對某些特殊的攻擊方式（如 2.3 節將介紹的差分攻擊）時，使用者的隱私性還是會受到影響的。因此，「差分隱私」的概念應運而生[50]。差分隱私的提出重新定義了隱私的概念，預設敵手擁有較強的背景知識，且在這種情況下仍無法有效地區分相似資料集下的訓練結果，即將兩個相似資料集 X 和 X' 輸入演算法 D，所得的輸出結果相差不大。差分隱私的效果也可使用式（2-2）進行描述

$$\Pr\big[D(X)\in S\big]\leqslant e^{\varepsilon}\cdot\Pr\big[D(X')\in S\big]+\delta \qquad (2\text{-}2)$$

上式中，$S\subseteq\mathrm{Range}(D)$，隱私程度可透過相關參數 ε 和 δ 進行調節，相似資料集的概念和差分隱私的具體定義可以參考 2.3 節中的定義 2-6。

因此，隱私保護的程度可以簡單地分為以上三類。其中「統計不可區分」對應的隱私保護程度最強，使得處理後的分布（或資料集）與隨機選取的均勻分布之間的統計距離達到了可以忽略的程度，也就是説，原始分布（或資料集）的資訊在統計意義下被完全隱藏了；「計算不可區分」對應的隱私保護程度稍弱於「統計不可區分」，是指使用現有的運算能力無法判斷出兩個不和分布（或資料集）的差別，如果不能區分處理後的分布與一個完全隨機選取的均勻分布的差別，便無法從處理後的分布來恢復原始分布。差分隱私重新對「隱私」進行了定義，將單一使用者在某個資料集中的隸屬關係定義為隱私，其對資訊的隱藏程度也可透過定義中的參數進行調節。以機器學習為例，差分隱私保證所用的演算法無法區分兩個相鄰的資料集，即使資料集中除了某個特定使用者之外的所有使用者資訊均被攻擊者掌握，攻擊者仍無法確定該使用者是否在已有的訓練資料集中，因此攻擊者無法分析該使用者的隱私，從而實現了隱私保護。但在此過程中整個資料集的統計資訊是沒有隱藏的，也

就是說，差分隱私就像對一張圖片進行的馬賽克處理，雖然圖片的每一個具體像素已經變得不清晰，但是其整體輪廓依然能夠被辨識出來。如果使用加密演算法對資料集進行加密，那麼處理後便與完全隨機的資料集達到了計算不可區分的程度，就像把一張圖片的像素重新打亂，修改後再組合，依靠我們現有的運算能力，圖片上的資訊已經很難被辨識出來了。

2.2.3　三種隱私保護技術及其關係

根據聯邦學習對使用者隱私性的要求，差分隱私、同態加密和安全多方計算是三種最常用的隱私保護技術。其中，同態加密和安全多方計算屬於密碼學方法的範圍。這三種技術雖然都可以達到隱私保護的目的，但在工作原理和目標上都有區別。三者的關係如圖 2-1 所示。

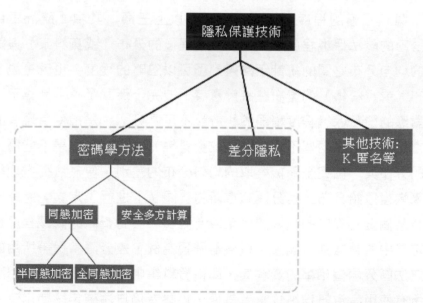

圖 2-1　三種隱私保護技術及其與傳統的隱私保護技術之間的關係

1. 密碼學方法與差分隱私的區別

首先，密碼學方法是對明文資料進行加密處理，以達到資訊隱藏的目的。差分隱私與其他傳統的隱私保護技術一樣，未使用密碼學方法處理資料，因此無法達到將資料完全隨機化的效果。更具體地說，差分隱私透過在原始資料上增加雜訊來掩蓋重要資訊，使得兩個有細微差別的「相鄰資料集」具有足夠高的相似性，從而使得其他參與方不能透過互動資料獲得額外的資訊。密碼學方法則透過某種置換和混淆技術，如進階加密標準（AES）[51]，或複雜的數學變換，如 RSA 等經典的公開金鑰加密[52]，將訊息空間中的明文處理成加密的形式，同時能夠保證沒有解密金鑰的一方根據加密得不到任何關於明文的資訊。由此可見，差分隱私和密碼學演算法是完全不同的兩種隱私保護機制。

2. 兩種密碼學方法的關係

在聯邦學習中進行隱私保護的密碼學方法有兩種：同態加密和安全多方計算。同態加密和安全多方計算都是密碼學研究領域的重要分支，其中同態加密既可以身為獨立的方法應用於機器學習的隱私保護，又可以作為安全多方計算的一種核心技術，為安全多方計算協定的構造和實現提供更多可能性。

同態加密演算法是指某些擁有同態運算性質的密碼演算法，比如 RSA 和 Paillier[53]演算法。在這些具有同態運算性質的演算法中，對明文進行加法或乘法運算後再加密，與加密後對加密進行對應的運算，結果是相等的，即加密之和（積）等於和（積）的加密。由於這個良好的性質，同態加密技術為實際業務場景提供了很多有現實意義的解決方案。

安全多方計算是指使用密碼協定，在無可信第三方的幫助下，實現多方協作進行某種運算，且不洩露自己輸入的資訊。安全多方計算的這個性質與聯邦學習目標的一致性使得該技術在聯邦學習領域具有相當可觀的

應用前景。自 1982 年安全多方計算概念被提出以來，其技術也在不斷地進行更新疊代，從最初單純地使用混淆電路的實現方式[54]到祕密分享方法的引入，安全多方計算的效率不斷提高，受到業界越來越多的關注。在接下來的章節中，我們會對混淆電路和祕密分享的方法，以及安全多方計算常用的不經意傳輸協定進行簡單的介紹，從而幫助讀者了解該技術的工作原理。

當面對不同的隱私攻擊方式時，三種隱私保護方法在聯邦學習的各種場景中分別發揮著不同的作用。只有在不同的場景中使用最合適的方法，物盡其用，才能進一步提高聯邦學習的整體性能。

2.3 差分隱私

聯邦學習使用多種隱私保護技術共同抵抗不可信參與方或敵手的分析，從而保護使用者隱私。在聯邦學習的實現過程中，既可以根據技術的特性，僅使用一種技術對某個階段進行隱私保護，也可以透過多種技術的組合，共同對某個階段進行隱私保護。為了幫助聯邦學習中的用戶端抵抗來自伺服器以及外部惡意敵手的各種攻擊，差分隱私也會與密碼學技術相結合，完成使用者隱私資料的隱藏。

2.3.1 差分隱私的基本概念

差分隱私的提出是為了有效地應對差分攻擊，我們使用一個虛擬案例介紹一下差分攻擊和差分隱私的概念。

假設 A 公司想給 X 大學的 2000 名學生進行消費水準評級，從而決定在該大學投放廣告的力度。由於缺乏相關資料，A 公司希望與電子商務公司 B 合作，查詢這 2000 名學生在 B 公司 2019 年的月平均消費金額超過500 元的人數，以此作為進一步決策的指標之一。

假設 A 公司向電子商務公司 B 進行了兩次查詢，第一次查詢使用的資料為 2000 名學生的整體資料（記作 D_1），而第二次查詢則將最後一位同學 Bob 刪去，使用前 1999 名同學的資料（記作 D_2）。此時得到的兩個資料集便可稱為該場景中的相鄰資料集。

如果電子商務公司 B 直接返回查詢結果，$\text{query}(D_1)=900$，$\text{query}(D_2)=899$，那麼根據這兩次查詢結果，A 公司便可得到額外的資訊，即 Bob 在 2019 年，在電子商務公司 B 的月平均消費金額超過了 500 元。A 公司使用兩個僅差一筆記錄的資料集分別進行查詢的行為，便可視為一種差分攻擊，旨在分析 Bob 同學的消費情況。

為了抵抗這種差分攻擊，電子商務公司 B 可以使用差分隱私的方法對查詢結果進行處理，即加入一個隨機項 r，（r 取自離散均勻分布 $[-1,0,1]$）：$\text{query}_{dp}(D)=\text{query}(D)+r$，dp 表示差分隱私（Differential Privacy），於是 A 公司得到的查詢結果可能如式（2-3）和式（2-4）所示，即

$$\text{query}_{dp}(D_1)=\text{query}(D_1)+r_1=900+0=900 \qquad (2\text{-}3)$$

$$\text{query}_{dp}(D_2)=\text{query}(D_2)+r_2=899+1=900 \qquad (2\text{-}4)$$

加入隨機項之後的查詢結果便達到了掩蓋真實結果的目的，但由於所使用的隨機項分布過於簡單，仍然可能出現極端情況導致真實結果的洩露。所以，可以根據具體的場景，透過修改隨機項的分布，對保護隱私的程度進行修改。當然，這裡展示的虛擬案例只展示了差分攻擊的方法和差分隱私的思想，但所使用的隨機項分布和方法都不能滿足複雜的真實場景的要求。在接下來的部分，我們會對差分隱私的嚴格定義和常用的機制進行說明。

回顧 1.6 節中對差分隱私的簡單介紹，其具體定義如下。

定義 2-6：對於任意兩個相鄰資料集 X 和 X'，如果一個隨機化演算法 D 滿足以下條件，那麼可認為該演算法是滿足 ε-差分隱私的（隱私程度可透過參數 ε 進行調節），即

$$\Pr\big[D(X)\in S\big]\leqslant \mathrm{e}^{\varepsilon}\cdot\Pr\big[D(X')\in S\big] \tag{2-5}$$

式（2-5）中，$S\subseteq \mathrm{Range}(D)$。

我們可以從字面上簡單地了解該定義：在兩個相鄰資料集 X 和 X' 上，演算法 D 獲得同一個集合中輸出結果的機率相差不大。其中，「相差不大」的定義則透過 ε 參數來完成，ε 越小，對兩個資料集輸出結果的差距限制就越小，保護隱私的程度就越強。

在 ε-差分隱私中，要求 $\Pr\big[D(X)\in S\big]\leqslant \mathrm{e}^{\varepsilon}\cdot\Pr\big[D(X')\in S\big]$，即

$$\frac{\Pr\big[D(X)\in S\big]}{\Pr\big[D(X')\in S\big]}\leqslant \mathrm{e}^{\varepsilon} \tag{2-6}$$

也就是說，ε 用於控制演算法 D 在鄰近資料集上獲得「相同」輸出結果的機率比值。因此，當 ε 足夠小（比如為 0）時，很難找到一個資料集 S 使得在資料集 X 上輸出該集合內結果的機率明顯高於資料集 X'，也就無法區分兩個資料集，從而達到較高的隱私保護程度，但是，當 ε 足夠小時，表示資料的可用性非常低，所以參數 ε 也稱為隱私預算（Privacy Budget）。在實際應用中，該參數通常取很小的值，例如 0.01 或 0.1，我們應該根據具體的業務場景和隱私保護的期望要求，對該參數進行合理的設定。

正如前文所述，差分隱私透過增加雜訊來掩蓋真實資料，防止有一定背景知識的敵手分析出額外的資訊。值得一提的是，差分隱私關注的不只是隱私，資料的可用性也是非常重要的指標。如果為了防止敵手進行分

析，導致資料的可用性喪失，就失去了傳輸資料的意義，隱私保護的前提條件也就不復存在。因此，只有增加合適的干擾雜訊，才能在保證資料可用性的同時，還能為資料的安全性提供一定的保護，防止資料被敵手進一步分析。

為了更清晰地確定增加雜訊的大小，可以使用敏感度（Sensitivity）的概念對雜訊進行衡量[55]。與差分隱私相似，敏感度的概念也是建立在某個演算法（或函數）上的。我們所說的「是否滿足差分隱私」的物件便是一個演算法。同樣，敏感度的概念也如此，是指某演算法在相鄰資料集上的輸出結果的最大差異。在差分隱私中定義了兩種敏感度，即全域敏感度和局部敏感度。其中，局部敏感度是在固定了相鄰資料集中某個資料集（ D 或 D' ）的情況下，計算某演算法輸出結果的最大差異，而全域敏感度則是對所有相鄰資料集的組合進行計算。

定義 2-7：對任意兩個相鄰資料集 X 和 X' ， $\mathrm{GS}_D = \max\limits_{X,X'} \| D(X) - D(X') \|_1$ 稱為一個演算法 D 的全域敏感度（Global Sensitivity）。其中， $\| D(X) - D(X') \|_1$ 為輸出的兩個結果的曼哈頓距離。

定義 2-8：對於指定資料集 X 及其任意相鄰資料集 X' ， $\mathrm{LS}_D(X) = \max\limits_{X'} \| D(X) - D(X') \|_1$ 稱為一個演算法 D 的局部敏感度（Local Sensitivity）。

全域敏感度在大部分的情況下要大於局部敏感度，二者的關係可表示以下

$$\mathrm{GS}_D = \max_X \mathrm{LS}_D(X)$$

對雜湊函數比較熟悉的讀者，也可以用雜湊函數中「強抗碰撞性」和「弱抗碰撞性」概念的區別來了解全域敏感度和局部敏感度的區別。

在知曉了隱私預算和敏感度的概念之後，我們可以更清晰地確定差分隱私中所使用的雜訊的大小。在實際應用中，增加雜訊的不同方法稱為不同的「機制」，最基礎的兩種雜訊增加機制分別是拉普拉斯機制（Laplace Mechanism）和指數機制（Exponential Mechanism）[50]。

我們先介紹拉普拉斯機制中使用的拉普拉斯分布。位置參數為l、尺度參數為s的拉普拉斯分布（Lap(l,s)）的機率密度函數為

$$p(x) = \frac{1}{2s} \cdot \exp\left(-\frac{|x-l|}{s}\right) \qquad (2\text{-}7)$$

當位置參數$l = 0$時，$p(x) = \frac{1}{2s} \cdot \exp\left(-\frac{|x|}{s}\right)$，我們使用圖 2-2 幫助讀者更直觀地了解。

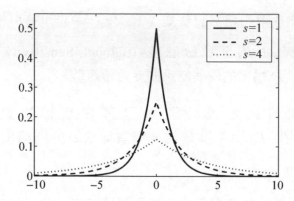

圖 2-2　位置參數為 0、尺度參數不同的拉普拉斯機率密度函數

定義 2-9：拉普拉斯機制是指透過在原始演算法 D 的真實輸出結果增加服從拉普拉斯分布的雜訊來實現 ε-差分隱私，即 $D_{dp}(X) = D(X) + r$。其中，r 服從拉普拉斯分布（Lap($0, \Delta f / \varepsilon$)），而 Δf 為演算法 D 的敏感度。

從圖 2-2 中可以觀察到，在演算法 D 的敏感度保持不變的情況下，隱私預算越小，增加雜訊越大，這與差分隱私的直觀要求是一致的。

拉普拉斯機制經常被用在輸出域為數值類型的演算法上，比如在班長選舉的投票環節，用於計算每個候選者得票數的演算法 D_1。假設投票結果如下，為了使選舉過程達到 ε-差分隱私，班主任在公佈結果之前使用拉普拉斯機制對演算法 D_1 進行雜訊增加。顯然，演算法 D_1 的敏感度 $\Delta f = 1$，當隱私預算 ε 分別選擇 0.01、0.1、1 時，我們計算了對應的雜訊以及增加雜訊之後的輸出結果。

計算了不同隱私預算對應的雜訊（簡單起見，對結果進行了捨入處理），分別將雜訊增加到對應的資料上獲得了以下結果（見表 2-1）。

表 2-1 使用不同隱私預算的拉普拉斯機制

真實結果		增加雜訊之後的結果		
候選者	$D_1(X)$	$\varepsilon = 0.01$	$\varepsilon = 0.1$	$\varepsilon = 1$
C1	10	-23	18	9
C2	8	50	2	8
C3	6	21	3	6
C1 雜訊	—	-33	8	-1
C2 雜訊	—	42	-6	0
C3 雜訊	—	15	-3	0

根據以上結果可以觀察到，如果令 $\varepsilon = 0.01$，那麼雜訊過大，使得最終的結果無法用於選舉；如果令 $\varepsilon = 1$，那麼最終的結果可以保證選舉的正確性，但加入雜訊的最終結果與真實結果相差不大，可能會洩露真實結果中的隱私。也就是說，當隱私預算過大時，可能很難保證資料的安全性；當隱私預算太小時，資料的可用性便會急劇下降。所以，我們應該根據具體的業務場景，對隱私預算進行嚴格、合理的設定，以達到可用性和安全性的折衷。

對於輸出域為數值類型的演算法，可以使用拉普拉斯機制達到差分隱私的要求。但是對於輸出域為枚舉類型的演算法，拉普拉斯機制則很難正常應用，比如用於計算獲得票數最多的候選者名稱的演算法。對於這種輸出域為一些實體物件集合的演算法，則需要使用指數機制實現差分隱私。

由於輸出域為枚舉類型的演算法很難衡量其敏感度，所以在指數機制的實現過程中使用可用性函數來代替演算法進行敏感度的衡量。我們一般將可以區分不同輸出結果之間優劣性的函數指定為可用性函數，記為 $q(X,\text{res}) \to R$ ，其輸出值一般為實數，代表著輸出結果 res 的優劣程度。比如，在班長選舉活動中，如果想輸出得票數最多的候選者名稱，那麼可將不同候選者（ res ）的得票數（ R ）作為可用性函數。

定義 2-10：指數機制指的是，設演算法 D 的輸出結果 $\text{res} = D(X)$ 為枚舉類型，即 $\text{res} \in \text{Set}_{\text{res}}$ ， Set_{res} 為全部 res 可能結果的集合，可用性函數為 $q(X,\text{res})$ ， Δq 為其敏感度。如果演算法 D 以正比於 $\exp\left(\dfrac{\varepsilon \cdot q(X,\text{res})}{2 \cdot \Delta q}\right)$ 的機率輸出 res ，那麼認為演算法 D 滿足 ε -差分隱私。

我們同樣考慮班長選舉活動的場景，如果演算法 D_2 輸出的結果為得票數最多的候選者名稱，那麼根據範例中的資料， D_2 應該輸出的結果是 C_1 。

由於 D_2 的輸出集合為候選者的名稱集合，為了達到 ε -差分隱私，需要使用指數機制實現。在此，將每個候選者的得票數作為有效性函數，可以透過該函數對各個候選者的優秀程度進行評價，其敏感度則為 1。我們將指數機制應用到該範例中，計算了在不同的隱私預算下輸出各個候選者的機率（如表 2-2 所示）。

表 2-2　在不同的隱私預算下輸出各個候選者的機率

可用性函數			輸出對應候選者的機率		
候選者	$q(X, C_i)$	無雜訊	$\varepsilon = 0$	$\varepsilon = 0.1$	$\varepsilon = 1$
C1	10	1	0.33	0.37	0.67
C2	8	0	0.33	0.33	0.24
C3	6	0	0.33	0.3	0.09

根據結果可以看出，指數機制沒有直接在輸出結果增加具體的雜訊，而將演算法 D_2 修改成了隨機化演算法，其輸出結果不是固定的，而是以某種固定的機率進行輸出。資料的可用性要求正確結果總能以較大機率輸出，隱私預算越大，正確結果的輸出機率就越大；安全性則要求輸出結果不能是確定性的，必須存在一定的「出錯」機率，隱私預算越小，「出錯」的機率就越大。因此，與拉普拉斯機制相同，必須嚴格、合理地選擇隱私預算，才能實現安全性和可用性的平衡。

從以上兩個例子中可以看出，差分隱私的主要思想就是保證最終輸出的結果是經過雜訊擾動的。因此，在差分隱私中擾動可以增加在任一階段。根據擾動增加的位置，可以將擾動分為以下幾類：輸入擾動、目標擾動、最佳化擾動和輸出擾動。本節的兩個例子均為輸出擾動。

2.3.2　差分隱私的性質

差分隱私使用嚴格的數學定義對「隱私」的概念進行了量化，這使得差分隱私備受歡迎。同時，嚴格的數學定義也指定了差分隱私一些性質，使其在實際業務場景中，即使面對需要多個差分隱私保護演算法同時使用的複雜問題，也能讓業務方準確地把握整體的隱私保護的程度。接下來，我們介紹差分隱私的幾個性質[55]。

性質 1. 序列組合性

設演算法 D 由 n 個差分隱私保護演算法 $\{D_1, D_2, \cdots, D_n\}$ 組成,隱私預算分別為 $\{\varepsilon_1, \varepsilon_2, \cdots, \varepsilon_n\}$,則在資料集 X 上,$D(X) = \{D_1(X), D_2(X), \cdots, D_n(X)\}$ 也滿足差分隱私的要求,隱私預算為 $\sum_{i=1}^{n} \varepsilon_i$。

也就是說,在同一個資料集上,一系列演算法的組合演算法會降低隱私保護的程度,其隱私預算為全部預算之和。

性質 2. 平行組合性

設演算法 D 由 n 個差分隱私保護演算法 $\{D_1, D_2, \cdots, D_n\}$ 組成,隱私預算分別為 $\{\varepsilon_1, \varepsilon_2, \cdots, \varepsilon_n\}$,則對於不相交的資料集,$D(X_1, X_2, \cdots, X_n) = \{D_1(X_1), D_2(X_2), \cdots, D_n(X_n)\}$ 也滿足差分隱私的要求,隱私預算為 $\max \varepsilon_i (i = 1, 2, \cdots, n)$。

也就是說,在不相交資料集上,一系列演算法的組合演算法的隱私保護程度取決於隱私保護最弱的演算法,即其隱私預算為組合演算法中的最大者。這與木桶效應類似,隱私保護最弱的演算法相當於最短的木板。

性質 3. 變換不變性

設演算法 D_1 滿足 ε-差分隱私,那麼對於任意演算法 D_2 來說,即使演算法 D_2 不滿足差分隱私,二者的複合演算法 $D(X) = D_2(D_1(X))$ 也是滿足 ε-差分隱私的。

也就是說,差分隱私是對後處理的演算法具有免疫效果的,無論對滿足差分隱私的演算法輸出結果進行何種變換,都不會使其差分隱私的程度降低。

性質 4. 中凸性

設演算法 D_1 和 D_2 均滿足 ε -差分隱私；演算法 $D(X)$ 以任意機率 p 輸出 $D_1(X)$，以機率 $1-p$ 輸出 $D_2(X)$，那麼演算法 D 也滿足 ε -差分隱私。

也就是說，如果兩個不同的演算法均滿足既定的差分隱私要求，那麼對兩種方法的任意選擇進行輸出，其結果也滿足既定的差分隱私要求。當然，中凸性是指對不同的資料選擇任意演算法執行輸出，如果將同一個資料集多次作為演算法輸入資料，那麼必然會降低差分隱私保護的程度，這也是序列組合性的結論。

以上 4 個性質保證了差分隱私保護演算法可以靈活地進行組合，從而應對各種複雜的業務場景，為差分隱私的實踐應用提供了良好的理論支撐。

2.3.3 差分隱私在聯邦學習中的應用

在聯邦學習的實現過程中，要盡可能全面地考慮威脅模型和隱私攻擊方式，使用對應的技術，達到隱私洩露的最小值。如上文所述，按照攻擊者的目標，聯邦學習的威脅模型可以分為模型竊取攻擊和模型推理攻擊。在聯邦學習中，模型一般在參與協作訓練的參與方中進行部署，不會向未參與訓練的機構或非用戶端的實體開放模型使用介面，這就大大地提高了模型竊取攻擊的難度。因此，聯邦學習主要考慮模型推理攻擊造成的隱私洩露。

模型推理攻擊包括兩種：旨在恢復資料集某些屬性的屬性推理攻擊（又稱為重構攻擊），以及旨在判斷某筆資料（或某個使用者）是否包含在訓練資料集中的成員推理攻擊（又稱為追溯攻擊）。受限於篇幅，本書不再對模型推理攻擊的具體細節做進一步多作說明，如感興趣可參考文獻[56]。

在水平聯邦學習場景中，多個用戶端在本地進行模型的訓練，並將訓練結果當作全域模型的中間結果上傳到伺服器。伺服器再對各個用戶端的結果進行聚合，作為全域訓練結果發送至各個用戶端。用戶端和伺服器多次互動，直到全域訓練結果達到預期閾值，便可將模型在所有用戶端進行部署。這是水平聯邦學習的簡單框架，具體的實現方法將在後續章節中進行詳細介紹。在水平聯邦學習中，模型推理攻擊的威脅模型可以按照場景中的角色分為兩種，即惡意的（不可信的）伺服器和可信的伺服器。

1. 惡意的伺服器

如果水平聯邦學習的中心伺服器不是完全可信的，那麼用戶端在上傳資料之前，便會使用差分隱私機制對原始資料或上傳資料增加擾動，這便使得伺服器無法從用戶端的模型更新結果中推理出用戶端的額外資訊，這防止了模型推理攻擊的發生。

比如，在 Shokri 等人的工作中，由於伺服器對全域模型參數的每輪更新疊代都需要每個用戶端上傳梯度，用於聚合得到新的全域模型參數，而這些用戶端的梯度計算是在自己的私有資料上完成的，如果將梯度直接上傳給伺服器，那麼可能會產生隱私洩露的問題[57]。因此，Shokri 等人提出了使用兩個技巧保護使用者隱私的方法。第一個技巧是上傳部分梯度，而非全部梯度，因此，每個用戶端可以自行判斷某些梯度是否敏感以及自行決定是否將這些梯度上傳；第二個技巧便是使用差分隱私，將服從拉普拉斯分布的雜訊加入梯度之後，再上傳至伺服器，從而避免洩露任意一筆資料的隱私。

2. 可信的伺服器

如果假設伺服器是可信的，而在參與訓練的用戶端中存在惡意敵手，那

麼在伺服器收到用戶端的模型更新結果並進行聚合之後，便會使用中心差分隱私機制在聚合結果增加雜訊，再發送回各個用戶端。每個用戶端收到的都是增加了擾動之後的結果，這便大大地增加了進行模型推理攻擊的難度。如文獻[56]所說，理論上，可以使用樣本級的差分隱私防止成員推理攻擊，也可以使用參與方級的差分隱私防止屬性推理攻擊。

儘管差分隱私具有強大的隱私保護功能，但是也存在各種亟待解決的問題，比如使用本地差分隱私時資料的可用性問題、分散式差分隱私對伺服器的可信度要求等問題。文獻[56]介紹的差分隱私，在防止成員推理攻擊的實現過程中，出現了模型無法收斂的情況，其原因便是參與方數量較少導致增加雜訊後的資料可用性無法保證。本節僅介紹差分隱私在聯邦學習中應用的簡單思想，在實際應用中則需要考慮如何解決上述問題。根據業務場景的具體需求，隱私保護的方法更加複雜，比如通常會使用安全多方計算與本地差分隱私進行結合，擴大本地差分隱私的隱私保護水準，共同保證使用者隱私。

另外，值得一提的是，在文獻[58]中，作者列舉了近些年已發表的 42 個聯邦學習方向的工作，其中垂直聯邦學習的工作僅有 4 個，且均使用密碼學方法作為隱私保護方法。也就是說，差分隱私主要應用在水平聯邦學習中，以抵抗多個用戶端和伺服器之間的推理攻擊；在垂直聯邦學習中，則更多地使用密碼學的方法保護資料隱私。

▌ 2.4 同態加密

差分隱私因其理論背景清晰和演算法簡單等優點，在隱私保護中備受歡迎。不過，差分隱私主要抵抗推理過程中的模型推理攻擊，防止模型結果在某個使用者的資料上出現過擬合的現象，從而避免該使用者資料被

惡意敵手進行分析，但在傳輸過程中使用的資料還是明文狀態的資料，儘管增加了擾動，但資料還是對多方可見的。如果僅使用差分隱私對訓練資料或訓練過程中的梯度進行處理後直接進行傳輸，那麼極有可能對資料隱私造成影響，這有可能帶來符合規範性風險。回顧 2.3 節的內容，這也是差分隱私僅在水平聯邦學習中廣泛使用的原因，因為水平聯邦學習只傳輸模型訓練的結果，從訓練結果中窺探訓練資料的模型推理攻擊方式則可以透過差分隱私避免，而垂直聯邦學習會傳輸每次疊代的梯度，透過在明文狀態下的梯度可以計算出訓練資料的某些準確值（如標籤）。所以，差分隱私在某些場景（如垂直聯邦學習）中的使用非常受限，如果想對資料隱私進行保護，那麼需要使用密碼學方法。

密碼學作為一門古老的學科，已經有數百年的發展。在最早期，古典密碼只是一種用於私密訊息傳輸的簡單方法。隨著人們對隱私保護的需求增加，密碼學逐漸發展成了一門系統的科學，並在金融和軍事等多個方面影響著社會的發展和人類的生活。

1976 年，Diffie 提出了公開金鑰密碼學的概念，將密碼學的研究和應用帶入了一個新階段[59]。公開金鑰密碼學為加密通訊提供了許多的功能，比如數位簽章技術、金鑰交換技術以及與雲端運算場景契合的同態加密等。其中，同態加密在多方協作訓練的機器學習中獲得了廣泛應用，尤其是半同態加密，已經在多種場景的實際應用中表現出了實用性。本節會主要介紹在聯邦學習中使用的半同態加密。由於全同態加密的實踐應用較少，本節只簡單介紹。

2.4.1 密碼學簡介

在介紹同態加密之前，我們先簡單了解一些密碼學中的專業術語和密碼學的基本概念，這有助我們了解聯邦學習中隱私保護的原理、困難點以及同態加密演算法的優勢。

密碼學研究為公開信道上的安全通訊提供了許多解決方案,其主要思想是將機密訊息從明文狀態加密得到其加密形式,使得訊息在公開的通道上進行傳輸時不會洩露明文的資訊。密碼學分為對稱密碼學和公開金鑰密碼學兩條分支,其中在對稱密碼學中,加密過程和解密過程使用同一把金鑰,因此加密方和解密方如何在不安全的公開信道上共用金鑰便成了一個難題。公開金鑰密碼學的提出解決了這個問題。在公開金鑰密碼學中,加密方在對訊息進行加密時,使用的是解密方的公開金鑰(公開金鑰是公開的),解密方在收到加密之後,使用自己的私密金鑰進行解密。但是由於公開金鑰密碼學的金鑰尺寸和加密效率問題,相比之下,對稱密碼演算法在實際應用中的性能表現更好。因此,公開金鑰密碼演算法就被指定除了加密之外的使命—為對稱密碼演算法的金鑰傳輸提供保護。如果使用金鑰封裝演算法,將對稱密碼演算法的金鑰作為訊息進行加密後傳輸給另一方,那麼另一方在得到加密後透過私密金鑰進行解密,便在公開信道上實現了金鑰的共用,從而解決了對稱密碼演算法中共用金鑰的難題。

2.4.2 同態加密演算法的優勢

同態加密演算法是一種具有特殊性質的加密演算法,其特殊性質主要表現在對加密的可操作性上。具體來說,使用同一個同態加密演算法得到的兩個加密,可以在不解密的情況下,進行加法或乘法的操作,其結果與直接在明文狀態下進行加法或乘法之後再進行加密的結果是相同的。

同態加密演算法這個特殊的性質可以保證在雲端運算場景中的用戶端放心地使用雲端服務器的運算能力,同時還能保證自己的敏感性資料不會洩露。另外,由於近些年來機器學習在工業界的大量應用,引起了許多領域對資料隱私的密切關注。其中,很多領域(如金融、醫療等)既希望共用資料以提高機器學習的效果,又要求敏感性資料不能洩露。如果

使用傳統的加密演算法（如 AES）直接將敏感性資料加密後發送給合作的業務方，那麼在失去了統計特徵的加密上，機器學習將無法有效地學習，而同態加密演算法極佳地解決了這個問題。事實上，已有許多相關研究採用同態加密演算法有效地實現了多方進行敏感性資料分析的合作，包括在避免洩露使用者資訊的條件下訓練模型和推理。

更具體地說，同態加密又可分為半同態加密（Partial Homomorphic Encryption, PHE）和全同態加密（Full Homomorphic Encryption, FHE）。半同態是指只能在一種運算上（加法或乘法）保持同態性質，但在另一種運算上則不滿足該性質。換言之，半同態就是指加法同態或乘法同態。所謂全同態則是指在加法和乘法兩種運算上均滿足同態性質。全同態加密目前已經成為密碼學的獨立的研究領域，獲得了學術界和業界許多專家學者的關注。但是由於全同態加密的效率問題，目前在聯邦學習中使用較多的還是半同態加密。

2.4.3 半同態加密演算法

半同態加密演算法是指乘法同態加密演算法或加法同態加密演算法，即只能保證在加密上進行加法或乘法的其中一種操作的結果，與在明文上進行相同操作的結果是相同的。也就是說，對於滿足以下要求的演算法 Enc_A，可以稱之為加法同態加密演算法，即

$$c_1 = Enc_A(m_1) \tag{2-8}$$

$$c_2 = Enc_A(m_2) \tag{2-9}$$

$$c_1 \oplus c_2 = Enc_A(m_1 + m_2) \tag{2-10}$$

上式中，m_1 和 m_2 代表明文；c_1 和 c_2 代表加密；$\oplus$ 可能與實數域上的加法不同，需要根據具體的加密演算法進行調整。

另外，對於滿足以下要求的演算法 Enc_M，可以稱之為乘法同態加密演算法，即

$$c_1 = \text{Enc}_M(m_1) \tag{2-11}$$

$$c_2 = \text{Enc}_M(m_2) \tag{2-12}$$

$$c_1 \otimes c_2 = \text{Enc}_M(m_1 \cdot m_2) \tag{2-13}$$

上式中，$\otimes$ 可能與實數域上的乘法不同，需要根據具體的加密演算法進行調整。

如果在半同態加密演算法的兩個加密上同時進行加法和乘法，那麼不能得到預期的結果。因此，在機器學習中，半同態加密演算法的應用場景主要是計算類型單一的機器學習演算法，或計算類型偏向某一種的機器學習演算法。比如，在多方的強化學習演算法中，疊代過程的大多數操作均可以用加法同態加密演算法來實現。

常用的半同態加密演算法主要有以下幾種：Paillier 加法同態加密演算法[53]、ElGamal 乘法同態加密演算法、Goldwasser-Micali 加法同態加密演算法和 RSA 乘法同態加密演算法等。以上幾種半同態加密演算法在計算效率上都具有良好的性能，根據其不同的特性有不同的應用場景，其中 Paillier 加法同態加密演算法可將加/解密的計算時間控制在毫秒級，李宗育等人的結果表明，使用 Paillier 加法同態加密演算法加密 1024 位元的訊息只需 2.3 秒左右[60]。本節將主要介紹 Paillier 加法同態加密演算法的加/解密過程，幫助讀者了解公開金鑰密碼演算法的工作原理及安全性保證，對其他半同態加密演算法不再展開描述。

Paillier 加法同態加密演算法介紹。

1. 金鑰生成

（1） 選擇兩個大質數 p, q。

（2） 計算 $N = p \cdot q$，以及 $\lambda = \text{lcm}(p-1, q-1)$。

（3） 選擇一個整數 $g \in \mathbf{Z}_{N^2}^*$，使得 $\gcd\big(L(g^\lambda \bmod N^2), N\big) = 1$，即二者互素，其中，$L(u) = \dfrac{u-1}{N}$。

公開金鑰為 $\langle N, g \rangle$。

私密金鑰為 λ。

2. 加密（使用公開金鑰）

（1） 選擇一個隨機數 $r \in \mathbf{Z}_N^*$ 作為機率性加密的隨機來源。

（2） 明文 m 對應加密為 $c = \text{Enc}(m, r) = g^m \cdot r^N \bmod N^2$。

3. 解密（使用私密金鑰）

（1） 加密 c 對應的明文為

$$m = \text{Dec}(c) = \frac{L\left(c^\lambda \bmod N^2\right)}{L\left(g^\lambda \bmod N^2\right)} \bmod N$$

以上便是利用 Paillier 加法同態加密演算法生成金鑰、加密和解密的具體過程，其中 $\text{lcm}(a,b)$ 是指 a 和 b 的最小公倍數，$\gcd(a,b)$ 是指 a 和 b 的最大公因數。

該演算法的安全性建立在大整數分解問題的困難性上，即我們無法將大整數 N 進行分解得到兩個質因數 p、q。該演算法的正確性是由有限域中元素的許多性質決定的，感興趣的讀者可以參考 Paillier 加法同態加密的原文[58]進行更深入的研究，在此不做過多的描述。

上文提到了多種半同態加密演算法，由於演算法的不同特性，其具體的應用場景也不同。在此，我們簡單地介紹一下 Paillier 加法同態加密演

算法適合聯邦學習的三個原因：機率性加密特性、同態運算屬性以及相對較慢的加密擴張速度。

首先介紹一下公開金鑰加密演算法中語義安全的概念。密碼分析學是一門與密碼學共同演化的學科，主要研究的內容是在不知道金鑰任何資訊的情況下，恢復出金鑰的相關資訊，以達到破解密碼系統的目的。在密碼分析學中，對密碼演算法的攻擊方式是複雜多樣的，直接恢復出密碼演算法的金鑰是惡意敵手的終極目標，因為恢復了金鑰就可以得到所有使用該金鑰加密過的訊息明文，但是完成終極目標的成本極高、難度極大。因此，一些攻擊者選擇從加密中直接分析明文的相關資訊，從而提出了選擇加密攻擊等更複雜的攻擊方式，並在某些演算法中成功地實現了攻擊。為此，密碼學學者提出了語義安全的概念，滿足語義安全的密碼演算法可以防止敵手以超過 50%的機率辨識兩個不同明文分別對應的加密。

在某些公開金鑰密碼演算法的構造中，加密過程會引入一個隨機來源，這使得對同一個明文進行兩次加密可能會得到不同的加密，這種類型的演算法稱為機率性加密演算法；相反，如果在加密過程中沒有引入隨機來源，那麼對同一個明文進行加密的結果是不會改變的，這種類型的演算法被稱為確定性加密演算法。顯然，確定性加密演算法的加密在一定程度上洩露了明文的資訊，因為明文和加密是一一對應的。當得到一個確定性加密演算法的加密 c 時，我們可以使用其公開金鑰對一個明文序列 $m_1, m_2, \cdots, m_n$ 分別進行加密，如果加密結果 $c_1, c_2, \cdots, c_n$ 均與 c 不相等，那麼我們便可得出結論：c 對應的明文 m 不在明文序列 $m_1, m_2, \cdots, m_n$ 中，我們便透過加密分析出了明文的資訊。另外，圖 2-3 和圖 2-4 直觀地解釋了語義安全的概念。在圖片加密之前，在白色畫布上有一把黑色的鎖。透過某種確定性加密演算法，將白色像素點加密為藍色像素點，而黑色像素點則被加密為橙色像素點。由於確定性加密演算法的特性，加密之

前顏色相同的像素點在加密之後顏色還是相同的,因此從加密後的圖片中我們還可以分辨出這是同一把鎖,也就是說,加密後的圖片還是洩露了原始圖片的資訊。機率性加密演算法則不會產生這個問題,不同的白色像素點被加密成了不同的顏色,不同的黑色像素點的加密結果也同樣是五顏六色的,因此原始圖片的內容便無跡可尋。

加密之前　　　　　　　　　加密之後

圖 2-3　確定性加密演算法對圖片進行加密

顯然,確定性加密演算法都不滿足語義安全,比如 RSA 乘法同態加密演算法。機率性加密演算法身為滿足語義安全的演算法,在實際應用中使用得更為廣泛。其中,Paillier 加法同態加密演算法便是一種機率性加密演算法,這也是 SecureBoost 等許多演算法選擇用 Paillier 加法同態加密實現半同態加密的原因之一。另外一個更重要的原因是同態加密運算類型的要求。在大多數聯邦學習演算法中,需要進行的同態運算主要為加法,即希望透過操作加密達到明文相加的目的。因此,以 RSA、ElGamal 為代表的乘法同態加密演算法則不適合該場景(即使 RSA 乘法同態加密演算法可以透過密碼學的相關框架轉化為語義安全的演算法)。除了 Paillier 加法同態加密演算法,Goldwasser-Micali 演算法也是一種加法同態加密演算法,但由於該演算法的加密擴張速度過快,與 Paillier 加法同態加密演算法相比,該演算法的實用性較差。因此,綜合以上因素,包含 FATE 中 SecureBoost 演算法在內的多種演算法均選擇實用性更好的 Paillier 加法同態加密演算法作為加法同態加密演算法。

加密之前 加密之後

圖 2-4 機率性加密演算法對圖片進行加密

2.4.4 全同態加密演算法

半同態加密演算法僅支援加密上的某一種運算，但機器學習場景的計算
過程是相當複雜的，比如某些非線性的啟動函數。如果想在資料的加密
狀態上完成非線性啟動函數的運算，那麼半同態加密演算法無法保證計
算結果的正確性，因此便產生了對全同態加密演算法的需求。

全同態加密演算法是指在不解密的情況下，可以進行任意次的加法和乘
法操作，同時保證在解密後與明文做相同操作的結果是相等的。從理論
上講，能夠進行任意次的加法和乘法操作，便表示可以使用電路等方法
實現其他任意複雜的運算。但由於這個過於理想的屬性，從半同態加密
演算法到全同態加密演算法的發展道路不是一帆風順的，其間密碼學專
家和學者做了多種嘗試，直到 2009 年才由 Gentry 構造出了第一個全同
態密碼演算法。但該演算法複雜的電路實現導致加密時的雜訊擴張速度
過快，從而影響了解密的正確性[61]。後來，Gentry 和 Halevi 對演算法
中的自舉技術等方面進行了改進，從理論上解決了解密錯誤的問題，但
由於自舉技術的實現過程十分複雜，且十分耗時，因此並不能對加密進
行任意次的操作，這導致全同態加密演算法的實用性受到了影響[62]。因
此，目前同態加密的實際應用依然以半同態加密為主。

2.4.5 半同態加密演算法在聯邦學習中的應用

半同態加密演算法在機器學習領域的應用已經相對成熟,為密碼演算法在實際應用中出現的不相容性提供了許多解決方法。首先,我們介紹一下密碼演算法在實際場景中的直接應用會導致哪些不相容的問題。

密碼學是一門基於數論的科學,密碼演算法的設計一般都在某個特殊的代數結構上進行(比如有限域),也就是説,明文空間和加密空間中的元素都是「整數」,不存在小數。因此,第一個不相容性出現在數字類型上。機器學習中的資料大多存在小數,如果想使用密碼演算法進行加密,那麼必須先將小數編碼至整數。常用的編碼方案就是所有數同乘一個大整數(如 10^n),使得有效位均在小數點之前。第一個不相容性很容易了解和解決,雖然編碼操作會導致某些小數點後位數較多的資料產生誤差,但是只要保證使用的係數足夠大,便可將該誤差控制在可以接受的範圍內。

第二個不相容性仍然來自代數結構。在密碼學中,在代數結構中的運算都帶有模操作,但在實際場景中對模操作的需求則比較少,密碼演算法的直接應用引入的模操作會導致解密錯誤。因此,需要對密碼演算法的參數進行設定,以保證模數 N 足夠大,使得明文以及明文的運算結果始終小於 N,從而保證在實際應用中不會出現因模操作導致的解密錯誤。具體來講,我們無須保證所有中間結果均小於 N,只需保證輸入的明文以及待解密的運算結果小於 N 即可。舉個例子,假如某加法同態加密演算法的明文空間為 Z_N,我們在使用該演算法進行加密時,必須保證所有的明文均為 $[0, N-1]$ 中的整數,如圖 2-5 中的明文 m_1 和 m_2,另外,我們希望得到的計算結果 m_3 也應在該範圍內,否則得到的結果可能是 $m_3 - N$。

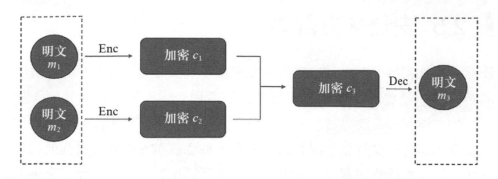

圖 2-5　在半同態加密演算法中明文的大小不能大於模數

由於全同態加密演算法實用性的限制，在聯邦學習中，主要使用半同態加密演算法實現對聯邦其他參與方私有資料的操作。半同態加密技術主要應用在垂直聯邦學習中。

在垂直聯邦學習中，不同的參與方有不同的特徵，為了實現協作訓練，在訓練過程中，不同的參與方之間需要傳輸中間結果以聚合所有特徵的效果，但這些中間結果往往會被惡意的聯邦成員用來推理分析使用者的隱私資料。為了避免隱私的洩露，聯邦學習使用半同態加密演算法對中間值進行處理，只傳輸中間結果的加密。得益於半同態加密演算法的性質，隱私不僅獲得了保護，其他參與方仍然能透過中間結果的加密值完成協定內容。具體可參考 SecureBoost 方案[63]。

在水平聯邦學習中，同態加密的應用較少，而核心技術一般為差分隱私或安全多方計算。如在文獻[64]中，同態加密演算法身為輔助技術，對差分隱私的雜訊進行加密，而演算法的隱私保護更多的是由差分隱私本身和安全多方計算完成的。

▍2.5 安全多方計算

雖然同態加密為很多隱私保護的場景提供了解決方案,但由於其演算法的特殊性以及實用性不佳的問題,其應用場景受到了明顯的限制。比如,加法同態加密演算法無法進行明文之間的乘法運算,在使用乘法運算較多的演算法進行協作訓練的場景中,每個參與方均無法對其他成員的隱私資料進行乘法運算,這大大地降低了協作訓練的可行性。另外,全同態加密演算法的實現也受到訓練演算法的極大影響,尤其對於複雜演算法,全同態加密演算法的效率會明顯降低。因此,同態加密演算法會受到應用場景的限制,只有在計算相對簡單的場景中,同態加密演算法才能發揮其優勢。對於其他複雜的場景,則需要使用安全多方計算完成類似的功能。安全多方計算的概念由中研院院士姚期智首先提出。安全多方計算現在已經發展為密碼學的重要分支,不僅激起了學術界的研究熱情,在工業界也受到了廣泛關注。

2.5.1 百萬富翁問題

安全多方計算能夠在無可信第三方的輔助下,既保證各方的輸入資料均不洩露,又可以使用各方的輸入資料完成預期的協作計算。也就是説,參與計算的各方對自己的資料始終擁有控制權,只需在各個參與方之間公開計算邏輯,即可得到對應的計算結果。安全多方計算是如何實現這種效果的呢?在此,我們使用百萬富翁問題來簡述安全多方計算的實現方法和挑戰。

圖靈獎獲得者中研院院士姚期智於 1982 年提出了安全多方計算這個概念,並設計了百萬富翁問題來説明安全多方計算的目標。百萬富翁問題的描述非常簡單,即兩個百萬富翁想比較誰更富有,但都不想洩露自己具體的財富值。解決該問題最自然的方法是找到一個可信第三方對二者

的財富進行比較,然後公佈結果,但在實際場景中很難找到完全可信的第三方,而安全多方計算便提供了無須可信第三方的解決方案。接下來,我們描述一個簡單的解決方案。

假設兩個富翁 A 和 B 的財富值分別為 f_A, f_B,均為 1～9 的整數。9 個整數分別對應 100 萬,200 萬,…,900 萬元。富翁 A 可按照自己的財富值在編號分別為 1～9 的 9 個盒子內放入水果,並在上鎖後發送給富翁 B,其中每把鎖的鑰匙均相同,並由富翁 A 自己保存。若盒子編號 $i < f_A$,則放入一個蘋果;若盒子編號 $i = f_A$,則放入一個柳丁;若盒子編號 $i > f_A$,則放入一個香蕉。如果 $f_A = 5$,那麼 9 個盒子中的水果如圖 2-6 所示。

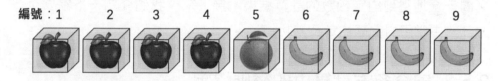

圖 2-6 富翁 A 發送給富翁 B 的 9 個盒子

富翁 B 在收到富翁 A 的 9 個盒子之後,按照自己的財富值選取其中編號為 $i = f_B$ 的盒子,並按照協定銷毀其他幾個盒子。待其他盒子被銷毀之後,富翁 A 將鑰匙發送給富翁 B。富翁 B 打開盒子之後,若盒子內為蘋果,則其財富值小於富翁 A;若盒子內為柳丁,則其財富值等於富翁 A;若盒子內為香蕉,則其財富值大於富翁 A。

假設 $f_B = 7$,則富翁 B 獲得編號為 7 的盒子,待其他盒子被銷毀之後,富翁 A 將鑰匙發送給富翁 B,富翁 B 打開盒子發現其中的水果為香蕉,便可得出結論:富翁 B 的財富值大於富翁 A 的財富值。

以上便是百萬富翁問題的解決方法之一,這個簡單的協定建立在雙方都是誠實或半誠實的參與方的前提下,雙方不會惡意地輸入錯誤的財富值

擾亂協定的正確執行。也就是說，我們可以保證富翁 B 不會選擇錯誤的
盒子或將錯誤的比較結果返回給富翁 A，但是我們卻無法保證富翁 B 能
夠克制自己的好奇心，如實地銷毀其他盒子。因為即使富翁 B 不銷毀其
他盒子，也可以保證協定正常執行，完全符合一個半誠實參與方的要
求。因此，在實際應用中，雙方通常使用密碼協定實現這些理想的限制
條件，即使面對半誠實參與方，也可以確保隱私不會洩露。比如，密碼
學中的不經意傳輸協定，便可以保證在以上場景中富翁 B 只能從富翁 A
的發送內容中獲取其中一個盒子，而不能獲得其他盒子的相關資訊；同
時，富翁 A 也無從得知富翁 B 所選取的具體是哪個編號的盒子。

安全多方計算的本質就是綜合使用許多功能不同的密碼協定，達到多方
之間安全地得到約定函數的計算結果。接下來，我們介紹一下在安全多
方計算中常用的密碼協定及其功能。

2.5.2 安全多方計算中的密碼協定

1. 不經意傳輸協定

在上文描述的百萬富翁問題的解決方案中，在富翁 B 得到 9 個盒子之
後，如何確定其會將其餘盒子全部銷毀是一個在現實中很難解決的問
題。不經意傳輸（Oblivious Transfer，OT）協定則從根本上提出了一個
解決方案，避免了富翁 B 未按照協定銷毀其他盒子而產生的安全問題。
從直觀上來看，不經意傳輸協定的功能是保證富翁 B 從富翁 A 提供的兩
個或多個備選專案中只能選擇其中一個，而得不到其他備選專案的任何
資訊，同時還能保證富翁 A 不知道富翁 B 選擇的具體是哪一個。

不經意傳輸協定是安全多方計算研究中的基礎的密碼協定，具體的定義
如下：

定義 2-11：不經意傳輸協定指的是，Alice 輸入一個包含兩個資訊的集合 $\{m_0, m_1\}$，Bob 選擇一個標籤 $b \in \{0,1\}$，一個不經意傳輸協定滿足以下條件：Bob 作為協定的一方，一定可以獲得 m_b，但無法獲得 m_{1-b}；同時，協定的另一方 Alice 無法得知 b 的具體值。

以上介紹的是「2 取 1」的不經意傳輸協定，即協定的某一方從另一方輸入的兩個資訊中選擇一個，但現實場景往往比較複雜，比如對上文的百萬富翁問題來說，需要從 9 個盒子中選擇一個。因此，在密碼學研究中，許多學者將目光轉向「n 取 1」的不經意傳輸協定。另外，根據不同的場景，衍生出了更多的版本，比如「n 取 k」的不經意傳輸協定，以滿足不同的功能需求。在此，我們主要介紹「n 取 1」的不經意傳輸協定的實現過程。

在介紹複雜的實現方案之前，我們先使用百萬富翁問題的例子簡單地介紹一下實現方案的主要思想。在百萬富翁問題的解決方案中，我們希望富翁 B 僅從 9 個盒子中選擇一個，並強制讓富翁 B 銷毀其餘幾個。我們可以按照以下方式直觀地了解利用不經意傳輸協定完成這個目標的主要思想：在富翁 A 發送 9 個盒子之前，富翁 B 先使用所需要的箱子編號 y 構造一把「複雜」的組合鎖，併發送給富翁 A（其中編號 y 是構造鎖的關鍵資訊，而且富翁 A 無法根據鎖的資訊恢復出富翁 B 使用的編號）。富翁 A 在拿到鎖之後，可以以一種黑盒的方式對組合鎖進行改造，改造結果為 9 把不同的新鎖，並分別對 9 個盒子進行上鎖，再將 9 個盒子發送給富翁 B。

新鎖的特殊性如下：由於這些新鎖均改造於編號 y 構造的組合鎖，因此只有編號為 y 的盒子上的新鎖可以用富翁 B 的鑰匙打開，其餘盒子均被鎖死，無法打開。因此，富翁 B 只能打開編號為 y 的盒子，而富翁 A 並不能根據組合鎖的資訊分析編號 y 到底是多少。以上便是對不經意傳輸協定實現方案的一種不嚴謹的比喻，接下來我們使用嚴謹的數學語言來

描述不經意傳輸協定的構造過程，讀者可以將兩種描述進行比較。

Tzeng 構造了一個兩輪的「n 取 1」不經意傳輸協定[65]，過程如下：

（1） 雙方協商出兩個公共參數 g、h，二者均為 q 階循環群 G_q 中的元素。

（2） Alice 輸入 n 個訊息 $m_1, m_2, \cdots, m_n \in G_q$，同時 Bob 確定欲選擇的訊息編號 t。

（3） Bob 選擇隨機數 r，並計算 $y = g^r h^t$，將 y 發送給 Alice。

（4） Alice 選擇一組隨機數 k_i，使用 y 計算 n 組訊息：
$(a_1, b_1), (a_2, b_2), \cdots, (a_n, b_n)$，併發送給 Bob。其中，$a_i = g^{k_i}$，

$$b_i = m_i \cdot \left(\frac{y}{h^i} \right)^{k_i} \text{。}$$

（5） Bob 計算 $m_t = b_t / a_t^r$。

不經意傳輸協定的過程看似比較複雜，但如果我們比較上文中百萬富翁問題的解決方案的不經意傳輸協定構造，就會更容易了解。其中，y 對應的便是「組合鎖」，而 (a_i, b_i) 則對應由組合鎖改造的新鎖保護的明文，Bob 在收到所有被保護的明文之後，只能對第 t 個明文進行解密，因為 y 是由 t 構造的。

2. 混淆電路

安全多方計算目前的主流構造方法主要有兩種，第一種是使用混淆電路，第二種則是透過祕密分享的思想。下面會對混淆電路、祕密分享的原理和思想分別介紹。

混淆電路是中研院院士姚期智針對百萬富翁問題，於 1986 年提出的一種解決方案，該方案的提出也驗證了安全多方計算的可行性。混淆電路的思想比較簡單：將雙方需要計算的函數（所需參數為雙方各自的輸入資訊）轉化為「加密電路」的形式，該「加密電路」可以保證雙方在不洩

露各自輸入資訊的情況下，正確地計算出函數的結果。因此，「加密電路」的設計是混淆電路方法的研究重點和困難。但是，由於任意函數在理論上均存在一個相等的電路表示，在電腦中可以使用加法器和乘法器等電路進行實現，而這些乘法器或加法器又可以透過「及閘」「互斥閘」等邏輯電路來表示。也就是說，如果能夠實現基本的加密版本邏輯電路，那麼可以實現加密版本的計算函數。

接下來，我們透過文獻[66]對「及閘」加密版本的實現來介紹「加密電路」的實現方法以及工作原理。

假設在安全兩方計算中，互動兩方 A 和 B 欲計算的閘電路為「及閘」，兩個輸入資料分別為 a 和 b，一個輸出資料為 r，即 $r = a$ and b。我們可以用表 2-3 所示的真值表的方式來描述該電路閘（也就是說，「及閘」電路與以下真值表是相等的，真值表的加密版本也就對應了「及閘」電路的加密版本）。

表 2-3 「及閘」真值表

a	b	$r = a$ and b
0	0	0
0	1	0
1	0	0
1	1	1

第一步：A 方進行金鑰生成。

為了避免使用真實的輸入資料和輸出資料，對輸入和輸出的每一個值都生成對應的金鑰，在互動過程中只使用該金鑰代替真實值進行傳遞，從而避免了真實輸入資料的洩露。輸入及輸出結果對應的金鑰見表 2-4。

表 2-4 輸入及輸出結果對應的金鑰

a	0	k_{a0}
	1	k_{a1}
b	0	k_{b0}
	1	k_{b1}
r	0	k_{r0}
	1	k_{r1}

第二步：A 方進行電路的加密。

對原始的真值表中真實的輸入和輸出資料進行替換得到其加密版本，見表 2-5。

表 2-5 「及閘」真值表加密版本

a	b	$r = a$ and b
k_{a0}	k_{b0}	$E_{k_{a0}, k_{b0}}(k_{r0})$
k_{a0}	k_{b1}	$E_{k_{a0}, k_{b1}}(k_{r0})$
k_{a1}	k_{b0}	$E_{k_{a0}, k_{b0}}(k_{r0})$
k_{a1}	k_{b1}	$E_{k_{a1}, k_{b1}}(k_{r1})$

第三步：A 方將輸出的加密發送給 B 方。

A 方將第二步得到的加密 $E_{k_{aj}, k_{bi}}(k_{rt})$ 打亂順序之後發送給 B 方，同時要告知 B 方 k_{aj} 和 k_{bi} 的資訊，讓 B 方進行解密。其中，k_{aj} 對應 A 方的輸入資料 a，但 k_{bi} 對應 B 方的輸入資料 b，由於 A 方並不知道 B 方的真實輸入資料是多少，便無法確定應該向 B 方提供 k_{b0} 還是 k_{b1}。此時便可使用上文介紹的不經意傳輸協定滿足該需求，既能保證 B 方根據自己的輸入資料 b 的編號 i 選擇對應的 k_{bi}，又能保證 B 方只能獲得 k_{b0} 和 k_{b1} 中的。

第四步：B 方進行解密。

B 方使用 A 方提供的 k_{aj}（ $j = 0$ 或 1）以及使用不經意傳輸協定選出的 k_{bi}（ $i = 0$ 或 1）對四個加密進行解密，使用的加密演算法可以保證只有在使用正確的金鑰進行解密時才可以得到合法的明文，也就是說，如果 k_{aj} 和 k_{bi} 對應的加密為 $E_{k_{aj},k_{bi}}(k_{rt})$，那麼只有在對 $E_{k_{aj},k_{bi}}(k_{rt})$ 使用金鑰 k_{aj} 和 k_{bi} 進行解密時才能得到合法的明文，其他幾個明文都會是亂碼或特殊的符號。

此時，B 方將解密得出的明文 k_{r0} 或 k_{r1} 發送給 A 方，A 方便可得出正確的結果 $r = 0$ 或 $r = 1$，並同步給 B 方即可。在這個過程中，A 方並沒有告訴 B 方 k_{aj} 對應的真實值 $j = 0$ 或 $j = 1$，因此 A 方的資訊未洩露。另外，B 方透過不經意傳輸協定選擇了輸入對應的金鑰，在計算出正確結果併發送給 A 方之前，也並未洩露自己的輸入資料。所以，雙方均在未洩露自己輸入資料的前提下，完成了「及閘」的計算。

以上便是混淆電路協定的簡單構造。混淆電路作為安全多方計算領域最基礎的協定之一，對密碼學實際應用的意義非凡，從 1986 年發展至今，仍有大量的專家學者在進行探索。混淆電路源於安全兩方計算方案，現在已經被推廣到安全多方計算的方案設計。另外，也有許多技術（如 "Free-XOR"）用於混淆電路的構造中[67]，以提高基於混淆電路的安全多方計算的效率。

3. 祕密分享

除了使用混淆電路，祕密分享是另外一個用於構造安全多方計算的主流技術。祕密分享是現代密碼學的重要工具，是門檻密碼學的基礎。提到門檻密碼學，我們可以使用一個有趣的例子進行簡單的介紹。

門檻密碼學是指將基本的密碼系統分布於多個參與方之間，只有所有的

參與方或足夠多的參與方聯合起來才能保證密碼系統正常運行。門檻密碼學有很多應用場景，假設某國的特工局局長將本國的特工名單保存在一個保險箱中，而局長希望將保險箱的金鑰切分為 4 個部分，由 4 位副局長分別持有。考慮到特工職業的特殊性，局長提出了兩個要求：①因為特工屬於高危職業，為了防止因某位副局長意外犧牲而導致其持有的部分金鑰隨之消失，局長希望無須 4 位副局長同時提供金鑰，也能打開保險箱（容錯性要求）；②為了防止因某幾位副局長叛變而導致特工名單洩露，局長希望至少 3 位副局長同時提供金鑰才能打開保險箱（安全性要求）。

考慮到以上兩個要求，局長確定了保險箱最終的金鑰管理方式：任意 3 位副局長同時提供金鑰，便可打開保險箱；若提供金鑰的副局長少於 3 位，則無論如何都無法打開保險箱。這樣的系統便需要使用門檻密碼學來設計。

從圖 2-7 中可以看到，如果將金鑰分為 6 段，每段都有兩份，那麼每個副局長都持有其中 3 段，比如 a 副局長持有第 1 段、第 2 段和第 3 段，使用這樣的分割方法可以保證任意 3 位副局長都可以恢復完整的金鑰，但如果只有 1 位或 2 位副局長，就無法完成金鑰的恢復。以上便是門檻密碼學的應用。

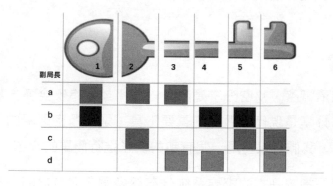

圖 2-7 祕密分享示意圖

在安全多方計算中，祕密分享的應用場景主要為使用祕密分享方案的同態特性進行約定函數的計算。也就是說，祕密分享的內容不再是金鑰，而是參與方的輸入資料，透過將輸入資料切分成多個隨機的碎片，分發給其他參與方。每個參與方根據自己掌握的碎片進行相關的計算，將中間結果進行聚合，從而得到最終結果。在本節中，我們會使用具體的例子簡述這種思想的構造方法。使用祕密分享進行函數計算的協定主要由兩部分組成：祕密分發和祕密重構。

隨著祕密分享技術的發展，目前已經出現了多種協定的實現方案，在此我們使用著名的 Shamir 祕密分享協定來介紹一下祕密分發和祕密重構兩個部分是如何完成的。Shamir 祕密分享協定使用多項式對祕密輸入進行分發，並透過拉格朗日插值方法對祕密輸入進行恢復。為了方便了解，我們仍以 4 位副局長對金鑰保管為例，局長希望將金鑰 S 分發給 4 位副局長，且只要其中 3 位副局長同時提供各自持有的資訊就可恢復金鑰。Shamir 祕密分享協定會為金鑰 S 生成一個多項式 $f(x) = S + a_1 x + a_2 x^2$，並隨機選取該多項式的點值，即 (x_i, y_i) 作為金鑰的局部資訊分發給各位副局長。這便完成了祕密分發。由於該多項式共有 3 個未知的係數 (S, a_1, a_2)，故至少需要 3 個點值才能對金鑰 S 進行恢復，且任意 3 個不同的點值均可。這便完成了祕密重構。

接下來，以 3 個參與方之間的安全計算場景為例，簡單地介紹使用祕密分享進行加法和乘法操作的基本步驟，幫助讀者了解祕密分享的基本原理。

假設某公司的 3 個員工分別為 P_1, P_2, P_3，3 人希望在不洩露自己真實薪水的情況下，計算 3 人的平均工資。從本質上來講，這個問題可以抽象為多方之間的求和問題。我們在此介紹一下使用祕密分享進行求和的思想。假設員工 P_1, P_2, P_3 的薪水分別為 x, y, z。為了計算 $r = (x + y + z) / 3$，可以採取以下兩個步驟。

（1） 祕密分享階段。每個員工將自己的輸入資訊（即薪水）切分成 3
份，並分發給另外兩個同事；在分發完成之後，員工 P_i 擁有 3 個
值，分別為 x_i, y_i, z_i。

（2） 祕密重構階段。每個員工分別在本地計算 $r_i = (x_i + y_i + z_i)/3$，最終
三個員工再將自己的結果 r_i 進行公開，3 人的平均工資則為
$r = r_1 + r_2 + r_3$。

在以上兩個步驟中，每個員工都只獲得了同事薪水的部分資訊，並不能
恢復其真實薪水。另外，根據最終公佈的結果 r_i 也無法直接推斷出
x_i, y_i, z_i 三個碎片資訊。因此，該方法便使用祕密分享的思想，在保護了
各個參與方輸入資訊的前提下，完成了平均值的計算。

使用祕密分享的方法計算求和函數是非常簡單、直觀的，但如果要計算
兩個數的乘積，就需要引入一些「輔助資訊」。仍以上述的場景為例，
假設 3 個員工都有強烈的好奇心，希望在對自己薪水保密的前提下，計
算他們薪水的乘積，即 $r = xyz$。此時，僅透過將薪水的數值進行簡單的
切分和分享是很難做到的，因為乘法會涉及交換項的計算。舉個例子，
$xy = (x_1 + x_2)(y_1 + y_2) = x_1 y_1 + x_1 y_2 + x_2 y_1 + x_2 y_2$。按照祕密分享進行加法計算
的思想，直接計算 $x_1 y_2$ 和 $x_2 y_1$ 是很困難的，但是如果加入「輔助資
訊」，就可以解決這個問題。為了方便了解，我們先計算 $r' = xy$，在完
成 r' 的計算後，計算 r 便很自然。其中，計算 r' 的具體方法如下。

（1）在計算 r' 之前，先透過某種方法完成三元組（輔助資訊）的祕密分
發。3 個值分別為

$$a = a_1 + a_2 + a_3$$
$$b = b_1 + b_2 + b_3$$
$$c = c_1 + c_2 + c_3$$

式中，$c = ab$。

（2）祕密分發。與祕密分享計算加法的祕密分發階段類似，由於以 $r'=x\cdot y$ 的計算為例，在此僅進行 x 和 y 的分發。透過分發階段，不同員工持有的碎片資訊見表 2-6。

表 2-6　不同員工持有的碎片資訊

員工	持有的碎片資訊
P_1	x_1，y_1，a_1，b_1，c_1
P_2	x_2，y_2，a_2，b_2，c_2
P_3	x_3，y_3，a_3，b_3，c_3

（3）祕密重構。

① 借助輔助資訊，計算兩個中間變數（使用祕密分享進行加法計算的思想），即

$$ma = x - a$$

$$mb = y - b$$

② 為了恢復 $r'=xy$，根據公式

$$xy = (x-a+a)(y-b+b) = (ma+a)(mb+b) \qquad （2\text{-}14）$$

展開可得

$$xy = ma\cdot mb + ma\cdot b + mb\cdot a + c \qquad （2\text{-}15）$$

透過該公式，我們發現將 xy 的乘法問題轉化為 3 個乘法子問題以及加法問題。已知兩個中間值 ma 和 mb 已經透過祕密分享的加法計算被重構，因此只要每一方都能計算出式（2-15）中 $ma\cdot b + mb\cdot a + c$ 的碎片資訊即可。透過將 3 者計算的碎片資訊與 $ma\cdot mb$ 相加，便可得到最終的計算結果 $r'=xy=ma\cdot mb + ma\cdot b + mb\cdot a + c$。不同員工計算的碎片資訊見表 2-7。

表 2-7 不同員工計算的碎片資訊

員工	計算的碎片資訊
P_1	$ma \cdot b_1 + mb \cdot a_1 + c_1$
P_2	$ma \cdot b_2 + mb \cdot a_2 + c_2$
P_3	$ma \cdot b_3 + mb \cdot a_3 + c_3$

以上便是使用輔助資訊（三元組 $[a,b,c]$）進行乘法運算的範例，透過祕密分享實現了乘法和加法運算。在此基礎上，可以使用這兩種基本運算設計或擬合更多、更複雜的運算，從而構造完整的、通用的安全多方計算。

2.5.3 安全多方計算在聯邦學習中的應用

在安全多方計算發展初期，絕大多數工作致力於安全多方計算存在性的驗證，因此方案的效率都不容樂觀。經過不斷的發展，目前基於混淆電路的方案和基於祕密分享的方案都已經有了高效的實現。其中，基於混淆電路的方案更適合進行邏輯運算或數位的比較等運算，而基於祕密分享的方案則更適合進行算數運算。因此，為了進一步提高安全多方計算的效率，目前設計了通用的安全多方計算框架，將基於混淆電路和祕密分享的方案進行融合，讓它們分別負責不同類型的運算。在文獻[68]中，作者列舉了當前主流的 11 個安全多方計算框架，感興趣的讀者可以進行進一步的探索。

高效的安全多方計算作為兼顧資料隱私性和可用性的有效工具，在機器學習領域也受到了廣泛關注。其中，文獻[69,70]提出的 SecureML 方案便使用上述計算加法和乘法的思想，將使用者的隱私資料分發給兩個不會合謀的伺服器，兩個伺服器使用各自的資料碎片進行線性回歸和邏輯回歸的模型訓練。在具體實現中，使用基於祕密分享的安全多方計算進行矩陣和向量的乘法等算術操作，在需要進行數值的大小比較時，便使用

ABY 框架[69]，將基於祕密分享的安全多方計算轉化為基於混淆電路的協定對數值進行比較，在完成比較之後再透過該框架轉化為基於祕密分享的協定進行後續計算。此方案大大地提高了安全多方計算在實際應用中的效率。

聯邦學習身為保護使用者資料隱私的機器學習通用解決方案，固然離不開安全多方計算的輔助。在水平聯邦學習的安全聚合階段，大規模的用戶端在向伺服器上傳模型參數時，為了保護各個用戶端的隱私，便可以透過安全多方計算進行安全的聚合。Bonawitz 等人提出了一種在聯邦學習中進行安全聚合的方法 mask-then-encrypt，並被後續多個工作進行了擴充[70]。該方法的主要思想是在各個用戶端之間共用一些隨機值，每個用戶端在上傳參數值之前，將真實的參數值與隨機值相加或相減，從而掩蓋真實的參數值，但聚合過程又會將這些隨機值抵消，從而得到正確的聚合結果。當然，安全多方計算在聯邦學習中的應用研究並未止步於此，後續仍有很多工作致力於安全多方計算的最佳化，比如降低方案的時間負擔和解決用戶端掉線或不誠實的問題。

傳統機器學習

▎ 3.1 統計機器學習的簡介

3.1.1 統計機器學習的概念

統計機器學習是從資料中鑑別模式的一系列方法的集合。從資料中分析各類模式並不是機器的專利，我們對這種分析非常熟悉，而且這種分析每天都發生在我們的生活中。

舉例來說，一個病人因心臟不適入院，醫生安排病人進行心電圖檢查，如圖 3-1 所示，這項檢查透過將電極連接在病人胸口的皮膚上，記錄病人心臟的電活動，這些電活動透過顯示器即時地顯示在監視器上，並被列印在紙上。由於受傷的心肌通常不會傳導電脈衝，因此心電圖檢查可以顯示心臟病發作或心肌受損。其他對心臟的檢查還包括胸部 X 光、冠狀動脈血管造影、心臟 CT 或磁振造影（MRI）等。在這一系列的檢查中，有的記錄了某一時間點的身體狀況和心臟指標，有的記錄了某一時間段內的心臟指標變化情況，有的則拍下了心臟及週邊血管的影像，並測量了一些尺寸。醫生需要根據這些各式各樣的檢測結果，分析和判斷

病人是因為偶然事件（比如，過量運動）導致的不適，還是心臟某些組織真的出現了問題。

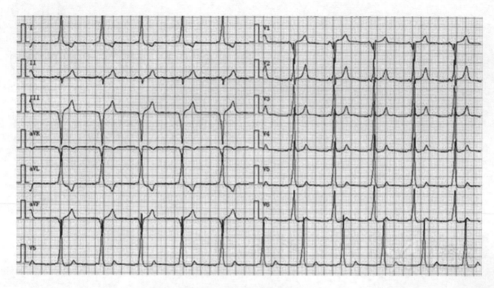

圖 3-1 心電圖

如圖 3-2 所示，每當上市企業的會計年度結束，發放年度財務報告時，該企業的股票價格常常會迅速地反映該公司過去一年的經營狀況，股票的價格變化是人們的交易所推動的，那麼人們是如何根據財務報告做出當前的交易決策的呢？首先，財務報告主要是由會計報表和財務情況說明等資料組成的。其中，會計報表以一定的會計方法、程式記錄與反映企業的財務狀況、經營成果和現金流，具體來說包括反映資產負債的資產負債表、反映經營活動獲利的利潤表、反映企業內部現金流動性的現金流量表，以及反映股東利益的所有者權益變動表。透過仔細閱讀財務報告，我們可以水平分析公司的經營情況在產業中所處的位置，垂直分析公司歷年的情況變化。簡單來說，我們可以根據財務報告中各種非結構化資訊（數字、文字、圖片等），對股票走勢做出判斷，從而進行投資。

如你所見，我們可以基於資料資料進行分析和判斷並做出預判，這種類似於人類思考和解決問題的方式真的無處不在，在醫學、金融、影像處理、消費、製造等各種產業中頻繁出現，如果嚴格地用科學的標準來定義這個思考問題的方式，就是統計學習。

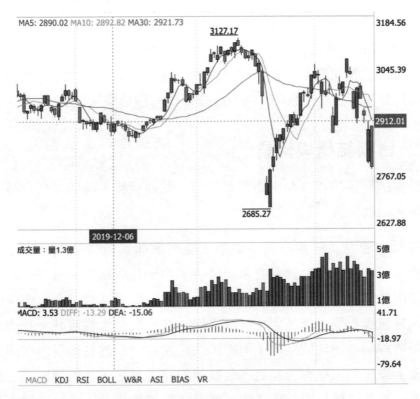

圖 3-2　股票價格走勢示意圖

本章會簡單地介紹如何從資料中學到模式。通常來說，我們對預測的結果要有一個量化的度量指標，比如在預測股價問題中的股票價格、在疾病診斷問題中的心臟病種類。此外，對於如何預測這個結果，我們需要準備一組特徵。比如，在預測股價時，我們可以將財務報告中的公司年度營業收入作為一個特徵，可以將財務報告的頁數也作為一個特徵；在疾病診斷問題中，心電圖的頻率和振幅可以作為兩個特徵。指定一系列

形如（特徵 1，特徵 2，特徵 3，結果）的陣列（即我們所説的資料），
建立一個預測模型用於完成預測任務，這便是機器學習。模型在使用時
預測得越準確，説明建模越成功。

上述例子描述了什麼是有監督學習。這種機器學習類型之所以被稱為有
監督學習，是因為其預測模型在訓練過程中有預測目標值作為啟動。在
無監督學習中，通常只有特徵，而沒有所謂的目標值。在無監督學習
中，比起建立預測模型，我們通常更關注資料是如何組織在一起的，或
樣本點的聚類情況是怎樣的。本章主要討論有監督學習問題。

3.1.2 資料結構與術語

機器學習所使用的資料類型通常有四種：截面資料、時間序列資料、混
合資料、面板資料。

截面資料封包含了一組不同的個體，這些個體可以是個人、家庭、公
司、國家等，這一組個體是在某一個時間點一起取出的。有時候這些個
體的取出時間不一定完全相同，比如在一次為期三個月的人口普查中，
有的人先被普查到，有的人後被普查到。在分析截面資料時，我們通常
會忽視這些細微的時間差異，而將這些個體和它們的特徵看作在同一時
間截面上取出的。截面資料有一個重要的特性就是，我們假設這些個體
是從某一整體中隨機取樣而成的。然而，隨機取樣並不是隨時都能夠滿
足的，比如我們在對信用風險建模時通常會要求使用者報告他的收入，
然而使用者可能出於保護隱私的目的低報收入，也可能出於獲得貸款的
目的高報收入，甚至因為要提供收入資訊，導致很多對隱私敏感的使用
者不註冊帳戶，那麼這樣得到的樣本，無論是在收入的設定值上，還是
在樣本涵蓋的人群上，都不能認為是對所有人具有代表性的，也就不能
是全量人的整體中的隨機樣本。

時間序列資料封包含了同一個體在不同時間點上的特徵設定值。時間序列的例子包括某一公司的股票價格、貨幣供給量、消費物價指數等。因為過去的事件會影響未來的事件，而且在很多時間序列資料的場景中存在落後性，所以時間成了時間序列資料分析的重要維度。不同於截面資料，在時間序列資料中，每個觀測點的前後順序本身就帶有重要的資訊。時間序列資料還有一個重要的特性，這使得它們比截面資料難以分析和使用，這個特性就是時間序列資料中的觀測值在大多數時候在時間上並不獨立，不僅如此，在大多數時候它們還會出現強烈的相關性，這一相關性通常隨著觀測點之間的時間間隔變大而變小。舉例來說，本周的股價通常與上周的股價接近，而與一年前的股價差異較大。雖然適用於截面資料的機器學習模型不加處理也可以用於時間序列模型，但是考慮到時間序列資料自身可能存在的特性（平穩性等），我們也有針對時間序列資料的單獨模型。

混合資料則是包含了截面資料和時間序列資料的資料。舉例來說，連續兩年進行全國消費者抽樣調查，每次調查都隨機取樣，都記錄了消費者的年度消費金額、消費次數等資訊，但兩次抽中的個體並不一致。在訓練模型透過消費者收入預測消費者消費金額時，一年的資料往往不夠，於是我們將第二年的資料也加入樣本中，這樣形成的資料就稱為混合資料。除了補充訓練樣本，我們還可以分別使用兩年的資料建模，進而分析兩年間消費者行為的差異。

最後一類資料是面板資料，它包含了多個個體、多個時間點。每個個體在每個時間點均有一組特徵，這樣形成的資料就稱為面板資料。舉例來說，在股票市場上任選 100 支股票，它們過去一年的每日收盤價就形成了一個面板資料集（假設不考慮停牌等因素）。總之，面板資料就像一個麵包，每橫著切一刀就會得到一個截面資料，如果豎著切一刀，得到

的就是時間序列資料。那要是把兩種口味的麵包各切一片放在一起呢？那就是混合資料。

除了資料類型，機器學習還涉及一系列的常用術語（個體、樣本、整體、特徵、標籤、訓練集、驗證集、測試集等）。

3.1.3 機器學習演算法範例

本節以簡單線性回歸模型和決策樹模型為例簡單地介紹機器學習的演算法。

1. 簡單線性回歸模型

要使用一個變數預測另一個變數，最簡單的辦法是建立一個只包含兩個變數的簡單線性回歸模型（一元線性回歸）。雖然簡單線性回歸模型作為一個基礎的演算法存在很多問題和限制，但是學習和了解它有利於我們對更複雜的模型有更加深刻的認知，它不僅是多元線性回歸模型的基礎，更是廣義線性模型、深度學習模型的基礎，因此我們先以簡單線性回歸模型為例，討論一些統計學習演算法中的重要問題。

在很多時候，我們觀察到兩個變數 x 和 y 的一些設定值，然後希望建立統計學習模型來透過 x 預測 y 的值。比如，x 是農田的施肥量，y 是產量；x 是受教育程度，y 是收入水準；x 是消費金額，y 是信用卡消費金額；x 是社區內的員警數量，y 是社區的犯罪率。要想建立 y 關於 x 的模型（用 x 預測 y），我們需要回答三個最根本的問題：①x 和 y 的函數關係是什麼樣的？②如果 y 還受到除了 x 之外的變數影響，那麼如何在模型裡表示？③在建立好模型後，x 發生了一個單位的變化，y 會發生多少變化？

在簡單線性回歸模型中，我們透過假設 x 與 y 成線性函數關係來回答問題①，即

$$y = \beta_0 + \beta_1 \cdot x + u \qquad (3\text{-}1)$$

式中，β_0 為截距；β_1 為斜率；u 為誤差項。在簡單線性回歸模型中，針對問題①，我們假設 x 與 y 呈線性關係。針對問題②，我們設立了誤差項，所有未觀測到的、未知的對 y 有影響的變數都被歸入 u 中。針對問題③，如果固定 u，那麼 x 每變化一個單位，y 將變化 β_1 單位。

對模型（3-1）來說，因為模型存在截距項，所以我們始終可以做出 u 的期望值為 0 的假設，即 E(u)=0。為了回答問題③，我們採用的方式是固定 u，事實上這在實際情況中並不現實，比如在對受教育程度和收入水準建模時，一個人本身的天賦水準是被歸入 u 的，而顯然，受教育程度與天賦水準也會有關係，所以我們很難固定 u。那麼如何定義 x 和 u 的關係，以便更進一步地回答問題③呢？

對於兩個隨機變數的關係，最常見的度量方式是利用相關係數，即

$$r = \frac{\mathrm{Cov}(x,u)}{\mathrm{Sqrt}\left(\mathrm{Var}(x) \cdot \mathrm{Var}(u)\right)} \qquad (3\text{-}2)$$

如果 x 與 u 不相關，那麼它們的相關係數為 0，即 x 與 u 不是線性相關的。但是，如果 x 和 u 不是線性相關的，而是非線性相關的呢？此時使用相關係數去假設 x 與 u 的關係則是不夠的。因此，為了更進一步地回答問題③，我們假設 u 的平均值不依賴於 x，即 u 的條件期望值等於 u 的期望值

$$E(u \mid x) = E(u) \qquad (3\text{-}3)$$

這個假設是說，在任何 x 取樣水準下，u 的平均值都是不變的，且等於全域平均值。這種 u 稱為平均值獨立於 x 的 u，這個假設結合 E(u)=0，可以得到 $E(u|x)=0$。因此，我們又把這個假設稱為零條件平均值假設。為什麼說這個假設可以幫助我們更進一步地回答問題③呢？那是因為如果我們對模型（3-1）的等式兩邊同時取關於 x 的條件期望值，就可以得到

$$E(u|x) = \beta_0 + \beta_1 \cdot x \tag{3-4}$$

也就是說，在假設 E（u）=0 和假設 $E(u|x)=E(u)$ 下，我們可以得到式（3-4），它表示：每個單位的 x 的變化，會導致 y 在當前 x 水準下的期望值發生 β_1 的變化。這樣的解釋剝離了 u 的影響，也不用再滿足固定 u 這種不切實際的要求。

有了對簡單線性回歸模型的了解，接下來最重要的問題就是如何求解模型，即如何從資料中得到對 β_0 和 β_1 的估計。

假設樣本為 $\{(x_i, y_i) | i = 1, 2, \cdots, n\}$，其中，n 表示樣本中一共有 n 個觀測點。如果樣本真的是從簡單線性回歸模型（3-1）中產生的，那麼這些觀測點必定滿足

$$y_i = \beta_0 + \beta_1 \cdot x_i + u_i \tag{3-5}$$

根據假設 $E(u)=0$ 和 $E(u|x)=E(u)$，我們可以得到關於 u 的以下兩個矩性質，即

$$E(u) = 0 \tag{3-6}$$

$$\mathrm{Cov}(x, u) = E(xu) = 0 \tag{3-7}$$

此時，我們可以採用矩估計方法來做進一步推導，即

$$n^{-1} \sum_{i=1}^{n} \left(y_i - \beta_0 - \beta_1 \cdot x_i \right) = 0 \qquad （3-8）$$

$$n^{-1} \sum_{i=1}^{n} x_i \cdot \left(y_i - \beta_0 - \beta_1 \cdot x_i \right) = 0 \qquad （3-9）$$

根據兩個方程式的兩個未知數，簡單推導可得 β_0 和 β_1 的估計式

$$\beta_0 = \bar{y} - \beta_1 \cdot \bar{x} \qquad （3-10）$$

$$\beta_1 = \frac{\sum_{i=1}^{n}(x_i - \bar{x})(y_i - \bar{y})}{\sum_{i=1}^{n}(x_i - \bar{x})^2} \qquad （3-11）$$

從式（3-11）中可知，$x_i \neq \bar{x}$，即 x 不可以只有一個設定值，如果只有一個設定值，那麼式（3-11）將失去意義，β_0 和 β_1 將無法求解。這也是我們建立簡單線性回歸模型的隱含假設。

2. 決策樹模型

決策樹是一種以樹結構為基礎，透過序貫判斷來實現分類或回歸的機器學習演算法。決策樹由三個部分組成：一個根節點、許多中間節點、許多葉子節點。如圖 3-3 的例子所示，在使用身高、體重、睡眠時間預測學業成績等級（A，B）的決策樹中，我們首先會選擇一個特徵睡眠時間，將人分為兩群。我們自然會期望這兩群人的成績等級具有明顯差異，第一群人最好全是成績為 A 的，第二群人全是成績為 B 的，但這種情況非常罕見。在大部分的情況下，兩群人中成績等級為 A 的人數佔比是有顯著差異的，但只用睡眠時間並不能把人完全分開，我們還需要結合別的特徵（身高、體重）。如圖 3-3 所示，我們列出了一個決策樹的

決策過程作為範例。

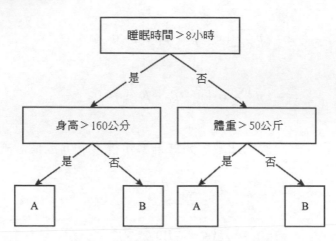

圖 3-3 決策樹的決策過程示意圖

其中，第一層就是決策樹的根節點，第二層是中間節點，第三層是葉子節點。可以看到，對於根節點和中間節點，存在兩個需要解決的問題：①指定一個節點，該節點應該使用什麼特徵進行樹的分裂？②指定一個節點和該節點使用的特徵，分裂應該在什麼值進行，即用什麼值進行劃分（cut off point）？對於葉子節點，我們需要解決的問題：③被分流到這個葉子節點的樣本，是應該被預測為 A 還是應該被預測為 B？

在決策樹分裂的過程中，我們很自然地希望分裂之後在樣本中 A 或 B 的佔比越大越好，即純度越高越好，那麼如何選擇分裂用的特徵和分裂的特徵值呢？為了回答問題①和②，我們需要量化的定義，指定某個分裂（特徵選擇、截斷值選擇），分裂後比分裂前節點上樣本的純度提升了多少，即這次分裂帶來了多大收益。那麼，要定義分裂前後的收益，就需要定義分裂前的純度和分裂後的純度。我們通常使用吉尼係數來度量某個資料集的純度，即

$$\text{Gini}(D) = 1 - \sum_{k \in \{A,B\}} p_k^2 \qquad (3\text{-}12)$$

式中，k 為成績等級的設定值；p_k 表示在資料集 D 中任取一人成績等級為 k 的機率；Gini(D)反映了從資料集 D 中隨機取出兩個樣本，其類別標記不一致的機率。因此，Gini(D)越小，資料集 D 的純度越高。

有了吉尼係數，我們就能判斷分裂前後的資料集純度。那麼我們首先選擇哪個屬性（睡眠時間、身高、體重）來進行分裂呢？這個時候就需要對 Gini(D)進行拓展，式（3-13）為屬性 x 的吉尼係數，即

$$\text{GiniIndex}(D,x) = \sum_{v=1}^{V} \frac{|D^v|}{|D|}\text{Gini}(D^v) \qquad （3\text{-}13）$$

式中，v 為 x 的設定值；V 代表在資料集 D 中 x 有 V 個不同的設定值。屬性 x 的吉尼係數越小，代表分裂後資料集的純度越高。因此，選擇分裂節點即在找哪個屬性使分裂後吉尼係數小。

有了對吉尼係數的討論，我們可以類似地解決問題②，感興趣的讀者可以自行補充，在此不做贅述。要想解決問題③，一個很簡單的辦法就是，我們可以將葉子節點中佔比大的等級作為該葉子節點的分類結果。

3.2 分散式機器學習的簡介

3.2.1 分散式機器學習的背景

機器學習技術在實際場景中的應用受到越來越多的關注，尤其在金融和醫學等領域，其決策的準確性和效率都有不錯的表現。有些學者將機器學習定義為「機器學習=演算法+算力+資料」。機器學習身為計算密集型的工作，本身就需要大量的運算資源，同時為了進一步提高機器學習的性能，其演算法的設計變得越來越複雜，所需的運算資源日益膨脹。

另外，機器學習的效果過於依賴訓練所使用的資料集，如果資料的品質較差或規模過小，就很難保證機器學習模型的實際效果。當今社會已全面進入巨量資料時代，甚至每個手機終端都已經成為一個收集資料的節點，用於訓練的資料量呈現爆炸式增長。

因為當前的機器學習演算法對高品質資料的需求越來越大，所以不僅需要更多收集資料的通路，還需要對分布在不同裝置、不同機構的資料進行聚合。另外，隨著資料量大幅增加，對運算資源的需求不斷增加。基於機器學習領域的發展趨勢，分散式機器學習提供了一種新的想法。由於資料量和模型複雜度不斷增加，終究會出現單一節點難以支撐模型訓練的情況，因此不得不使用分散式的訓練環境來完成訓練過程。分散式機器學習不僅可以協調大量的運算資源，使得學習過程達到較高的性能，還可以對多方的資料和模型進行聚合，最大化模型的準確性。

3.2.2 分散式機器學習的平行模式

如今，對機器學習來説，計算量太大、訓練資料太多、模型規模太大，我們必須利用分散式方式來解決由此帶來的問題。因此，針對如何劃分訓練資料、分配訓練任務、轉換運算資源、整合分散式的訓練結果，以期達到訓練速度和訓練精度完美平衡的問題，分散式機器學習透過不同的平行模式，提供了不同的解決方案，其平行模式可以分為以下三種類型。

（1） 平行計算。針對計算量過大的問題，可以採用基於共用記憶體（或虛擬記憶體）的多執行緒或多機平行運算來提高計算的效率。

（2） 資料平行。針對資料量過大的問題，可以對資料進行劃分，並將劃分好的資料分配到不同的節點進行訓練。

（3） 模型平行。針對模型規模過大的問題，可以將模型的不同部分分
配到不同的節點進行訓練，比如神經網路的不同網路層。

在平行計算模式中，多個處理器被用於協作求解同一問題。所需求解的
問題盡可能被分解成許多個獨立的部分，各個部分在不同的處理器上同
時被執行，最終求解出原問題，並將結果返回給使用者。根據運算資源
的差異，平行計算可以被分為多機平行計算和多執行緒平行計算。根據
研究的角度不同，平行算法被分為數值計算或非數值計算的平行算法，
同步的、非同步的或分散式的平行算法，共用儲存或分散式儲存的平行
算法，確定或隨機的平行算法等。平行計算的出現有效地解決了複雜的
大型計算問題，它利用非本地資源，節省了計算成本，克服了單一電腦
上存在的記憶體限制。但與此同時，平行計算也帶來了執行緒安全、記
憶體管理等諸多問題。

在資料平行模式中，每個被分配了資料的工作節點都會根據局部資料訓
練出一個子模型，按照一定的規律和其他工作節點進行通訊（通訊的內
容主要是子模型參數或參數更新），以保證最終可以有效地整合來自各
個工作節點的訓練結果並得到全域的機器學習模型。資料劃分的方式主
要從以下兩個角度進行考慮：一是對訓練資料進行劃分，二是對每個特
徵維度進行劃分。其中，對訓練資料進行劃分主要有基於隨機取樣法和
基於置亂切分的方法。隨機取樣法在不同的計算節點上進行放回的隨機
取樣，這樣可以做到子訓練集是獨立且同分布的。置亂切分的方法將資
料進行亂數排列，然後按照工作節點進行切割，在訓練的過程中會定期
對所有資料進行打亂。

在模型平行模式中，主要考慮模型的結構特點。對於線性模型，可以直
接對不同的特徵維度進行劃分，與基於維度的資料劃分相互配合。在對
深層神經網路進行劃分的時候，則要考慮模型的層次結構以及模型之間
的依賴關係，並且還要考慮模型之間的資料通訊。模型的層次劃分分為

逐層的水平劃分和跨層的垂直劃分。這兩種劃分方式各有利弊。逐層的水平劃分使得各個子模型之間的介面清晰、實現簡單，但是受到層數限制，平行度可能並不高，而且還有可能一層的計算量就已經很多，單機已經無法承擔。跨層的垂直劃分把一層劃分在多機上，但這樣通訊的要求就會很高。除了上述的水平和垂直劃分，也有學者研究了模型的隨機劃分方式，在每個工作節點上都會運行一個小的骨幹網路，在各個工作節點上進行相互通訊的時候，會隨機傳輸一些非骨幹網路的神經元參數，這樣可以造成探索原網路的全域拓撲結構的作用。

與平行計算和資料平行兩種模式相比，模型平行的模式更加複雜，各個節點之間的依賴關係更強。因為某些節點的輸出資料可能是其他節點的輸入資料，所以對通訊的要求比較高。目前，最常見的平行模式仍為資料平行，在聯邦學習中也以資料平行的模式為主，因此我們主要對資料平行的模型介紹。資料平行模式的分散式機器學習架構如圖 3-4 所示。

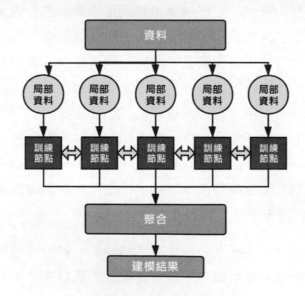

圖 3-4　資料平行模式的分散式機器學習架構

接下來，我們用簡單的線性迴歸演算法來介紹分散式機器學習的原理。在線性迴歸中，我們將用來訓練的樣本集合記作 $X = \{x_i\}$，其中 $x_i \in \mathbf{R}^d$（d 表示特徵的維度），並透過訓練獲得了模型 $f(x) = x^T w$。在訓練過程中，使用梯度下降法對參數進行更新，其中損失函數及一階梯度定義為

$$L(w) = \frac{1}{2} \sum_{i=1}^{n} \left(x_i^T w - y_i \right)^2 \tag{3-14}$$

$$g = \frac{\partial L(w)}{\partial w} = \sum_{i=1}^{n} \left(x_i^T w - y_i \right) \cdot x_i = \sum_{i=1}^{n} g_i \tag{3-15}$$

式中，$g_i = \left(x_i^T w - y_i \right) \cdot x_i$。

當資料量（即 n）和參數的數量（即 w 的維度）較大時，疊代過程的計算量就會很大，其中大部分的計算負擔集中在梯度的計算，如果能夠將梯度的計算平行化，就可以有效地提高訓練過程的效率。透過觀察可知，$g = \sum_{i=1}^{n} g_i$，因此可將 g 的計算切分為 n 個部分，由 n 個節點分別計算 $g_i = \left(x_i^T w - y_i \right) \cdot x_i$，在計算完成後再進行聚合 $g = \sum_{i=1}^{n} g_i$，便可得到最終的梯度。當然，在實際應用中分配給每個節點的資料量會有多筆，因此節點的個數與資料量的大小並不相同，在此僅使用該範例對資料平行的思想介紹。

另外，分散式機器學習的平行化除了帶來了計算量的分攤效果，也帶來了一些新的負擔，包括通訊負擔和同步負擔。另外，結果同步的方式包括同步演算法和非同步演算法兩種，本章只對分散式機器學習進行簡單的介紹，在此不再對這些概念進行多作說明。

3.2.3 分散式機器學習比較聯邦學習

首先，聯邦學習在本質上也是一種分散式機器學習方法，將儲存在多個裝置或多個公司中的資料進行聚合，以提升模型效果。但是在傳統的分散式機器學習中，各個節點的資料是由一個中心節點進行分配的，因此各個節點的資料呈現以下特點：

（1）　各個節點之間的資料是獨立同分布的。

（2）　各個節點的資料量是相近的。

（3）　中心節點對各個節點的資料擁有存取的許可權，且在訓練時未考慮各個節點之間的隱私窺探問題。

在聯邦學習中則要考慮更多、更複雜的情況，比如：

（1）　各個節點（聯邦參與方）的資料所有者均為自己，訓練資料來源更廣，因此資料量可能更大，同時這些資料不一定是獨立同分布的。

（2）　各個節點之間的資料量以及資料品質可能都存在較大差異。

（3）　各個節點對自己的資料擁有絕對的自治權，因此需要考慮各個節點的隱私問題和掉線問題。

也就是説，聯邦學習為傳統的分散式機器學習提出了更多的挑戰和願景，對應的業務場景更加複雜，除了提高訓練效率和模型準確性的目標，更加關注參與方的隱私問題。因此，需要結合隱私保護技術，設計更巧妙的方案，在不洩露參與方資料隱私的前提下，激勵更多資料擁有者貢獻自己的資料，完成模型的訓練。

▋ 3.3 特徵工程

3.3.1 錯誤及缺失處理

在進行機器學習建模之前，需要進行特徵加工。特徵加工的第一步就是對缺失和錯誤的資料進行處理。具體來說，對資料有誤的，如果整列特徵大部分有誤，就應該刪除該特徵，以避免雜訊對模型訓練的影響；如果個別樣本在某一/某些重要特徵上有誤，就應該考慮刪除該樣本。需要特別注意的是，在面板資料中，在刪除樣本時不應該只刪除一個觀測點，而應該刪除該樣本在所有時間截面上的觀測點。另外，有的錯誤資料是可以矯正的，比如格式不統一的資料。對於缺失的資料來說也一樣，如果重要的特徵缺失，我們就應該考慮刪除這些樣本（即刪除所在行）；對於不重要的且大規模缺失的特徵，我們就應該考慮刪除這樣的特徵（即刪除所在列）；對於不重要的但不是大規模缺失的特徵，我們就可以考慮填充遺漏值，例如使用特徵的中位數/眾數/平均數/落後一期數/提前一期數/插值等進行填充，具體的填充方案應該視該特徵的含義和經驗而定。最後需要強調的一點是，我們應當明確缺失樣本和遺漏值為 0 的樣本的區別，在實際處理中，我們常常會用 0 對遺漏值進行填充，這導致了該特徵本來就取 0 的樣本和缺失樣本被混為一談，有時候透過獨熱來表明哪些是缺失樣本，哪些是遺漏值為 0 的樣本是非常重要的。

3.3.2 資料類型

從統計學的角度來看，變數可以根據連續或離散、有序或無序、是否是數值分為兩大類四小類。首先根據是否是數值，我們可以將變數分為數值型變數和分類型變數。數值型變數的值可以取一系列的數，這些值對加法、減法、求平均值等操作是有意義的。分類型變數對於上述的操作

是沒有意義的。數值型變數又可以分為下面兩類：①離散型變數，即值只能用自然數或整數單位計算，其數值是間斷的，相鄰兩個數值之間不再有其他數值，這種變數的設定值一般使用計數方法取得。②連續型變數，這種變數在一定區間內可以任意設定值，其數值是連續不斷的，相鄰的兩個數值可做無限分割，即可取無限個數值，如身高、繩子的長度等。分類型變數又可以根據有序或無序分為下面兩類：有序分類變數和無序分類變數。其中，有序分類變數可以描述事物等級或順序，變數值可以是數值型的或字元型的，可以比較優劣，如喜歡的程度分為很喜歡、一般、不喜歡。無序分類變數的設定值之間沒有順序差別，僅做分類。舉例來說，常見的二分類變數，將全部資料分成兩個類別，如男、女等。常見的多分類變數有兩個以上類別，如血型分為 A 型、B 型、AB 型、O 型。有序分類變數和無序分類變數的區別：前者對於「比較」操作是有意義的，而後者對於「比較」操作是沒有意義的。

從機器學習的角度來看，常見的特徵有數值特徵、分類特徵、時間特徵、空間特徵、圖形特徵、聲波特徵、文字特徵等。在進行機器學習建模之前，我們需要將這些特徵進行編碼，主要的想法就是，將它們用統計變數表示為上述四小類，再進行進一步處理。

①數值特徵包括整數、浮點數等，由於其有順序意義和大小關係，我們通常可以直接使用。②分類特徵（如 ID、性別等）需要根據是否有序分別編碼，對有序的分類特徵，我們通常可以使用有序整數進行編碼，例如將好、一般、差分別編碼為 1、0、-1，但對於無序的分類特徵，我們可以採用獨熱或嵌入方式進行編碼（詳見 3.3.3 節），對於無序但設定值實在過於繁多的或如 ID 這樣的唯一分類特徵，我們可以捨棄。③對於時間特徵（如月份、年份、季、日期、時間等）來說，我們通常可以將時間做差，將時間特徵轉為時長，再進行使用。④對空間特徵（如經緯度、郵遞區號、城市等）來說，經緯度可以被看作數值特徵使用，郵遞

區號和城市可以被看作分類特徵進行獨熱處理。⑤其他特徵（如圖形/聲波/文字特徵）屬於機器學習細分領域的特徵，有各自特殊的處理方法，其基本原則仍然是將資料編碼成數值，不過由於方法複雜、繁多且不夠普適，在此暫不介紹。

3.3.3 特徵工程方法

分箱法：資料分箱（Binning）是一種對數值特徵進行前置處理的技術，可以減少輕微觀察錯誤的影響。我們通常可以對年齡/時刻進行分箱操作，例如將年齡分為 15 歲及以下、16～25 歲、26～35 歲、36～45 歲、46～55 歲、56 歲及以上有序的六類，以代表不同的年齡階段；又比如，一天 24 小時可以分成早晨[5,8)、上午[8,11)、中午[11,14)、下午[14,19)、夜晚[19,22)、深夜[22,24)和凌晨[24,5)，將中午 11 點和 12 點放入同一分箱是因為我們認為這兩個時間點沒有很大區別。使用分箱技巧可以減少資料記錄誤差的影響，也可以讓模型更加穩固。在分箱之後，落入指定分箱的原始資料值可以採用該分箱的中心值代替。

獨熱法：獨熱編碼（One-Hot Encoding）是一種對無序分類特徵進行前置處理的技巧，它將分類特徵變成長度相同的向量。舉例來說，性別通常有男、女、未知三類，對每一個樣本的記錄只有男或女或未知，這樣的無序分類變數是無法直接進入模型的（也有例外，比如樹模型就可以接受無序分類變數作為輸入資料），我們可以創建一個維度為 2 的特徵，如果是男，就用(1,0)表示，如果是女，就用(0,1)表示，(0,0)則表示性別未知。這種創建一個維度為類別總數減 1 的向量，把某個記錄的值對應的維度記為 1，把其他維度記為 0，這樣的特徵編碼方式即獨熱編碼。如果類別設定值不多，那麼我們通常可以採用獨熱編碼。如果類別設定值過多，就會導致編碼結果非常稀疏，對訓練造成一定困難，這時我們就需要下述編碼方式了。

特徵雜湊：又稱雜湊技巧（Hashing Trick）。對於設定值很多的分類特徵，可以採用特徵雜湊進行處理。特徵雜湊的流程很簡單，將分類特徵的設定值使用雜湊函數轉換成指定範圍內的雜湊值。透過取餘數操作，我們可以將原類別數量減少到可用的數量，之後使用獨熱編碼即可。與直接進行獨熱處理相比，特徵雜湊具有很多優點，如維度會減少很多。具體可以參考 Feature Hashing for Large Scale Multitask Learning。

嵌入法：又稱為 Embedding 演算法，是使用神經網路將原始分裂資料轉換成新特徵的方法。其本質是為分類型變數的每一個類別設定值生成一個高維向量，透過高維向量的距離來度量類別之間的距離。由於這些向量是透過訓練獲得的，這允許分類器更進一步地、更全面地學習類別的表示（representation）。這個方法最經典的、也是其起源的案例就是對文字中的單字進行編碼，即 word embedding，就是將單一單字映射成維度是幾百維甚至幾千維的向量，再進行文件分類等應用。原本具有語義相似性的單字在映射之後的向量之間的距離也比較小，進而可以幫助我們進行機器學習，具體可以參看 Efficient Estimation of Word Representations in Vector Space。

取對數法：取對數就是指對數值特徵做對數轉換處理。這樣的處理可以改善特徵的設定值分布，將極端值轉換到較小範圍內。具體來説，對數轉換將減少右偏，使得最後的分布更加對稱。不過，由於對數函數的定義域在$(0,+\infty)$，因此這一轉換不適用於設定值中有零值或負值的特徵。

特徵標準化（Normalization）：特徵標準化是一種透過縮放來標準化特徵的設定值範圍、設定值波動性、設定值平均值等特性的特徵工程方法。在資料處理中，它也被稱為資料標準化，並且通常在資料前置處理期間執行。特徵縮放可以將很大範圍的資料限定在指定範圍內。由於原始資料的值範圍變化很大，在一些機器學習演算法中，如果沒有標準化，那麼目標函數將無法正常執行。 舉例來説，大多數分類器按歐式距

離計算兩點之間的距離。在這樣的情況下，如果不同的特徵所處的設定值範圍不同，或同類特徵使用的單位不同，那麼都將大大地影響損失函數值的計算。因此，我們需要對所有特徵的範圍進行歸一化，也就是標準化處理，以使每個特徵大致與最終距離成比例。此外，在使用梯度下降法進行模型訓練時，也需要進行標準化。常見的標準化有最小最大縮放（Min-max Scaling）和標準化縮放（Standard Scaling）。具體來說，最小最大縮放使用特徵設定值減去特徵的最小值，得到的差除以特徵的最大值與最小值之差，標準化縮放則使用特徵設定值減去特徵平均值，得到的差除以特徵的標準差。

特徵互動（Feature Interaction）：特徵互動也是特徵增廣的重要方法之一。我們會根據特徵的含義，採用特徵的加和/之差/乘積/除商來產生新特徵，例如加總不同類型的優惠金額得到訂單總優惠金額、將訂單總金額與實際付款金額相減得到訂單各類優惠總金額、將商品單價和商品數量相乘得到訂單總價、用優惠金額除以訂單總金額得到折扣率。除了這些基礎的、基於業務了解形成的互動特徵，還有一類特徵是透過兩個看似無關的特徵相乘產生的，這種互動項具有更深刻的含義。舉例來說，用收入特徵乘以教育水準特徵，這樣形成的新特徵能夠抓住不同收入水準下教育對目標標籤（舉例來說，貸款是否違約）的邊際影響（條件偏導），因此能更進一步地幫助模型發掘資訊。在回歸模型中加入互動項通常是一種常見的處理方式，可以極大地拓展回歸模型對變數之間的依賴的解釋。

最後，我們講一下時間特徵的處理。第一，基於分箱法處理時間特徵，實現特徵離散化。第二，我們可以根據時間建構切片特徵，例如要統計消費情況，我們可以統計過去 3 天、7 天、30 天的消費情況，這樣的切片特徵會附帶趨勢性，能在一定程度上抓住使用者的消費趨勢。第三，我們可以將時刻所在的星期幾、月份、年份作為特徵，這樣的特徵可以

在一定程度上抓住週期性、季節性因素對標籤的影響。第四，事件時點標記，我們可以計算當前被處理時刻與重要時刻（比如，生日、節假日等）的距離，這樣的特徵可以在一定程度上表示樣本的重要性。最後，我們也常用時間差（Time Difference）作為特徵，例如使用者兩次存取的時間間隔，這種時間差可以表徵行為頻繁與否，也有一定的意義。

3.4 最佳化演算法

3.4.1 最佳化問題

最佳化演算法是機器學習中一個非常重要的話題。在高等數學中，最常見的方法就是透過對目標函數的導數和高階導數限定條件，從而求解或透過多次疊代來求解無約束最佳化問題。在已知公式的情況下，這樣的方法實現簡單、程式設計方便，是訓練模型的利器。對大多數機器學習演算法來說，無論是有監督學習還是無監督學習，最後都可以歸結為求解最佳化問題。因此，對最佳化問題有基本認識是我們著手了解機器學習中的最佳化演算法的第一步。

那麼什麼是最佳化問題呢？最佳化問題是求解某一目標函數的最佳目標值的問題，這個最佳目標值可能是在函數定義域任何一點時函數的設定值，這種未對定義域加以限制的最佳化問題稱為無約束的最佳化問題。但是有的時候，我們會對定義域（或透過限制值域限制定義域）進行限制，這種最佳化問題則被稱為有約束的最佳化問題。對應地，求解最佳化問題的方法便是最佳化演算法。

在機器學習任務中，常見的最佳化問題（目標函數）有以下幾類：

（1）在最常見的有監督學習問題中，對於回歸演算法，我們的目標通常是找到一個映射函數 $f(x)$，使得該函數在訓練樣本上的輸出值與目標值之間的誤差最小，即

$$\min_{w} \frac{1}{n} \sum_{i=1}^{n} \left(y_i - f_w(x_i) \right)^2 \qquad （3-16）$$

式中，n 為訓練樣本數量；(x_i, y_i) 為樣本 i 的特徵和標籤；$f(x)$ 為需要學習的函數，即被訓練的模型；w 為該函數的參數，是最佳化問題求解的物件。這個目標函數即回歸問題中常用的平均誤差平方和函數。事實上，在 3.1.3 節的線性回歸例子中，我們採用了矩估計對 w 進行求解，在這裡我們將看到，透過求解這個平均誤差平方和可以得到相同的估計式。

（2）在最常見的有監督學習問題中，對於分類演算法，我們的目標不再是找到一個映射函數 $f(x)$，而是找到一個最佳的機率密度函數 $p(x)$，使得該機率密度函數在訓練集上的似然函數最大化，即我們常說的極大似然估計方法

$$\max_{\theta} \prod_{i=1}^{n} p_{\theta}(y_i \mid x_i) \qquad （3-17）$$

式中，n 為訓練樣本數量；(x_i, y_i) 為樣本 i 的特徵和標籤；$p(x)$ 為需要學習的函數，即被訓練的模型；θ 為該函數的參數，是最佳化問題求解的物件。

（3）對無監督學習來說，比如聚類演算法，我們的目標是使每個樣本的各自所屬類別中心的距離之和最小，例如

$$\min_{\mu_i} \sum_{i=1}^{k} \sum_{x \in S_i} \left(x - \mu_i \right)^2 \qquad （3-18）$$

式中，k 為聚類演算法中的類別數量；x 為樣本的表示；μ_i 為類別中心的表示，也就是要學習的目標；S_i 為第 i 個類的樣本集合。

綜上所述，機器學習的核心目標是列出一個模型（一般是映射函數），然後定義這個模型的評價函數（目標函數或損失函數），透過求解目標函數的極大值或極小值來訓練（得到）模型的參數，從而學習到想要的模型。在這三個步驟中，建立映射函數和量化映射函數的優劣程度是機器學習要研究和解決的問題，而最後一步，即求解目標函數的極值，是一個數學問題，要解決這個問題，我們需要用到一些最佳化演算法。下面兩節會對常見的最佳化演算法進行簡單介紹。

3.4.2　解析方法

從對微積分的學習中可知，對於一個可導函數，其極值是使得導數為 0 的點，用公式表示為

$$f'(x) = 0 \text{ 或 } \nabla_{\bar{x}} f(\bar{x}) = 0 \qquad （3\text{-}19）$$

前者是一元函數的導數，後者是多元函數的梯度。導數為 0 的點稱為駐點。需要注意的是，導數為 0 並不是函數取得極值的充分必要條件，導數為 0 只是疑似函數在該點取得極值，但到底該點的函數值是不是極值？如果是極值，那麼是極大值還是極小值？我們一方面需要結合定義域的邊界進行檢驗，另一方面還需要結合高階導數進行判斷。對一元函數來說，假設函數在 x 處導數為 0，如果該處的二階導數大於零，那麼該點的函數值為極小值，如果該處的二階導數小於零，那麼該點的函數值為極大值，如果該處的二階導數等於零，那麼需要透過更高階的導數判斷該點的函數值是否為極值。

上述方法適用於無約束的最佳化問題，但在一些實際問題中，我們常常要求 x 的設定值在一定範圍內，或對 x 的設定值有一些等式或不等式的要求，即帶有等式或不等式限制條件。對於帶有等式約束的最佳化問題，最經典的辦法是拉格朗日乘子法。例如

$$\min f(x) \qquad (3\text{-}20)$$

$$\text{s.t. } h(x) = 0 \qquad (3\text{-}21)$$

上述問題即帶有等式約束的最佳化問題，根據拉格朗日乘子法，可以將其轉化為以下最佳化問題

$$\min L(x, \lambda) = f(x) + \lambda h(x) \qquad (3\text{-}22)$$

將 λ 看作一個未知數，按照上述導數求極值的方式，對 L 函數的極值進行求解，即可對帶有等式約束的最佳化問題進行求解。更進一步，對於帶有不等式約束的最佳化問題，我們可以採用 KKT 條件進行求解，KKT 條件是對拉格朗日乘子法的推廣，在這裡不繼續多作說明，感興趣的讀者可以透過相關書籍進行學習。

3.4.3 一階最佳化演算法

上面介紹的方法可以透過理論推導（舉例來說，對方程式求根等）獲得最佳解的解析運算式，但在大多數時候，方程式或方程組的根沒有解析解，比如在方程式中有高次函數、指數函數、對數函數、三角函數等超越函數時，我們很難推導求解。對於這些沒有解析解或推導解析解很困難的情形，我們可以採用數值最佳化演算法對解進行近似計算。根據這些數值最佳化演算法所用到的資訊不同，數值最佳化演算法可以分為一階最佳化演算法和二階最佳化演算法。本節簡單介紹幾個常見的一階最佳化演算法。

在機器學習中最常見的莫過於梯度下降法，梯度下降法是利用一階導數資訊，根據函數的一階泰勒展開式，沿著負梯度方向，尋找函數的局部最佳解的演算法。其原理是，在負梯度方向，函數值是下降的，因此只要學習率設定得足夠小，在沒有到達梯度為 0 的點之前，在每次疊代時函數值一定會下降，從而可以實現目標函數的最小化。

$$x_{k+1} = x_k - \gamma \nabla f(x_k) \qquad （3-23）$$

式中，γ 為學習率；x_k 為當前所在點；x_{k+1} 為下一步所在點。這裡的學習率需要設定成一個較小的正值，其原因是梯度下降公式來自泰勒展開式，設定值小是為了保證疊代之後 x_{k+1} 位於疊代之前的點的鄰域內，從而可以放心地忽略泰勒展開式中的高次項。

可以看到，梯度下降在疊代時負擔不大，但在計算損失函數時，由於要把所有樣本的單一損失都計算一遍，其負擔是比較大的。為了解決這個問題，衍生出了隨機梯度下降法。隨機梯度下降法在每次更新 x 時僅用 1 個樣本來近似所有的樣本，雖然不是每次疊代得到的損失函數都向著全域最佳方向，但是大的整體的方向是向全域最佳解的，最終的結果往往是在全域最佳解附近。雖然隨機梯度下降法比梯度下降法的求解要快得多，但是也存在問題，比如單一樣本的訓練可能會帶來很多雜訊，因此在此基礎上，又衍生出了小量梯度下降法，它的做法是兩者的折衷：每次從樣本中隨機取出一小批樣本來更新模型參數，進行訓練。我們在深度學習訓練中最常見的 mini-batch SGD 即這種演算法。

在梯度下降法的基礎上，還衍生和改進出了一系列方法，例如 Momentum 演算法，又稱為動量 SGD，這種演算法讓每一次的參數更新方向不僅取決於當前位置的梯度，還受到上一次參數更新方向的影響，即

$$d_i = \beta d_{i-1} - \lambda g(\theta_{i-1}) \qquad （3-24）$$

$$\theta_i = \theta_{i-1} + d_i \qquad\qquad （3-25）$$

式中，$g\left(\theta_{i-1}\right)$ 為損失函數在 θ_{i-1} 處的梯度；d_i 為本次疊代的動量；β,λ 為權重。事實上，我們還可以進一步改進 Momentum 演算法。舉例來說，雖然損失函數在 θ_i 處的梯度是未知的，但是我們可以用損失函數在 $\theta_{i-1} + \beta d_{i-1}$ 處的梯度替代 $g\left(\theta_{i-1}\right)$，這便是 Nestrov Momentum 演算法，即

$$d_i = \beta d_{i-1} - \lambda g\left(\theta_{i-1} + \beta d_{i-1}\right) \qquad\qquad （3-26）$$

$$\theta_i = \theta_{i-1} + d_i \qquad\qquad （3-27）$$

除了上述幾個演算法，還有一些對梯度下降法更進一步改進的演算法，最著名的是 AdaGrad、RMSProp、AdaDelta、Adam 這幾個具有學習率自我調整的最佳化演算法，這裡不再贅述。

3.4.4　二階最佳化演算法

二階最佳化演算法，即利用二階資訊求最佳解的數值最佳化演算法，其中最著名的是牛頓法。在梯度下降法中可以看到，該演算法主要利用的是目標函數的局部性質，有一定的「盲目性」。牛頓法則利用局部的一階和二階偏導資訊，推測整個目標函數的形狀，進而求得近似函數的全域最小值。具體來說，牛頓法首先需要有一個對最佳點（根）的初始預測值，這一預測值應該儘量接近真實的最佳點，然後我們採用該點上目標函數的切線去近似目標函數，進而計算切線的橫軸截距。比起初始預測值，這個橫軸截距通常是對最佳點更好的近似。最後，我們將這個截距作為新的最佳點預測值，重複上述過程，直到收斂。

從數學上來說，指定一個定義域為 (a,b) 的函數 $f(x)$，其值域為全體實數域，$f(x)$ 為一個在定義域上可微分的函數。對於 $f(x)=0$，我們對方程式根的初始預測值為 x_n，我們的目標是推導公式 $x_{n+1} = g(x_n)$，其中 x_{n+1} 是對

方程式根的更好的預測值。第一步，我們求出在 x_n 處函數 $f(x)$ 的切線，即

$$y = f'(x_n)(x - x_n) + f(x_n) \qquad (3\text{-}28)$$

式中，$f'(x)$ 為導函數。這個切線方程式的橫軸截距即下一個預測值，即求解

$$0 = f'(x_n)(x_{n+1} - x_n) + f(x_n) \qquad (3\text{-}29)$$

可得

$$x_{n+1} = x_n - \frac{f(x_n)}{f'(x_n)} \qquad (3\text{-}30)$$

上面是以一元函數為例的牛頓法，對於多元函數，有以下公式

$$\boldsymbol{x}_{n+1} = \boldsymbol{x}_n - \lambda \boldsymbol{H}_n^{-1} g(\boldsymbol{x}_n) \qquad (3\text{-}31)$$

式中，λ 為牛頓法的學習率，$\boldsymbol{H}_n^{-1}$ 是目標函數在 $\boldsymbol{x}_n$ 的 Hessian 矩陣的反矩陣。從這個公式便可想而知，牛頓法其實有一些不足，比如在 Hessian 矩陣不可逆時無法計算，以及矩陣的逆計算非常複雜，計算量大。確實，牛頓法在每次疊代時需要計算出 Hessian 矩陣，並且求解一個以該矩陣為係數矩陣的線性方程組，Hessian 矩陣可能不可逆。為此，一個直觀的改進方法如下：不是計算目標函數的 Hessian 矩陣然後求反矩陣，而是透過其他方法得到一個近似 Hessian 矩陣的反矩陣，具體做法是構造一個近似 Hessian 矩陣或其反矩陣的正定對稱矩陣，用該矩陣進行牛頓法的疊代，即擬牛頓法。

▍3.5 模型效果評估

在完成資料準備，完成資料建模工作之後，還有一項重要的工作，即模型效果評估。透過模型效果評估，我們可以對模型的性能和模型在線上的表現有大致的預期，也可以發現模型存在的問題，以尋求改善和解決的方法。模型效果評估是機器學習的必要環節，那麼如何對機器學習模型進行效果評估呢？這涉及一個問題：什麼是一個好的模型？不難想像，由於我們的最佳化目標是最小化損失函數，那麼在訓練集上擬合出來的模型自然能在訓練集上得到很小的損失，但是在實際場景中，模型並非運行在訓練集上，而是運行在新的樣本上。能夠在這些模型訓練中未使用過的樣本上取得較小的損失的模型才是一個好的模型。用機器學習的說法是說模型具有良好的泛化能力，用通俗易懂的話說，即模型學到了特徵和標籤之間穩定的映射關係，而新的樣本的特徵和標籤之間的映射關係不變或變化不大，因此在新的樣本上模型也能較好地透過特徵預測標籤，具有較小的損失。

有了什麼是好模型的基本認識，我們就可以考慮下一個問題了，即如何訓練出一個好模型。眾所皆知，模型的訓練過程使用的是數值最佳化演算法，我們可以觀察到損失不斷下降，但是沒有一個標準告訴我們什麼時候該停止，如果不斷訓練，那麼模型是有可能出現記住所有訓練資料的情況的，即出現過擬合，如果訓練停止得過早，那麼也可能出現訓練不充分、欠擬合的問題。那麼決定何時停止訓練，就是獲得一個好模型的關鍵了。再次回想一下好模型的標準，好模型是在非訓練資料上表現好（損失小）的模型，那麼一個自然的想法便是，在每輪訓練結束時，我們將當前的模型在非訓練資料上測試一下，看看模型的損失，多看幾輪，如果在非訓練資料上模型的損失仍然在下降，就說明目前訓練還在進行，模型還沒有過擬合。但是如果發現模型損失在非訓練資料上沒有

下降，而在訓練資料上還在下降，就需要警惕了，這個時候很可能出現了過擬合。可以看到，這個方法相當於在不停地驗證當前模型的泛化能力，而這裡的非訓練資料就是我們常説的驗證集。如何設計實驗、如何劃分驗證集和測試集呢？這便是 3.5.1 節要討論的內容。

我們有了正確的測試集、驗證集劃分，有了正確的實驗設計，就需要開始考慮如何評估模型在測試集和驗證集上的效果了，這便涉及 3.5.2 節的效果評估指標。簡單來説，對於分類問題，效果評估最關注分類的準確度或不同類別的輸出值分布的差異程度；對於回歸問題，效果評估會更加關注預測值與真實值之間的誤差大小。具體的指標和計算方法留在後面介紹。

3.5.1 效果評估方法

最簡單的效果評估方法就是將全體資料集打亂，然後隨機取 50%的資料作為訓練集，取 25%的資料作為驗證集，取剩下的資料作為測試集。在訓練集上進行模型訓練，每一輪（或每 k 輪）訓練結束後在驗證集上進行驗證，觀察模型泛化效果，如果欠擬合就繼續訓練，如果過擬合就停止訓練。將訓練好的模型在測試集上測試，作為最終效果。驗證集除了用於判斷何時停止訓練，還可以用於超參數選擇，總之可以測試不同參數，只要保證驗證集資料不參與訓練，然後選擇一個在驗證集上效果最好的模型，即可作為最終模型。這裡的資料集比例（5：2.5：2.5）可以根據實際需要進行調整。

事實上，這種資料集劃分方式是有缺點的，由於整體資料集只進行了一次隨機劃分，如果剛好將訓練難度大的資料分在了訓練集，而將擬合難度小的分在了測試集，那麼模型的表現效果會非常好，反之，如果訓練集資料恰好比較簡單，而測試集資料比較複雜，那麼模型的表現效果會非常差，這就會導致訓練得到的模型效果具有很大的不確定性。為了使

訓練出來的模型能夠具有穩定的泛化能力，我們可以想辦法改進這種訓練方法。一個直觀的方法便是，為了保證模型的穩定性，多進行幾次資料集的隨機劃分，得到不同的訓練、驗證、測試子集，進行多次訓練和測試，最終取多次測試的平均值作為測試結果。可以看到，這種方法避免了上述問題，被稱為交換驗證。

在實際使用中，我們通常會採取 k-fold 交換驗證，即 k-fold Cross-Validation，步驟如下：我們將原始資料平均分成 k 組，將第 1 組資料作為測試集，將剩下的 $k-1$ 組資料作為訓練集和驗證集（可以按 8：1 劃分訓練集和驗證集），這樣可以訓練出一個模型，並得到一個測試結果，依此類推，可以得到 k 個模型和它們在對應測試集上的表現。將這 k 個測試結果進行平均，即可作為模型效果的最終判斷指標，對這 k 個測試結果計算標準差，則可以對模型在不同資料集上的穩定性有基本的感知。從直觀上來看，k 值越大，評估結果應該越準確，但是在實際使用中，k 值過大會產生一個很實際的問題，即每個折（fold）的資料量會變得很少，從而使得各組的模型訓練不夠充分，因此 k 值也需要結合實際情況進行設定，一般來說，常用的 k 設定值為 5 或 10。

還有一種被稱為留一交換驗證的比較極端的交換驗證方法，例如如果原始資料有 n 個樣本，那麼每個樣本將單獨作為測試集，其餘的 n-1 個樣本作為訓練集和驗證集，這樣將得到 n 個模型和 n 個測試結果，這樣的模型效果評估結果將更加穩固。事實上，留一交換驗證本質上就是 $k=n$ 的 k-fold 交換驗證。但與 k-fold 交換驗證相比，這樣做的優點是在每一個回合中都用到了幾乎所有的樣本訓練模型，因此訓練集最接近原始樣本的分布，得到的評估結果也會更加可靠。這樣做在實驗中是沒有隨機因素的，整個過程完全可重複。當然，缺點就是計算負擔非常大，因此在巨量資料集上幾乎不會使用這種方法。

3.5.2 效果評估指標

在模型開發完成之後，一個必不可少的步驟是對建立的模型進行評估，要評估模型效果，就需要建構模型評估的一系列評估指標。常用的機器學習模型有分類模型、回歸模型等，不同的模型有不同的評估指標，因此接下來按照不同的模型類型介紹。

1. 分類模型

在分類模型中最常見的評估指標大多源於混淆矩陣（Confusion Matrix），表 3-1 為混淆矩陣表。

表 3-1 混淆矩陣表

預測值	真實值為 1	真實值為 0
1	a	b
0	c	d

a、b、c、d 分別為落在表 3-1 各個格子中的樣本數量，其中 a 為預測值是 1 且預測正確的樣本數量，b 為預測值是 1 但真實值是 0 的樣本數量，c 為預測值是 0 但真實值是 1 的樣本數量，d 為預測值是 0 且預測正確的樣本數量。因此，a+c 是測試集中預測正確的樣本數量，b+d 是測試集中預測錯誤的樣本數量，且 b 被稱為第一類錯誤，c 被稱為第二類錯誤。基於混淆矩陣，衍生出了一系列模型評估指標，它們從不同的角度對模型效果進行描述。

（1）準確率（Accuracy）。準確率是最常用的分類性能指標。它衡量的是分類正確的樣本數量佔總樣本數量的比例。在一定的情況下，準確率可以極佳地評估模型的效果。但是，在某些情況下，其評估效果可能會有差異。比如，在樣本比例相差過大時（樣本標籤為 1 的樣本數佔總樣本數的 99%），將所有的樣本均判定為 1 的分類器將取得 99%的準確

率，將遠遠好於其他分類器大量訓練所得到的結果。準確率的計算公式為 Accuracy = (a+d)/(a+b+c+d)。

（2）精確率（Precision）。在實際使用中，由於翻譯的問題，精確率很容易和準確率混為一談。事實上，精確率是用於評估模型預測值為 1 的樣本中有多少是真的是 1 的，即預測出是正樣本的裡面有多少真的是正的：Precision = a/(a+b)。這一指標可以度量模型對正樣本預測的準確性。

（3）召回率（Recall）。召回率度量的是在所有的正樣本中，有多少正樣本能夠被模型預測出來，即 Recall = a/(a+c)，即正確預測的正例數除以實際正例總數。

（4）F 值，又稱為 F1 Score，是精確率和召回率的調和平均數。因為精確率和召回率只能從某一個方面度量模型的效果，所以我們需要一個更加綜合的指標來對模型整體的效果進行評估，即 F1 = 1/Precision + 1/Recall。

以上指標均依賴於混淆矩陣，然而實際的模型輸出值往往不是直接的分類結果，而是每個樣本屬於各個類別的機率值，對於二分類問題，從機率值到類別還需要確定一個閾值，例如模型輸出值為 0.7，閾值為 0.5，那麼這個樣本的輸出值高於閾值就被劃為預測值是 1，反之則被劃為預測值是 0。可以看到，這個閾值的確定直接決定了混淆矩陣的結果，進而也會對效果評估指標的計算造成影響。也就是説，如果我們選取不同的閾值，那麼可能會得到完全不同的評估結果。是否有什麼指標是不受閾值選擇影響的呢？這就需要用到 AUC 了。AUC 的全稱為 Area Under Curve，即曲線下的面積，這裡的曲線指的是 ROC 曲線，我們常用的機器學習套件（如 Sklearn）中都有現成的繪製 ROC 曲線的函數和計算 AUC 的函數。AUC 設定值在 0.5～1，通常 AUC 越大，模型效果越好。

2. 回歸模型

對於回歸問題,模型評估主要關注模型的預測值與真實值之間的差異,因此從意義上非常直觀。假設 y_i 為真實值,f_i 為預測值,最常見的指標就是線性回歸的損失函數—平均平方誤差 MSE(Mean Squared Error),即

$$MSE = \frac{1}{n}\sum_{i=1}^{n}(y_i - f_i)^2 \qquad (3\text{-}32)$$

式中,n 為測試集的樣本個數。由公式可知,這個指標越小代表模型效果越好,並且這個指標的設定值始終大於等於零。此外,還有一個很類似的指標—平均絕對誤差 MAE(Mean Absolute Error),即

$$MAE = \frac{1}{n}\sum_{i=1}^{n}|y_i - f_i| \qquad (3\text{-}33)$$

另一個指標均方根誤差(RMSE)也使用得比較廣泛,它的公式為

$$RMSE = \sqrt{\frac{1}{n}\sum_{i=1}^{n}(y_i - f_i)^2} \qquad (3\text{-}34)$$

上述指標都有一些缺點,比如容易受到異常值的影響,以及受到預測標籤本身的量級影響大,不利於效果比較等。因此,一個更好的回歸模型評估指標是可決係數(Coefficient of Determination),又被稱為 R^2,即

$$R^2 = 1 - \frac{\sum(y_i - f_i)^2}{\sum(y_i - \overline{y})^2} \qquad (3\text{-}35)$$

值得注意的是,R^2 雖然稱為 R 方,但它的設定值範圍實際上是 $(-\infty,1]$,由公式可知,其設定值越大,模型擬合效果越好。

聯邦交集計算

隨著通訊技術、網路技術、運算能力的快速發展，網際網路巨量資料滲透到人們衣食住行的各方面，為提供個性化服務打下了堅實的資料基礎。但對資料的探勘會導致人們的隱私受到嚴重的威脅，因此隱私保護問題受到了工業界和學術界的極大關注。安全多方計算是其中一個重要的研究方向，指的是在不洩露各方隱私的前提下進行資料的計算，如相似性計算。隱私保護交集（Private Set Intersection，PSI）計算則是在隱私保護計算中具有廣泛的應用場景的一類協定，有重要的理論意義和應用價值，是安全地打通網際網路「資料孤島」的重要基礎。它的定義如下。

定義 4-1：隱私保護交集計算是實現下列功能的協定：在不洩露各個參與方輸入資訊的前提下，協作計算輸入集合的交集，即參與方只能獲得交集部分的 ID，而不會獲得或洩露非交集的 ID。

典型的應用場景有隱私保護相似文件檢測、私有連絡人發現、安全的人類基因檢測[71]、隱私保護的近鄰檢測[72]、隱私保護的社群網站關係發現[73]等。隱私保護交集計算研究由 Freedman 等人在 2004 年提出[74]，借助

不經意多項式求值和同態加密實現,該方法受限於基礎密碼協定的計算代價,導致在實際應用中仍然採用先對集合元素求雜湊值再求交的方法,而這個方法容易受到碰撞攻擊。隨著人們對個人隱私保護的重視和資料監管系統的完善,隱私保護交集計算替換現有協定將變得越來越重要。因為隱私保護交集計算屬於密碼學範圍,所以本節先介紹相關的密碼學基本操作,為隱私保護交集計算的具體介紹奠定基礎。

協定是一系列的步驟,要求每個步驟明確而不會被誤解,要求參與方了解協定並統一遵守,要求對每種可能出現的情況都有規定的動作。密碼協定是以密碼學為基礎的資訊切換式通訊協定,包含著某種密碼演算法。隱私保護交集構造中使用的基礎協定主要有以下幾種。

1. 不經意傳輸(OT)協定

不經意傳輸協定是基於公開金鑰密碼體制的密碼學基本協定,是安全多方計算的基礎。最基本的 2 選 1 不經意傳輸協定是發送方 A 發送一個資訊,接收方 B 有 50%的機率接收到這個資訊,在執行完畢後 B 知道自己是否接收到了資訊,而 A 不知道 B 是否接收到了資訊。實際場景如下:A 出售一些機密,B 想獲得其中某個機密而又不想讓 A 知道他獲得了哪個機密。

2. 同態加密(HE)

同態加密是滿足同態性質的公開金鑰加密技術,屬於語義安全的公開金鑰加密體制範圍,即對加密直接進行處理,與對明文進行處理後再對處理結果加密得到的結果相同,從抽象代數的角度來看,保持了同態性。同態加密保證了資訊計算方無法獲得資訊提供方的真實資料。

3. 混亂電路（GC）

混亂電路模型最早是由圖靈獎獲得者中研院院士姚期智在 1986 年提出的半誠實模型下的姚氏電路[75]，用來解決著名的百萬富翁問題。即在沒有可信第三方的情況下，兩個百萬富翁都想比較到底誰更富有，但是又都不想讓別人知道自己有多少錢。抽象為數學問題即假設 A 有數字 x，B 有數字 y，他們在不向對方揭露自己數字的情況下，共同計算一個二元函數 $f(x,y)$。姚氏電路主要將任意功能函數轉化為布林電路，由 A 生成混亂電路表，由 B 計算混亂電路，針對每一個電路閘進行兩重對稱加/解密運算，呼叫 4 選 1 不經意傳輸協定進行混亂電路表中金鑰資訊交換。

4. 祕密共用（SS）

祕密共用（SS）將祕密以適當的方式分為 n 份，每一份由不同的管理者持有，每個參與方都無法單獨恢復祕密，只有達到指定數目的參與方才能恢復祕密，且當其中任何對應範圍內的參與方出問題時，祕密仍可以完整恢復。第 1 個祕密共用方案是(t,n)門限祕密共用方案，由 Shamir[76] 和 Blakley[77]分別在 1979 年各自獨立提出，他們的方案分別是基於拉格朗日插值法和線性幾何投影性質設計的。祕密共用在電子投票、電子支付協定等領域都有很多應用，可以造成分散風險和容忍入侵的作用。

▌ 4.1 聯邦交集計算介紹

聯邦交集計算，即隱私保護交集計算，主要分為三類：基於公開金鑰加密體制的方法、基於混亂電路的方法和基於不經意傳輸協定的方法。本章介紹它們的主要發展歷史和典型方法。

4.1.1 基於公開金鑰加密體制的方法

在這類方法中，公開金鑰加密方法被用於對集合中的元素進行加密，然後透過對加密的處理實現交集的計算。

如圖 4-1 所示，一種簡單的思想是，利用 $\left(X^Y\right)^Z = \left(X^Z\right)^Y$ 這一性質，對於分別由雙方所持有的元素 X_1 和 X_2，雙方分別產生 Y 和 Z，並共同驗證 $\left(X_1^Y\right)^Z$ 和 $\left(X_2^Z\right)^Y$ 是否相等[78]。具體來講，持有 X_1 的一方計算 X_1^Y 並且把結果發送給另一方，而另一方計算 X_2^Z 並且把結果發送給對方。雙方得以計算 $\left(X_1^Y\right)^Z$ 和 $\left(X_2^Z\right)^Y$ 並且把結果發送給對方，從而驗證兩個元素是否相等。為了防止另一方透過對數運算推算出明文，這裡的所有指數運算的結果都對 P 進行取模運算，其中 P 為雙方共同選取的質數。雙方將各自集合的元素兩兩組合，計算並驗證是否相等，獲得交集。

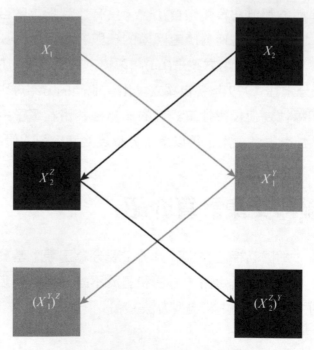

圖 4-1　一種基於公開金鑰加密體制進行元素相等性匹配的思想

Freedman 等人正式提出了基於公開金鑰加密體制的隱私保護交集計算方法[74]。它的具體過程如下。用戶端對於其集合 $X = \{x_1, x_2, \cdots, x_v\}$ 構造多項式

$$P(z) = (x_1 - z)(x_2 - z) \cdots (x_v - z) = \sum_{u=0}^{v} a_u z^u \qquad （4\text{-}1）$$

並且用同態加密演算法加密多項式係數 $\{a_0, a_1, \cdots, a_v\}$，然後發送給服務端。服務端對於其集合 $Y = \{y_1, y_2, \cdots, y_w\}$ 中的每個元素 $y \in Y$ 計算

$$\text{Enc}(r \cdot P(y) + y) \qquad （4\text{-}2）$$

並且發送給用戶端。式中，$\text{Enc}(\cdot)$ 表示加密；r 為服務端產生的隨機數。顯然，如果 $y \in X$，則 $P(y) = 0$，從而 $r \cdot P(y) + y = y$。因此，當用戶端收到 $\text{Enc}(r \cdot P(y) + y)$ 並解密後，如果發現該結果在集合 X 中，那麼它為交集元素。

這種方法對於長度為 k 的序列佔用了 $O(k)$ 的傳輸負荷和 $O(k\ln k)$ 的計算量。它在半誠實環境中的標準模型下是安全的，在惡意環境中的隨機預言機模型（Random Oracle Model，ROM）下也是安全的。

其中，隨機預言機模型是一個「黑箱」。它類似於雜湊函數。對某個輸入資料，它可以在多項式時間內計算輸出資料；對於相同的輸入資料可產生相同的輸出資料，且輸出資料在輸入資料的設定值空間內均勻分布，沒有碰撞。隨機預言機模型是構造高效密碼學方案的有效工具[79]。然而，它只是一個理想化的基本操作，在實際應用中可能被雜湊函數（舉例來說，SHA）[80]所取代。儘管很多基於理想化的隨機預言機模型的密碼學方案被證明是安全的，但是它們的實作方式仍然是不安全的[81]。

此後，一種結合不經意偽隨機函數（Oblivious Evaluation of Pseudo-Random Function，OPRF）與同態加密進行隱私保護下的關鍵字匹配的方法被 Freedman 等人提出[82]。其中，關鍵字匹配問題可以與交集計算問題相等地互相轉化。不經意偽隨機函數 $F : \left(\{0,1\}^k, \{0,1\}^\sigma \right) \mapsto \left(\perp, \{0,1\}^\ell \right)$ 是具有下列功能的傳輸協定：首先，一方 P_1 輸入關鍵字 k，另一方 P_2 輸入元素 e。然後，P_1 計算出 $F_k(e)$ 且發送給 P_2。P_1 無法收到輸出資訊，並且無法得知與 e 有關的資訊。同時，P_2 無法得知與 k 有關的資訊。這一方法的主要思想：服務端選擇關鍵字 r，並且計算 $\{F_r(y)\}_{y \in Y}$，其中，Y 為服務端持有的集合；對於用戶端的集合 X，雙方協作計算 $\{F_r(x)\}_{x \in X}$。各方透過比較兩個結果集合的交集，可以得知原集合的交集元素。

De Cristofaro 等人基於 RSA 公開金鑰系統，提出了一種效率更高的方法[83]。設用戶端持有集合 $\{c_1, c_2, \cdots, c_v\}$，服務端持有集合 $\{s_1, s_2, \cdots, s_w\}$，並且雙方知道兩個雜湊函數 H 和 H'，則步驟如下。

（1） 在離線階段，服務端對各個元素計算 $K_{s,j} = (H(s_j))^d \bmod n$ 和 $t_j = H'(K_{s,j})$。

（2） 用戶端對各個元素選取 $R_{c,i}$，並計算 $y_i = H(c_i) \cdot (R_{c,i})^e \bmod n$。

（3） 進入線上階段，用戶端向服務端發送各個 y_i。

（4） 服務端對各個 i 計算 $y'_i = \left(y_i \right)^d \bmod n$，並將各個 y'_i 與 t_j 發送給用戶端。

（5） 用戶端計算 $K_{c,i} = \dfrac{y'_i}{R_{c,i}}$ 和 $t'_i = H'(K_c, i)$，並得出 $\{t'_1, t'_2, \cdots, t'_v\} \cap \{t_1, t_2, \cdots, t_w\}$。

此後，Chen 等人實現了效率的進一步提升[84]。該方法基於全同態加密，先列出了基礎協定，而後進行了種種最佳化。其中，基礎協定如下。

（1） 接收者輸入集合 Y，其大小為 N_Y；發送者輸入集合 X，其大小為 N_X。

（2） 雙方商定一個全同態加密方案。接收者產生一個公開金鑰-私密金鑰對，其中私密金鑰保密。

（3） 接收者加密其集合 Y 中的所有元素 y_i，並發送 N_Y 個加密 $(c_1, c_2, \cdots, c_{N_Y})$ 給發送者。

（4） 對於每個 c_i，發送者隨機產生一個非零明文 r_i，並且同態地計算 $d_i = r_i \prod_{x \in X}(c_i - x)$。發送者返回加密 $(d_1, d_2, \cdots, d_{N_Y})$ 給接收者。

（5） 接收者解密加密 $(d_1, d_2, \cdots, d_{N_Y})$，並輸出 $X \cap Y = \{y_i : d_i$ 解密後等於 $0\}$。

它結合全同態加密中的批次化（Batching）技術、雜湊函數和視窗化（Windowing）技術等，實現了對該基礎協定的最佳化。不失一般性，假設 $N_Y < N_X$，則最佳化後的協定的通訊複雜度為 $O(N_Y \ln N_X)$。

基於公開金鑰加密體制的方法每一步僅處理一個元素，因此記憶體佔用量小，且容易實現平行運算；如果雙方集合的大小相差甚遠，那麼計算量很大的公開金鑰加密操作可以集中在一方進行。

4.1.2 基於混亂電路的方法

混亂電路亦可用於進行隱私保護交集計算。

假設在雙方集合中的元素都是 σ 位的元素，即取自 $\{0,1\}^\sigma$。當 σ 很小時，可以利用兩個長度為 2^σ 的位向量分別表示雙方集合中的元素，然後利用逐位元與運算（bitwise-and，BWA）進行比較。

當 σ 較大時，這個 2^σ 時間複雜度的方案不再適用，此時可採用逐位元比較（pairwise-comparisons，PWC）方案。逐位元比較方案即對來自雙方

集合的兩兩元素判斷是否相等，而判斷相等的電路透過對它們進行互斥運算之後再進行非運算來實現。這一方案的複雜度為雙方集合大小的乘積，並且與 σ 呈線性關係。

假設雙方的集合大小都是 n，則這個複雜度就是 n^2。而排序-比較-洗牌（sort-compare-shuffle）方案將這一複雜度降至 $O(n\ln n)$。如圖 4-2 所示，在這個方案中，雙方首先對其集合進行排序。然後，透過不經意合併網路（Oblivious Merging Network），雙方合併排序後的集合，並排序。雙方再透過混亂電路比較相鄰元素，從而得出交集。最後，雙方不經意地打亂交集的順序，以避免一些資訊洩露。

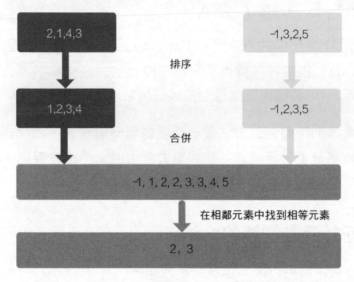

圖 4-2　一種基於混亂電路的隱私保護交集計算過程

計算交集的電路連接到其他電路，就能夠進行一些其他計算，如計算集合大小、元素求和等。這種易擴充性是基於公開金鑰加密體制的方法和基於不經意傳輸協定的方法所不具備的。但是，在基於混亂電路的方法中，電路方案佔據了大量的記憶體。其計算複雜度與電路中的及閘的數量成正比，而平行化能否實現取決於電路的結構。

4.1.3 基於不經意傳輸協定的方法

得益於不經意傳輸協定的發展和不經意傳輸擴充協定（Oblivious Transfer Extensions）的提出[85]，一種隱私保護交集計算技術能夠在 300 秒內計算百萬量級集合的交集[86]。經過效率和安全方面的不斷改進[87~89]，基於不經意傳輸協定的隱私保護交集計算方法已經將這一時間縮減到 60 秒[90]。

如何具體描述不經意傳輸協定的定義呢？它可以分為 2 選 1 不經意傳輸協定和 N 選 1 不經意傳輸協定。在 2 選 1 不經意傳輸協定的 m 次呼叫中，發送者持有 m 個元素對 $\left(x_0^i, x_1^i\right)$。式中，$i \in \{1, 2, \cdots, m\}, x_0^i, x_1^i \in \{0,1\}^{\ell}$，接收者持有 m 位向量 b。在協定完成後，接收者獲得各個被選擇的元素 $x_{b[i]}^i$，但是不會知道另外的元素 $x_{1-b[i]}^i$，而發送者則不會知道 b。這裡把這個不經意傳輸協定記作 $\binom{2}{1}\text{-OT}_{\ell}^m$。對應地，$\binom{N}{1}\text{-OT}_{\ell}^m$ 表示對於 ℓ 位元素的、m 次呼叫的 N 選 1 不經意傳輸協定。結合不經意傳輸協定和隨機預言機，Ishai 等人和 Kolesnikov 等人分別列出了高效的 2 選 1 不經意傳輸擴充協定和 N 選 1 不經意傳輸擴充協定[85,91]。

這裡介紹一種基於 N 選 1 不經意傳輸擴充協定的隱私保護交集計算方法[90]。它引入了不經意偽隨機函數的概念[82]。

設雙方分別為 P_1 和 P_2，分別具有輸入集 X 和 Y，其中 $|X| = n_1$，$|Y| = n_2$。記 X 中的元素為 x，Y 中的元素為 y。所有元素的位元長（bit-length）為 σ。這個協定的過程如下。

第一步，對元素進行雜湊計算。

（1）P_1 使用簡單雜湊計算和 k 個雜湊函數 $\{h_1, h_2, \cdots, h_k\}$ 把集合 X 中的元素映射到雜湊表 $T_1[][]$。

（2）各個雜湊函數的值域為 $[1,2,\cdots,b]$；$T_1[][]$ 是二維陣列，第一維長度為 b，對應表中的桶，第二維對應每個桶中的元素數量。在映射後，雜湊表中元素的位元長為 $\mu = \sigma - \log_2 b + \log_2 k$。

（3）P_2 採用布穀鳥雜湊（Cuckoo Hashing）函數[92]和 k 個雜湊函數 $\{h_1, h_2, \cdots, h_k\}$ 把集合 Y 中的元素映射到雜湊表 $T_2[]$ 和儲藏位 $S[]$，並且利用啞元素 d_2 來填充剩餘空位。

第二步，利用 N 選 1 不經意傳輸協定進行不經意偽隨機函數計算。

（4）對於雜湊表 $T_1[][]$ 的各個元素 $T_1[i][j]$，P_1 計算 $v_j = T_1[i][j]$。同樣，P_2 計算 $w = T_2[i]$。

（5）雙方呼叫不經意偽隨機函數。其中，這個不經意偽隨機函數透過 $\binom{N}{1}\text{-}OT_\ell^1$ 實現。P_1 輸入隨機關鍵字 t_i，P_2 輸入其元素 w 並得出 $M_2[i] = F_{t_i}(w)$。另外，P_1 輸入 v_j，並從本地得出 $M_1[i][j] = F_{t_i}(v_j)$。

（6）對於儲藏位 $S[]$ 中的各個儲藏位 $S[i]$，P_1 對於它的輸入的集合 X 計算不經意偽隨機函數，並得出 n_1 個隱藏（Mask）$M_{S_1}[i]$；P_2 輸入 $S[i]$ 計算不經意偽隨機函數結果，並獲取一個隱藏 $M_{S_2}[i]$。

第三步，計算明文的交集。

（7）令 $V = \cup_{1 \leqslant i \leqslant b, 1 \leqslant j \leqslant |T_1[i]|} M_1[i][j]$。$P_1$ 將 V 隨機打亂，併發送給 P_2。隨後，P_2 計算交集 $Z = \{T_2[i] \mid M_2[i] \in V\}$。

（8）對於儲藏位元中的各個元素 $S[i]$，各方驗證其是否在交集中：P_1 排列並發送 $M_{S_1}[i]$ 給 P_2，若 $M_{S_2}[i] \in M_{S_1}[i]$，則將 $S[i]$ 加入交集 Z。

（9）P_2 得出交集 $Z = X \cap Y$。

基於不經意傳輸擴充協定方法的記憶體需求主要在於雜湊表，尤其是布穀鳥雜湊函數。它們有望透過處理實現平行化。其計算的複雜度與安全參數 κ 成正比或呈線性關係。

4.1.4　其他方法

此外，還有一種不完全安全的協定可以用於計算交集。在該協定中，雙方共同確定一個密碼學雜湊函數，然後一方將自己的各個元素的雜湊值發送給另一方，另一方計算交集。這種方法在輸入域很小的情況下是不安全的，但在輸入域很大的情況下是安全的。不安全的方法和基於公開金鑰加密體制的方法每一步僅處理一個元素，因此記憶體佔用量小，且容易實現平行運算。

另外，基於全同態加密的方法也可用於交集計算。全同態加密允許電路直接對加密進行計算。一方將資料加密後發送給另一方，另一方計算後將結果發回，該方再進行解密。隨著兩個集合的元素數量之和和電路深度增加，基於全同態加密的方法的計算是一種比較低效的方案。

▌4.2　聯邦交集計算在聯邦學習中的應用

4.2.1　實體解析與垂直聯邦學習

垂直聯邦學習（Vertical Federated Learning，VFL）[30]將在第 6 章說明。如圖 4-3 所示，它在樣本空間和標籤空間相同，但特徵空間不同的兩個資料集上進行。舉例來說，銀行和企業共同建模預測使用者「是否信用違約」。銀行擁有標籤，且擁有使用者的支付-餘額類特徵，企業擁有使用者的一些畫像特徵，且雙方具有大量的重合使用者。

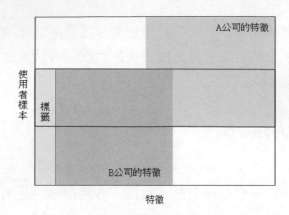

圖 4-3　垂直聯邦學習

這裡通常需要引入 ID 對齊（ID-alignment）來計算雙方樣本的交集，並建立雙方樣本之間的映射，而隱私保護交集計算便可用於實現 ID 對齊。

實體解析（Entity Resolution）用於在現實世界中找到同一實體的不同表現形式。舉例來說，兩個社交網站各自有許多使用者帳號，且同一個使用者可能在同一個網站上擁有多個帳號。使用者之間具有種種關係，例如好友關係和聯繫的頻繁程度。如何根據這些關係判斷兩個網站中的哪些帳號是同一個使用者的？

在對稱的垂直聯邦學習中，Hardy 等人[93]採用了實體解析[94]的方法使雙方獲得交集，並且在模型訓練中匹配到對方的樣本。

為了實現隱私保護實體解析，採取加密長期金鑰（Cryptographic Longterm Key，CLK）的方法。CLK 方法把 ID 的 n-gram 子字串雜湊值映射到布隆篩檢程式中的多個位置，即位陣列中的各個元素位置。兩個 CLK 的相似度透過它們的位元陣列的 Dice 係數來衡量。

雙方將所有 ID 映射成 CLK 後，第三方計算兩兩 CLK 的 Dice 係數，再選擇最相似的一些 CLK 對，作為匹配結果。Vatsalan 等人透過分塊尋找實現了這一步驟的快速計算[95]。

實體解析的結果是兩個置換 σ, τ 和一個遮色片 m。雙方分別透過置換 σ, τ 將各自的樣本重新排序，使得相同 ID 的樣本處於同一位置。m 指定了各個位置的樣本是否屬於雙方交集。Hardy 等人實現了對 m 的加密，並用於訓練階段[93]。

具體來講，對於 A 方資料集 D_A 和 B 方資料集 D_B，記它們的 CLK 集合分別為 D_A^{CLK} 和 D_B^{CLK}，則

$$m_i = \begin{cases} 1, if\, \sigma\left(D_A^{CLK}\right)_i \sim \tau\left(D_B^{CLK}\right)_i \\ 0, \text{otherwise} \end{cases} \tag{4-3}$$

式中，符號 "~" 表示二者屬於最相似的兩兩匹配結果。

基於實體解析的結果，Hardy 等人實現了 Logistic 回歸的垂直聯邦學習[93]。如同慣例，它採用泰勒近似，將對數 Sigmoid 函數近似成多項式，從而使計算過程僅涉及加密之間的加法。

具體來説，這一泰勒近似將損失函數

$$l(\boldsymbol{\theta}) = \frac{1}{n} \sum_{i \in S} \lg\left(1 + e^{-y_i \boldsymbol{\theta}^T \boldsymbol{x}_i}\right) \tag{4-4}$$

近似為

$$l(\boldsymbol{\theta}) \approx \frac{1}{n} \sum_{i \in S} \left(\lg 2 - \frac{1}{2} y_i \boldsymbol{\theta}^T \boldsymbol{x}_i + \frac{1}{8}\left(\boldsymbol{\theta}^T \boldsymbol{x}_i\right)^2\right) \tag{4-5}$$

從而梯度近似為

$$\nabla_{\boldsymbol{\theta}} l(\boldsymbol{\theta}) \approx \frac{1}{n} \sum_{i \in S} \left(\frac{1}{4} \boldsymbol{\theta}^T \boldsymbol{x}_i - \frac{1}{2} y_i\right) \boldsymbol{x}_i \tag{4-6}$$

式中，$\boldsymbol{x}_i$ 為第 i 個樣本的特徵；y_i 為它的標籤；$\boldsymbol{\theta}$ 為模型權重；S 為一批

樣本的索引集合；$n = |S|$。應用到垂直聯邦學習場景，對於小量樣本 S'，設遮色片 m 的第 i 個元素為 m_i，則梯度的加密值為

$$\llbracket \nabla_\theta l(\theta) \rrbracket \approx \frac{1}{n'} \sum_{i \in S'} \llbracket m_i \rrbracket \left(\frac{1}{4} \theta^{\mathrm{T}} x_i - \frac{1}{2} y_i \right) x_i \qquad (4\text{-}7)$$

式中，$n' = |S'|$。

注意：第 i 個樣本的特徵 x_i 分別為 A 和 B 雙方持有，設它們分別為 x_i^{A} 和 x_i^{B}，於是 x_i 寫入為 $x_i = \left(x_i^{\mathrm{A}} \mid x_i^{\mathrm{B}} \right)$。同時，將 θ 對應地分解為 $\theta = \left(\theta^{\mathrm{A}} \mid \theta^{\mathrm{B}} \right)$，從而式（4-7）中的 $\theta^{\mathrm{T}} x_i = \theta^{\mathrm{A}^{\mathrm{T}}} x_i^{\mathrm{A}} + \theta^{\mathrm{B}^{\mathrm{T}}} x_i^{\mathrm{B}}$。如果將 $\llbracket m_i \rrbracket \left(\frac{1}{4} \theta^{\mathrm{T}} x_i - \frac{1}{2} y_i \right)$ 寫成 w_i，那麼 $w_i \cdot x_i$ 也可以分解為 $\left(w_i \cdot x_i^{\mathrm{A}} \mid w_i \cdot x_i^{\mathrm{B}} \right)$。

具體來講，A 和 B 雙方指定一個第三方 C。第三方 C 確定一個加密系統，並發送金鑰和遮色片加密 $\llbracket m \rrbracket$ 給 A 方和 B 方。對於所有 $i \in S$，A 方計算 $\llbracket m_i \rrbracket \left(\frac{1}{4} \theta^{\mathrm{A}^{\mathrm{T}}} x_i^{\mathrm{A}} - \frac{1}{2} y_i \right)$ 併發送給 B 方，B 方計算 $\llbracket m_i \rrbracket \cdot \frac{1}{4} \theta^{\mathrm{B}^{\mathrm{T}}} x_i^{\mathrm{B}}$ 並與之相加得出 w_i，發送給 A 方。A 方計算 $w_i \cdot x_i^{\mathrm{A}}$，B 方計算 $w_i \cdot x_i^{\mathrm{B}}$，$i \in S$。雙方將計算結果發送給 C 方，C 方拼接成 $\left(w_i \cdot x_i^{\mathrm{A}} \mid w_i \cdot x_i^{\mathrm{B}} \right)$ 並解密，由式（4-6）得出梯度更新模型。

4.2.2 非對稱垂直聯邦學習

在大部分的情況下，在垂直聯邦學習中，各方需要在聯邦學習中得知自己的樣本是否在樣本交集之中，並且能夠知道在交集中自己的某個樣本對應著對方的哪個樣本，以便共用資料來訓練模型。

然而，在 Liu 等人提出的非對稱垂直聯邦學習（Asymmetrically Vertical Federated Learning，AVFL）中，對隱私保護的要求更為嚴格[96]。

考慮以下場景：在一個城市中，A 公司擁有的客戶極多，幾乎是這座城市的所有人，而 B 公司僅擁有少量客戶，二者具有競爭關係。如果在垂直聯邦學習中，A 公司得知了交集中的所有樣本 ID，就得知了 B 公司的幾乎所有客戶 ID。這對 B 公司組成了較大威脅。而如果 B 公司得知交集中的所有樣本 ID，那麼對 A 公司沒有重要影響。因此，在這一情形下（如圖 4-4 所示），理想的結果是僅 B 公司獲得交集。

在非對稱垂直聯邦學習中，擁有資料量較多的一方稱為強勢方，另一方稱為弱勢方。

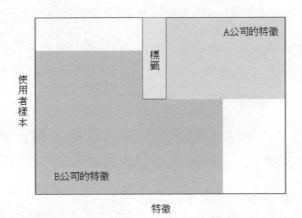

圖 4-4　非對稱垂直聯邦學習

在非對稱垂直聯邦學習中，Liu 等人採用了非對稱 ID 對齊的方法，使得僅弱勢方獲得交集[96]。本節將介紹這一結果。在該問題中，將資料集記為 $D=(I,X,Y)$，I,X,Y 分別表示 ID 空間、樣本空間和特徵空間。在垂直聯邦學習中，P_1,P_2 雙方的樣本空間和特徵空間相同，ID 空間分別記為 I_1^0, I_2^0。

設 $I^w = I_1^0 \cup I_2^0$。如果 $\left|I_2^0\right|$ 相對 $\left|I_1^0\right|$ 特別大，使得 $\lg \dfrac{\left|I_1^0\right|}{\left|I^w\right|} \leqslant -\dfrac{1}{2}$，則稱 P_1 為弱勢方，P_2 為強勢方，這個垂直聯邦學習為非對稱垂直聯邦學習。我們應

該採用隱私保護交集計算，滿足以下要求：

（1） 強勢方 P_2 不知道交集 $I_1^0 \cap I_2^0$。

（2） 在聯邦學習的訓練階段，雙方的 ID 能夠對齊。

非對稱隱私保護求交技術使得弱勢方 P_1 獲得交集 $I_1^0 \cap I_2^0$ 而強勢方 P_2 獲得一個混淆集合（Obfuscated Set）I^{obf}，使得 $I_1^0 \cap I_2^0 \subset I^{\mathrm{obf}} \subset I_2$。

一種基於 Pohlig-Hellman 加密的隱私保護交集計算可以做到這一點。定義 $\mathbf{Z}_n = \{0,1,\cdots,n-1\}$，$\mathbf{Z}_n^* \subset \mathbf{Z}_n$ 是與 n 互質的整數集合。令 $G_n = \left(\mathbf{Z}_n^*, \cdot\right)$ 表示一個乘法群，則這個 Pohlig-Hellman 加密過程如下。

（1）金鑰生成。令 p 為一個質數，滿足：
① 所有明文都是 G_p 中的元素。
② $p-1$ 具有至少一個質因數。

舉例來說，令 $p = 2q+1$，使得 p, q 都是質數。選取 $a \in G_p$ 並計算 $a^{-1} \in G_{p-1}$。一方公佈 G_p，並持有 $\left(a, a^{-1}\right)$ 作為金鑰。

（2）加密。把明文 $m \in G_p$ 加密為 $E_a(m) = m^a$。

（3）解密。把加密 $c \in G_p$ 解密得 $D_a(c) = c^{a^{-1}}$。

容易發現，它對任意 $a, b \in G_p$ 具有結合律 $E_a \circ E_b = E_b \circ E_a$。利用結合律，可以實現非對稱隱私保護交集計算協定。在這個協定中，強勢方和弱勢方共同確定一個群 G_p，並產生各自的金鑰。雙方各自用自己的金鑰加密自己持有集合中的元素，並將加密後的集合發送給對方，雙方再對收到的集合的元素進一步加密。此時，強勢方 P_2 將手中的經過雙重加密的集合 U_1^{**}（各個元素的明文為 P_1 持有，U_2^{**} 類似）發送給弱勢方 P_1。P_1 選擇集合 $U^{\mathrm{obf}**}$，使得 $U_1^{**} \cap U_2^{**} \subset U^{\mathrm{obf}**} \subset U_2^{**}$，併發送給 P_2。P_2 解密 $U^{\mathrm{obf}**}$ 得到 U^{obf}，再發送給 P_1。P_1 解密得到 I^{obf} 並與 P_2 共用，同時得出 $I_1^0 \cap I_2^0 = I_1^0 \cap I^{\mathrm{obf}}$。

透過非對稱 ID 對齊，弱勢方獲得了雙方樣本 ID 的交集，而強勢方獲得了一個混淆集，使得交集是混淆集的子集，且混淆集是強勢方原有集合的子集。那麼後續問題是如何訓練聯邦模型。

Liu 等人列出的答案是亦真亦假（Genuine with Dummy，GWD）方法[96]。在這個方法中，它們共同選擇一個可信的第三方 P_3。之後的步驟如下。

（1）P_3 生成並發送一個公共金鑰給 P_1 和 P_2。

（2）P_1 和 P_2 合作計算損失和梯度，其中需要交換一些變數。弱勢方在「真品（Genuine）」$I_1^0 \cap I_2^0$ 上進行正常的計算，並在「假貨（Dummy）」$I^{\mathrm{obf}} \setminus \left(I_1^0 \cap I_2^0 \right)$ 上列出「用來計算恆等變換的量」。「用來計算恆等變換的量」是指，這個量如果用於計算加法，那麼為 0，如果用於計算乘法，那麼為 1。其中，Paillier 加法同態加密演算法被用於防止強勢方辨認出「用來計算恆等變換的量」[53]。

（3）P_1 和 P_2 依靠 P_3 對梯度和損失的加密進行解密，並更新各自的模型。

作為一個例子，Liu 等人列出了非對稱垂直 Logistic 回歸（Asymmetrically Vertical Logistic Regression）[96]模型。這裡對於明文 M，將加密值記作 $[\![M]\!]$。

記強勢方 P_2 擁有的第 i 個樣本為 x_i^2，弱勢方 P_1 擁有的第 i 個樣本為 x_i^1。模型權重 w 分為兩部分，$w = \left(w^{1^\mathrm{T}}, w^{2^\mathrm{T}} \right)^\mathrm{T}$。其中，$P_1$ 需要學習 w^1，P_2 需要學習 w^2。

這一訓練過程如下。考慮第 k 輪疊代。

強勢方 P_2 發送 $\left\{ \left(e_i, w_k^{2^\mathrm{T}} x_i^2 \right) \mid e_i \in I^{\mathrm{obf}} \right\}$ 給 P_1，從而 P_1 對 $e_i \in I_1^0 \cap I_2^0$ 計算 $l_{ik} = w_k^{1^\mathrm{T}} x_i^1 + w_k^{2^\mathrm{T}} x_i^2$。式中，索引 i 表示第 i 個樣本，索引 k 表示第 k 輪疊代。

對於交集中的樣本 $e_i \in I_1^0 \cap I_2^0$ ，P_1 正常計算中間變數 $\phi_{ik} = y_i - (1 + \exp(-l_{ik}))^{-1}$ ；對於 $I^{\text{obf}} \setminus (I_1 \cap I_2)$ 中的樣本，令 $\phi_{ik} = 0$ 。P_1 將這些 ϕ_{ik} 加密成 $[\![\phi_{ik}]\!]$ 發送給 P_2 ，以便 P_2 計算損失函數關於 w^2 的梯度。受加密技術的影響，P_2 無法分辨出 0，從而無法辨別「仿製品」。由於 P_2 在計算梯度的時候只需要對 ϕ_{ik} 做加法，這個處理不會影響結果的正確性。

具體來講，P_1 計算損失函數 $L(w_k^1) = \dfrac{1}{|I_1^0 \cap I_2^0|} \sum_{e_i \in I_1^0 \cap I_2^0} y_i l_{ik}$ ，梯度為

$$\nabla_{w_k^1} L(w_k^1) = \frac{1}{|I_1^0 \cap I_2^0|} \sum_{e_i \in I_1^0 \cap I_2^0} \phi_{ik} x_i^1 \tag{4-8}$$

P_2 計算梯度加密，即

$$\left[\!\left[|I_1^0 \cap I_2^0| \cdot \nabla_{w_k^2} L(w_k^2) \right]\!\right] = \sum_{e_i \in I^{\text{obf}}} \phi_{ik} x_i^2 \tag{4-9}$$

之後，P_2 對其梯度進行進一步掩蓋，併發送給 P_1 。其掩蓋方法為

$$G^s = r_k \Theta \left[\!\left[|I_1^0 \cap I_2^0| \cdot \nabla_{w_k^2} L(w_k^2) \right]\!\right] \tag{4-10}$$

式中，$r \in \mathbf{R}^m$ 為隨機向量；Θ 為 Hadamard 乘積。P_1 解密 G^s 並除以 $|I_1^0 \cap I_2^0|$ ，然後發送 $r_k \Theta \nabla_{w_k^2} L(w_k^2)$ 給 P_2 ，隨後 P_2 透過 Hadamard 除法得到 $\nabla_{w_k^2} L(w_k^2)$ 。

如此，P_1 和 P_2 得以更新其權重

$$w_{k+1}^1 = w_k^1 + \eta \nabla_{w_k^1} L(w_k^1) \tag{4-11}$$

$$w_{k+1}^2 = w_k^2 + \eta \nabla_{w_k^2} L(w_k^2) \tag{4-12}$$

4.2.3 聯邦特徵匹配

在水平聯邦學習（Horizontal Federated Learning，HFL）中，雙方資料集的標籤空間和特徵空間相同，但樣本空間不同[30]。舉例來說，兩個銀行共同建模來預測使用者是否存在洗錢行為。它們具有不同的使用者群眾，但是都擁有各自使用者的標籤，並且有共同的特徵。第 7 章將多作說明水平聯邦學習。前面已經介紹了一些隱私保護交集計算技術被用於在垂直聯邦學習中進行 ID 對齊。然而，隱私保護交集計算技術目前尚未被應用於水平聯邦學習。有好奇心的讀者可以對這個方向進行探索。

聯邦特徵工程

▌ 5.1 聯邦特徵工程概述

特徵工程是機器學習建模中最重要的一環。在機器學習業界流傳著這麼一句話：「資料和特徵決定了機器學習的上限，模型和演算法只能逼近這個上限。」也就是說，如果沒有優良的資料集和合理的特徵工程，模型和演算法就無法達到預期的效果。特徵工程的重要性和資料本身一樣，可以極大地影響機器學習建模的最終效果。

本節將從聯邦特徵工程的概述出發，從巨觀角度列出特徵工程的大致流程及聯邦學習對這些流程的處理想法，引出聯邦學習特徵工程中常用的加密方法、資料互動策略及評估監控方法，呈現出一個完整的聯邦特徵工程框架。

5.1.1 聯邦特徵工程的特點

聯邦特徵工程與傳統特徵工程最大的不同在於其中的特徵處理（以及可能的監控環節）依賴於加密後的資料，同時可能需要在雲端進行資料的

整合和計算，如圖 5-1 所示。由於參與方無法讓自己擁有的資料曝露於對方的環境中，因此需要在資料互動前將自己的資料進行加密，再與對方的資料互動和計算。這就改變了大部分傳統特徵工程中的特徵處理模式。

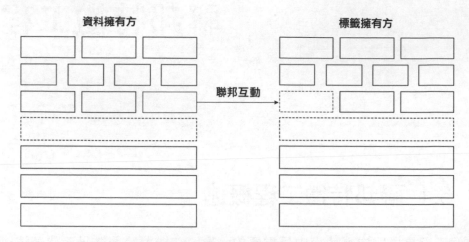

圖 5-1 聯邦變數互動

同時，在資料互動過程中，聯邦特徵工程還要解決的問題是只有部分參與方擁有標籤。舉例來說，A 方只有業務特徵 X，B 方同時擁有業務特徵 X 和標籤 Y，此時對 A 方來說計算風控中依賴 Y 的指標是很難的。同時，在加密裡如何進行上述的特徵評估、處理和監控將成為實際場景中的困難。

目前的聯邦特徵工程一般指的是在同態加密條件下進行的特徵工程。史丹佛大學的 Craig Gentry 提出的全同態加密演算法（Gentry 演算法）是目前從理論上真正同時實現加法和乘法同態加密的演算法，然而該演算法具有極高的時間複雜度，無法用於有大量資料的現實場景，因此開放原始碼的聯邦學習特徵工程仍然基於單獨的加法或乘法同態加密演算法實現。

在常用的同態加密演算法中，Paillier 演算法和 Benaloh 演算法滿足加法同態要求，RSA 演算法和 EIGamal 演算法滿足乘法同態的要求。以 Paillier 演算法為例，加密後的資料滿足加法 $[[u]]+[[v]]=[[u+v]]$ 和純量乘法 $n \cdot [[u]]=[[nu]]$，此時單純涉及加法的特徵計算就可以在這種框架中進行。同理，RSA 演算法加密後的資料滿足 $[[u]] \cdot [[v]]=[[uv]]$，可以用於單純涉及乘法的特徵工程。

除了單純涉及加法和乘法的特徵工程，前述涉及標籤問題的聯邦特徵工程需要更為複雜的互動過程。以網際網路金融領域的證據權重和資訊增益值的計算為例，這兩項指標與標籤 Y 有關，而在雙邊聯邦學習中只有一方有標籤。如何在不曝露標籤 Y 資訊的基礎上完成對沒有相關標籤的特徵 X 的變數分析？

除了資料互動，在具體的指標計算上也存在困難。在大部分場景中，聯邦建模的參與方都無法在較低的通訊成本下同時實現單特徵計算中的加法和乘法同態，因此特徵工程中的梯度計算等指標同樣需要透過對方程式進行多項式展開來滿足單一算數計算的要求。在無法透過單獨一種運算形式完成的特徵工程中，如何權衡通訊量和計算效率同樣需要考慮。

因此，聯邦特徵工程的場景複雜，技術應用充滿挑戰。這些是各大科技公司在當前的巨量資料背景下進行特徵工程時亟待解決和攻堅的焦點問題。

5.1.2 傳統特徵工程和聯邦特徵工程的比較

傳統特徵工程和聯邦特徵工程的比較可以用表 5-1 概括。

表 5-1 傳統特徵工程和聯邦特徵工程的比較

特徵工程類別	特徵評估	特徵處理	特徵監控
傳統特徵工程	直接評估	直接處理	直接監控
聯邦特徵工程	多方評估及整合	加密後互動處理	加密後互動調整

傳統特徵工程的分析流程清晰,計算過程明確。在符合專案方案需求的基礎上,涉及特徵工程的工作量大多集中在資料收集的過程。使用者級專案所包含的特徵經常來自企業內部的多條業務線。研發人員如何對資料進行合理的整合及選擇,是保證模型後期效果的重要環節。對已經完成資料收集的模型來說,研發人員可以直接進行對應的特徵處理、儲存、應用及後期的監控。

聯邦特徵工程的流程與傳統特徵工程相同。前期多個業務方根據自身及模型整體的需求,對全部已有的特徵進行評估。在特徵處理環節,由於資料在多方互動的過程中已經透過加法或乘法同態進行了加密,因此無法直接應用傳統特徵工程中的資料處理和監控方法,需要按照不同的特徵處理目的對應性地完成。聯邦特徵處理需要針對水平聯邦學習和垂直聯邦學習場景重新進行設計,同時也要考慮資料互動過程中的計算複雜度和隱私安全性。

在聯邦特徵最佳化中,對於神經網路,演算法工程師需要選擇合理的網路類型、網路結構和超參數最佳化方法,傳統機器學習模型需要考慮訓練過程和資料集的轉換性、正則化方法及模型參數等。手動調整這些參數依賴於專家經驗及對應業務,而人的經驗總是有局限性的,同時在計算複雜度的約束下無法實現全部參數的窮舉最佳化,因此存在模型效果的不足。

在這種場景中,基於演算法的特徵選擇就成了手動特徵工程的一種替代和最佳化方法。不論是採用傳統的濾波法降低特徵維度,應用主成分分析(Principal Component Analysis,PCA)/線性判別分析(Linear Discriminant Analysis,LDA)方法進行降維抽象得到數量較少的特徵主軸,結合搜索、評價的方式對特徵進行評價和優選,還是利用正則

化、決策樹和自編碼器等結構對特徵進行模型訓練中的空間變換,都是解決特徵選擇的想法之一。

最後,在特徵監控部分,由於業務方擁有建立完成的模型,因此可以承擔較大部分的監控責任,同時與各個資料方配合制定合理的監控週期及監控資訊同步預警機制,保證聯邦模型正常運行。

可以看出,聯邦特徵工程的困難主要集中在各種處理方法的差異性上。同時,當聯邦學習應用到風控建模等場景時,除了上述特徵工程框架,還需要探索特徵監控環節單變數分析時的互動過程,以及聯邦建模場景中參數最佳化時採用演算法進行參數選擇和自動機器學習等過程。因此,本章同樣涵蓋了聯邦單變數分析、聯邦參數選擇和自動機器學習的內容。

▌ 5.2 聯邦特徵最佳化

傳統機器學習的特徵工程存在多種形式的最佳化,而這些最佳化涉及多種數學計算。如何實現這部分加密後資料的變換和分析等過程,組成了聯邦特徵最佳化的主要內容。從技術上來説,特徵最佳化不但包含對單一特徵進行簡單的算術處理,同時也涉及基於業務資訊的特徵衍生。

本節將從特徵工程的流程出發,按照聯邦特徵評估、聯邦特徵處理、聯邦特徵降維、聯邦特徵組合和聯邦特徵嵌入的順序介紹,完整地描述聯邦學習在處理特徵最佳化問題時的想法及具體方法。

5.2.1 聯邦特徵評估

聯邦學習中的特徵評估過程與傳統特徵評估相同。由於在建模前,多個參與方對目前已有的全量資料和特徵有大致的了解,因此可以更進一步

地結合建模時的實際場景來完成特徵評估。以雙邊聯邦學習為例，參與建模的 A 方和 B 方擁有相同的建模目的，根據雙方手上擁有的資料，分別基於各自的業務了解優勢進行評估，可以得到整理後的特徵清單。同時，基於雙方業務的不同而決定的聯邦學習類型也會影響特徵評估的側重點，如圖 5-2 所示。

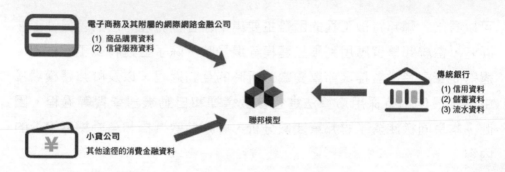

圖 5-2　一種聯邦模型的特徵優勢互補

對垂直聯邦學習來說，A 和 B 雙方的業務差異較大，但擁有較多重合的使用者，此時應當著重探勘 A 方和 B 方自身對業務的了解，整合雙方認為有價值的特徵進行建模。比如，對網際網路金融業和銀產業的聯邦建模來說，因為使用者往往同時擁有銀行卡和線上支付帳號，所以雙方將存在較多的重合使用者，但使用者在這兩個場景中的特徵完全不同，銀行將偏重於傳統評分卡特徵，而網際網路金融公司會融合更多使用者的商品購買及其他新興特性，因此雙方需要考慮的是如何取長補短，彼此拿出最有效的特徵集合，提升聯邦模型的效果。

對水平聯邦學習來說，A 和 B 雙方的業務相似，但擁有的使用者重合度較低，此時應當在特徵層考慮的是雙方都認可、擁有業務共識的特徵。比如，對兩家不同銀行之間的聯邦學習來說，A 方和 B 方可能位於不同的地理區域，具有不同的建模技術風格，因此銀行需要考慮的是不受地

域和風格影響，可以泛用的信用、畫像、收入等特徵，可以最大化模型
的預期效果。

對聯邦遷移學習來説，需要明確下游任務的建模目的，綜合雙方的特
徵、樣本和領域來決定。遷移學習和傳統機器學習的區別如圖 5-3 所
示，由於遷移學習偏重的是將已有資料中的知識遷移到新的相關或不相
關的應用領域，在聯邦學習的場景中就需要考慮在多方互動時的設計。
如果多方的特徵和樣本都不一樣，存在較少的交集，那麼此時水平和垂
直聯邦學習中的特徵處理手法都不再適用，應當著重選擇對全部參與方
都有利的特徵建模。

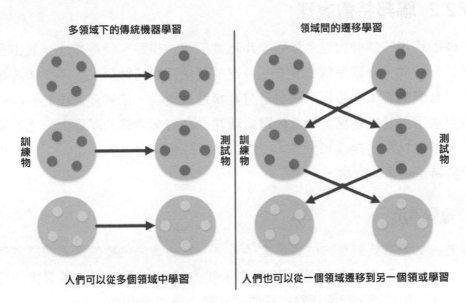

圖 5-3　遷移學習和傳統機器學習的區別

舉例來說，智慧金融領域作為一個新興領域，電子商務及其附屬的網際
網路金融公司擁有使用者的商品購買和信貸服務資料，銀行擁有使用者
的信用、儲蓄和流水資料，小貸公司擁有使用者其他途徑的消費金融資
料。在傳統情況下，多種類型的資料無法透過簡單的方法進行融合，而

利用聯邦遷移建模的優勢,選擇三方認可的模型,融合三方可用的特徵,即可實現共同建模、分別應用的效果,同時也極佳地保護了使用者的隱私。

總之,聯邦特徵評估比擁有全部資料、建模目的單一的傳統特徵評估更為複雜,需要考慮的特點更多。與此同時,在保護了隱私的前提下,聯邦學習使得企業能夠更進一步地發揮自己可用特徵中的優勢,探勘自身資料的價值,同時合理地利用了其他參與方的資料,實現了比自身單獨建模更好的模型效果。

5.2.2 聯邦特徵處理

特徵工程中的特徵處理是整個聯邦特徵工程的重點。特徵處理一般由三個部分組成,分別是特徵清洗、特徵前置處理和特徵衍生。特徵清洗即利用直觀的數學或工程手法對已有資料進行變換,使得變換後的資料特徵更適用於建模任務;特徵前置處理建立在特徵清洗的基礎上,進行單一、多個特徵的變換和選擇;特徵衍生對原始資料進行加工,生成可以用於特定場景的變數。

1. 特徵清洗

首先,我們需要對雙方的資料進行清洗,特徵清洗主要包括異常樣本清洗和取樣。我們假設在聯邦建模前,雙方的資料已經經過了單獨的評估、清洗和篩選,此處重點討論如何對融合後的資料進行清洗。

在經過 RSA 演算法和 Hash 演算法處理後,建模的 A 和 B 雙方成功地在不洩露差集隱私的情況下找到了資料的交集,此時可以應用半同態加密對雙方的交集資料進行清洗。異常樣本的定義較為寬泛,在特徵清洗的階段可以定義為不利於建模的樣本,如圖 5-4 所示,其中的 A 點、B 點和 C 點即異常的離群點。

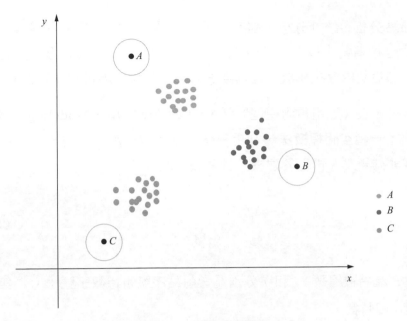

圖 5-4　離群點示意圖

以離群值為例，正常的處理包含以節點為中心的節點分析和以資料為中心的統計分析兩種。節點分析即對每個節點進行分析，找到有問題的節點並把它剔除出樣本；統計分析即利用統計等方法篩選出資料中可能存在的異數，再進行消除。

節點分析（Nodal Analysis）一般是對單節點的各個值進行閾值的規定，過高或過低的值將被認為是異常的，常見的就是零值和無窮值。由於不涉及各個特徵之間的互動，只需要對單一變數中的資料是否異常進行分析，因此這部分工作可以不通過聯邦學習的方式完成，A 和 B 雙方在資料準備階段即可去除。

統計分析（Statistical Analysis）由於考慮了全量資料的特性，因此需要融合 A 和 B 雙方的資料特點進行計算。最常見的統計分析方法為極值計算。對全量資料進行統計，設定 Q 為分位點，則位於 $Q/4$ 和 $3Q/4$ 之間的為正常資料，小於 $Q/4$ 或大於 $3Q/4$ 的則可以定義為離群值。

除了節點分析和統計分析,還有一類方法透過空間變換消除離群點,這種方法也被稱為「核心(kernel)方法」。它依賴的核心思想是在某一個空間的資料中存在異數,經過空間映射後就會變為正常可用的點。

舉例來說,在《應用預測模型》(Applied Predictive Modeling)這本書中列出了一種空間標識法,利用每個樣本除以對應的平方規範將離群點映射成非離群點,再用於建模,計算公式為

$$x_{ij}^{\text{sign}} = \frac{x_{ij}}{\sum\limits_{j=1}^{P} x_{ij}^2} \qquad (5\text{-}1)$$

式中,P 為特徵總數;i 和 j 分別為當前點序號和特徵序號;x_{ij} 為第 i 個點的第 j 個特徵。

該方法由於涉及多方共有資料的特徵融合問題,需要採用對式子變形去除一種運算,或利用同態加法配合放縮數乘的方式才可以完成,這也是在後續處理大部分無法透過簡單同態加密互動完成的式子時可以遵循的兩條想法主線。

第一種方式是嘗試對同時存在加法和乘法的式子進行前置處理,使其變成單一加法或單一乘法的式子,再採用單次同態加密互動的方法完成計算。舉例來說,對於形如 $\dfrac{1}{1+x+x^2+\cdots+x^n}$ 的式子,可以採用通分加待定係數法變成多項乘法,去除其中的加法運算。對於不存在直觀轉換成單一乘法的函數,如上面提到的空間標識函數,我們需要按照第二種方式進行處理。

第二種方式如圖 5-5 所示,A_1 方,A_2 方,$\cdots$,A_n 方分別在本地計算全部資料點對應的特徵平方值 $\sum\limits_{j=1}^{M_1} x_{ij}^2$,$\sum\limits_{j=1}^{M_2} x_{ij}^2$,$\cdots$,$\sum\limits_{j=1}^{M_n} x_{ij}^2$,其中

$M_1 + M_2 + \cdots + M_n = P$。在計算完成後，$A_1$ 方先採用 Paillier 演算法，用自己的公開金鑰進行加法同態加密，得到加密後的分母平方和 $\left[\!\left[\sum\limits_{j=1}^{M_1} x_{ij}^2\right]\!\right]_{A_1}$，然後 A_1 方將自己加密後的資料發送給 A_2 方，A_2 方同樣採用 A_1 方的公開金鑰加密自己的分母平方和 $\left[\!\left[\sum\limits_{j=1}^{M_2} x_{ij}^2\right]\!\right]_{A_2}$，再與 A_1 方傳來的資料進行加法同態加密，得到 $\left[\!\left[\sum\limits_{j=1}^{M_1} x_{ij}^2\right]\!\right]_{A_1} \oplus \left[\!\left[\sum\limits_{j=1}^{M_2} x_{ij}^2\right]\!\right]_{A_2} = \left[\!\left[\sum\limits_{j=1}^{M_1+M_2} x_{ij}^2\right]\!\right]_{A_1}$。依此類推，$A_3$ 方同樣利用 A_1 的公開金鑰加密自己的資料，再與 A_1 方和 A_2 方整合後的資料相加，直到 A_n 方的資料也完成相加，得到計算式中的分母平方和 $\left[\!\left[\sum\limits_{j=1}^{P} x_{ij}^2\right]\!\right]_{A_1}$。

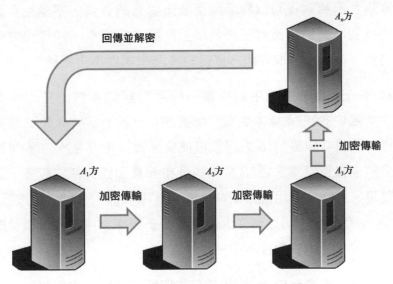

圖 5-5　一種核心方法特徵處理示意圖

在分母平方和計算完成後，將空間標識公式變形為

$$\frac{1}{x_{ij}} \cdot \sum_{j=1}^{P} x_{ij}^2 = \frac{1}{x_{ij}^{\text{sign}}} \tag{5-2}$$

此時，各方都擁有自己的 x_{ij}，如果將 $\dfrac{1}{x_{ij}}$ 近似為一個整數並採用 A_1 方的

公開金鑰加密，即可按照數乘的形式完成 $\dfrac{1}{x_{ij}}\left[\!\left[\sum\limits_{j=1}^{P}x_{ij}^2\right]\!\right]_{A_1}=\left[\!\left[\dfrac{1}{x_{ij}}\sum\limits_{j=1}^{P}x_{ij}^2\right]\!\right]_{A_1}$。在近

似為整數的過程中，為了避免過大的浮點數損失，可以預先將 $\dfrac{1}{x_{ij}}$ 放大至

原來的 N 倍 $(N>1)$，在完成計算後由於數乘對結果的不變性，可以再將

放大倍數還原，得到準確的結果值。計算出來的 $\left[\!\left[\dfrac{1}{x_{ij}^{\text{sign}}}\right]\!\right]_{A_1}$ 透過 A_1 方的私密

金鑰解密，即可成為空間標識特徵，用於後續的建模工作。

需要注意的是，如果只有 A 和 B 兩方運算，那麼無法採用這種形式，因
為雙方拿到加和資料後可以輕易地反推出對方的資料，不能完全達到隱
私保護的目的；而對於擁有三個及以上參與方的場景，同樣也要考慮某
方前後的參與方聯合竊取中間方資料的情況，本處不再拓展。

對於取樣部分，特徵處理中的取樣一般用於解決資料分布不平衡的問
題，即 Y 標籤中的正/負樣本失衡，如圖 5-6 所示。基於 A 和 B 雙方找到
的交集資料，擁有標籤的 B 方可以根據交集資料中 Y 的分布安排取樣。
在大部分的產業資料中，正/負樣本的分布都會面臨負樣本較多、正樣本
較少的問題。此時，常用的方法為過取樣或降取樣，分別對應按照 $N:1$
（$N\geqslant1$ 且 N 為整數）的比例從少數樣本和多數樣本中抽樣，以及按照相
反比例從多數樣本和少數樣本中抽樣的方法。

我們可以假設交集資料中 B 方的 Y 存在這種不平衡，舉例來説，交集樣
本中 Y 的正/負樣本比例原本為 $4:1$，建模雙方期望建立的模型在 $1:1$
的資料比例下效果更好，此時應用取樣處理交集資料，對正/負樣本採用
$1:1$ 的取樣比例取樣 N 次，即可得到正/負樣本 $1:1$ 的資料集，其他比
例依此類推。在取樣過程中，由於雙方已知交集 ID，則可以由 B 方根據

ID 對應的標籤進行取樣得到改變分布後的資料集，融合 A 方的特徵後即可用於後續的建模等工作。

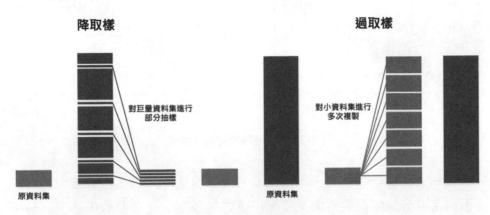

圖 5-6　降取樣和過取樣

2. 特徵前置處理

在完成特徵清洗後，可以對雙方的資料進行特徵前置處理。此處的前置處理包括單一特徵的數學變換、歸一化/離散化/遺漏值填充，以及多個特徵的篩選。此處重點說明在前置處理階段雙方互動的流程。

大部分單一特徵的數學變換可以直接在本地完成。對 A 和 B 雙方來說，常見的特徵數學變換（如平方變換、對數變換和指數變換）等都不涉及雙方互動。平方變換一般用於對資料進行放縮，使得原本需要二次函數分隔的資料點變成線性可分的模式，其他次數多項式的變換（如三次及高次多項式變換）同理。對數變換和指數變換一般用於改變原有特徵的資料分布，使得變換後的資料能夠更加符合我們的假設，並根據已有的理論分析。

舉例來說，美國每月的電力生產數如圖 5-7 所示。

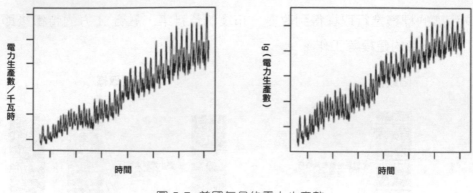

圖 5-7 美國每月的電力生產數

可以看到，隨著時間演進，電力生產的期望值逐漸升高，但方差也隨之變得不穩定。分析師需要透過某種變換讓方差穩定，使得曲線仍然滿足分析假設，便於得出結論。其中一種讓方差保持穩定的方法就是對數變換。

假設資料分布的標準差和平均值是線性相關的，可以得到 $\sqrt{\mathrm{Var}(Z_t)} = \mu_t \sigma$。式中，$Z_t$ 是隨時間變化的資料，$E(Z_t) = \mu_t$，可以簡單變換得到 $Z_t = \mu_t \left(1 + \dfrac{Z_t - \mu_t}{\mu_t} \right)$。根據對數函數的性質，當 x 無限小時，$\ln(1+x) \approx x$，可以得到 $\ln(Z_t) \approx \ln(\mu_t) + \dfrac{Z_t - \mu_t}{\mu_t}$，同樣可以得到 $E(\ln(Z_t)) \approx \ln(\mu_t)$ 和 $\mathrm{Var}(\ln(Z_t)) \approx \sigma^2$。可以看到，透過對數變換可以將原資料的方差穩定在 σ^2，此時就可以用我們了解的模型進行處理，簡化了問題的複雜程度。完成本地計算後的數值可以作為 A 方或 B 方自身的新特徵，也可以替代原有特徵參與後續的加密、互動和建模工作。

對單一特徵的歸一化和遺漏值填充來說，因為可能涉及雙方或多方的全量資料，所以需要預先進行資料互動。常用的歸一化方法主要有 Min-Max 歸一化和 Z-Score 標準化，分別對應 $x_{\mathrm{new}} = \dfrac{x - x_{\min}}{x_{\max} - x_{\min}}$ 以及 $x_{\mathrm{new}} = \dfrac{x - \mu}{\sigma}$。式中，$x_{\max}$ 和 $x_{\min}$ 分別是 x 的最大值和最小值；μ 是平均

值；σ 是標準差。可以看到，在多方互動的情況下，單一特徵的平均值由於不受特定使用者隱私保護的影響，可以透過多方在本地計算出自己使用者對應的特徵平均值，再明文傳輸整合計算得到；單一特徵的標準差也可以在已知交集樣本總數的情況下由各方明文計算得到。各方可以預先在本地計算出己方資料的最大值和最小值，再進行各方之間的明文比較，從而找出交集資料中的最大值和最小值，之後在本地計算即可得到歸一化的結果，採用平均值填充、0 值填充等方法完成的遺漏值填充同樣無須複雜的加密互動過程。

多個特徵之間的篩選依靠引數和因變數之間的連結進行判斷，常見的分析指標有相關係數、卡方檢定以及資訊增益等。以卡方檢定為例，如圖 5-8 所示，當自由度等於 1～5 時，隨著 χ^2 的增長，對應的 p 值逐漸下降。相關係數和卡方檢定的目的相同，主要用於判斷引數和因變數之間的連結程度。資訊增益的效果與前兩者相似，標準定義如下。

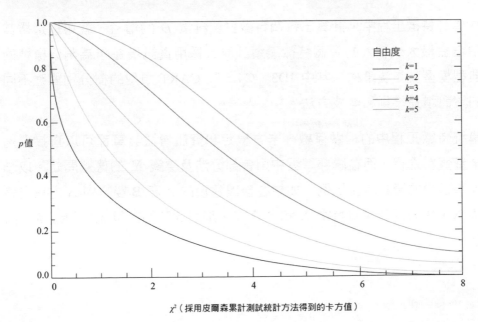

圖 5-8 不同自由度下的卡方檢定

定義 5-1：資訊增益的物理意義是在當前特徵的條件下資訊不確定性減少的程度，從定義來看可以較好地量化某個引數對因變數預測的貢獻。資訊增益的公式為 $g(D, x) = H(D) - H(D|x)$。式中，D 為訓練資料集；$H(D)$ 為資料集 D 的熵；$g(D, x)$ 代表特徵 x 對資料集 D 的資訊增益。

設 x 為單一資料點的某個特徵值，y 為對應的標籤，相關係數和卡方檢定對應的公式分別為 $r = \dfrac{\sum(x - \bar{x})(y - \bar{y})}{\sqrt{\sum(x - \bar{x})^2 \sum(y - \bar{y})^2}}$ 和 $\chi^2 = \sum \dfrac{(\text{observed} - \text{expected})^2}{\text{expected}}$。

式中，相關係數公式中的 $\bar{x}$ 和 $\bar{y}$ 分別為 x 和 y 的平均值，計算出來的 r 的絕對值介於 0～1，越接近 1 則證明該特徵與因變數的相關性越強。卡方檢定公式中的 expected 為特徵理論上應該出現的值，observed 為實際觀察到的值。計算出來的卡方值可以用於判斷兩個變數是否相關，當應用到引數和因變數時，可以透過在已有的引數下因變數是否與預期相同來決定該引數是否顯著、在某個置信度下使用或不使用該引數。

在傳統特徵工程中，計算出每個特徵對資料集 D 的增益，就可以選擇其中增益最大或較大的幾個特徵繼續計算。採用資訊增益作為劃分標準的典型模型就是決策樹，其中 ID3、C4.5 和 CART 類型的樹分別對應不同的資訊增益準則和剪枝方法。

傳統特徵工程中的相關係數、卡方檢定和資訊增益計算都可以直接透過全量資料進行，而在聯邦學習中則會部分涉及標籤 Y 的傳遞問題。以聯邦學習中的資訊增益為例，如果在參與建模的 A 和 B 雙方中 A 方只有特徵 X，B 方同時擁有特徵 X 和標籤 Y，那麼此時的計算流程如圖 5-9 所示。

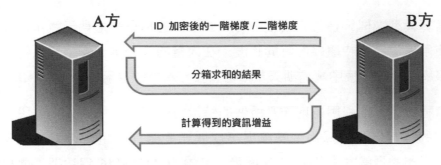

圖 5-9　聯邦學習中的資訊增益計算流程

具體來說，由於 B 方同時擁有 X 和 Y 參數，因此可以在本地先計算出一階和二階梯度，透過 Paillier 演算法加密後連同這些資料的 ID 一起傳輸給 A 方，A 方獲得了 ID 和對應的梯度後，在加密下計算每個分箱中的一階和二階梯度之和再回傳給 B 方，B 方此時可以解密求和值用於計算資訊增益，再傳遞給 A 方。此時，A 和 B 雙方都擁有了資訊增益，在這個過程中，B 方在本地計算資訊增益，沒有向 A 方洩露資料；B 方在解密梯度長條圖時也無從得知 A 方的具體 ID，因此也同樣保證了 A 方的隱私安全。

除了上述提到的相關係數和資訊增益等方法，還可以應用各種演算法和自動機器學習進行更為廣泛和深入的特徵組合。這部分涉及多種降維和嵌入方法的應用，以及自動機器學習中的參數優選，在聯邦學習條件下的實現過程將在 5.2.4 節中單獨介紹。

3. 特徵衍生

在完成特徵的大部分前置處理工作後，可以將特徵衍生作為特徵前置處理的補充階段。對模型應用的場景來說，特徵衍生更多地來自相關領域從業者多年累積的預判和實踐經驗，從對應的業務中抽象出模型更深層次的潛在形式和資料構型，用於更進一步地完成建模過程。

以信貸模型為例，在信貸場景中有一個重要的指標是逾期天數，代表某個使用者沒有按時還錢的時間長度。在大量的評分卡、授信和人物誌等網際網路金融場景中，逾期天數常常直接作為特徵甚至標籤使用。

在這種背景下，利用逾期天數所做的特徵衍生即按照逾期天數分段打上不同的標籤，同時採用獨熱編碼寫成展開的類別，用於後續的建模工作。具體的展開方法如表 5-2 所示，其中的 M1～M6 與逾期天數相對應，分別代表不同逾期天數下的逾期標識。

表 5-2 在信貸場景中逾期天數衍生變數

逾期天數	階段	M1	M2	M3	M4	M5	M6	M6+
1～30	M1	1	0	0	0	0	0	0
30～60	M2	0	1	0	0	0	0	0
61～90	M3	0	0	1	0	0	0	0
91～120	M4	0	0	0	1	0	0	0
121～150	M5	0	0	0	0	1	0	0
151～190	M6	0	0	0	0	0	1	0
191+	M6+	0	0	0	0	0	0	1

這樣做的好處是將原本為線形整數的逾期天數轉化成了類別變數，減少了可能存在的函數過擬合。同時，對連續特徵的離散化和標籤化能夠更進一步地用於特徵選擇或自動機器學習階段的特徵交換組合，最大限度地增加了模型提升的潛力。

由於在網際網路金融場景中逾期天數與各個參與方自身的業務直接相關，不存在單方業務的逾期天數受其他業務影響的情況，因此對於逾期天數的衍生變數同樣不需要加密互動。擁有逾期天數這個特徵的參與方在本地完成離散化和獨熱編碼後，與其他特徵一同加入聯邦學習建模過程即可。在其他場景中的特徵衍生可以類比上述範例，結合實際的應用場景進行建構。

在完成聯邦特徵處理後，還需要進行聯邦特徵監控。聯邦特徵監控主要包括特徵有效性分析和重要特徵監控。特徵有效性分析的主要目的是觀察變數在建模前能否有效地劃分正/負樣本，重要特徵監控的主要目的是觀察在模型存續過程中特徵是否存在時間不同效果不同的情況，即監控特徵是否穩定。

具體的聯邦特徵監控指標計算同樣是單變數分析的一部分，聯邦單變數分析過程將在 5.3 節中進行完整說明。

5.2.3 聯邦特徵降維

在傳統高階特徵工程中，降維方法可以對特徵進行優選和壓縮，增加模型的訓練效率及解釋性。此處的降維是廣義降維，即同時包含減少特徵數量及創造新的特徵。在網際網路金融的建模場景中，使用者往往擁有較多的特徵表現，全量特徵可能多達上千甚至數萬個，而遵從資料量越大、結果越可信的信條，逐一處理，又會帶來極大的工作量，同時不確定能否得到預期的模型增益。此時，對資料應用降維，提取出使用者核心的表現資訊，就成了建模過程的重要方法之一。

特徵的降維方法有很多種，最基本的是採用遺漏值比率（Missing Value Ratio）作為閾值，預先卡掉一部分有用資訊較少的特徵。在傳統建模和聯邦建模過程中，都可以在本地直接完成這部分處理工作。對遺漏值比率大於某個閾值的特徵進行處理後，不論是直接應用建模方法，還是繼續採用其他降維方法，都可以更有效地得到最佳化後的特徵值。這個遺漏值比率按照經驗可以設定為 20%。

在完成遺漏值比率篩選之後，我們可以對特徵的內部特性進行觀察，比較典型的兩種手法就是低方差濾波（Low Variance Filter）處理和高相關濾波（High Correlation Filter）處理。顧名思義，低方差濾波處理指

的是去除數據內部變化不大的資料。對於方差較小的資料，我們有理由
認為它的內部含有的資訊較少，因此沒有必要加入後續的建模流程中。
高相關濾波處理則針對資料中特徵的兩兩關係進行分析處理，如果它們
本身高度相關，就可以認為它們的資訊是類似的，而重複的資訊會使得
模型的表現下降，因此可以透過計算兩兩特徵之間的相關性（比如，採
用 Pearson 相關係數），進行篩選。

Pearson 相關係數的比較如圖 5-10 所示，可以看到隨著 R 值增大，兩個
變數之間的連結性逐漸變強，產生了一定程度互相替代的效果；而 R 值
較小甚至等於 0 的兩個變數之間則幾乎不存在這種相關性。在實際應用
中，方差和相關性的閾值可以被分別設定為 10 和 0.5，即可以考慮刪除
方差小於 10 或相關性大於 0.5 的特徵。

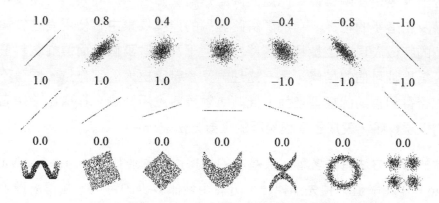

圖 5-10 Pearson 相關係數的比較

在聯邦學習中，遺漏值比率篩選可以直接透過本地計算完成，而水平和
垂直聯邦學習對低方差濾波及高相關濾波的處理想法會有些差異。對水
平聯邦學習來說，不同來源的資料擁有相同的特徵，卻會因為地域或使
用者習慣等差異而產生不同的相關性。以銀行場景中的建模為例，北京
銀行和上海銀行在業務層面上大致相同，但由於使用者群不同，如果在
本地計算濾波，就會出現低方差和高相關的特徵不一致的情況。

可以參考的一種方法是對不同的資料方採用不同的權重，比如建模偏重於北京的使用者群，則對北京使用者的本地濾波結果指定較高權重，而其他地區的權重則相對降低。在滿足 $\sum_{i=1}^{n} w_i = 1$（其中，w_i 為聯邦第 i 方的權重）的條件下，對每個資料方及業務方本地得到的降維後特徵做帶權加和，如果大於 0.5 就保留，否則直接去除。對於後續的降維方法，也可以採用類似的直觀處理方式，作為可選聯邦特徵降維方法的一種。

在完成遺漏值比率篩選、低方差濾波和高相關濾波處理之後，可以採用因數分析（Factor Analysis，FA）、PCA 和獨立成分分析（Independent Component Analysis，ICA）等方法進一步減少特徵的維數。這三種方法的相同之處是利用某種理論提取已有特徵中的線性相關的共通性來達到減少總特徵數、保留特徵資訊的效果。

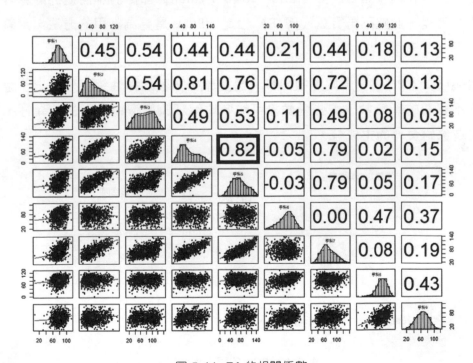

圖 5-11　FA 的相關係數

FA 是一種統計方法，用於對變數按照相關性分組，得到組內變數相關性較高、組間變數相關性較低的效果。比如，房價和地理位置往往高度相關，隨著地理位置從郊區變動到週邊城區，再到中心城區及學區，房價的飆升是顯而易見的。因此，這兩個因數之間可能存在某種組合共通性來描述房子的價值，只需要保留這種共通性即可減少原始資料的維數。在應用中，我們會先求解各個特徵之間的相關關係，得到圖 5-11 所示的相關係數。

我們可以看到，第四行和第五列的特徵之間具有很強的相關性，R=0.82，此時可以認為資料中存在連結性較強的特徵組合，滿足進行 FA 降維的條件。如果特徵之間的相關性較小，那麼在理論上無法繼續抽象和降維得到因數。下一步則需要確定有多少個因數可以提取。常用的資料分析軟體和語言（如 SPSS、R 和 Python）都提供了簡便的計算套件和流程，此處不再贅述。與 FA 相比，PCA 是更為常用的方法，定義如下。

定義 5-2：PCA 從原始變數出發，透過原始變數的線性組合建構出一組互不相關的新變數。這些變數盡可能多地解釋原始資料之間的差異性，稱為原始資料的主成分。

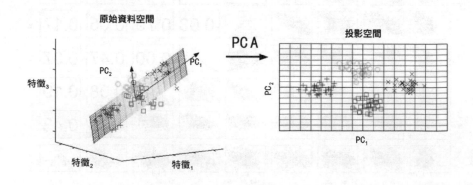

圖 5-12 PCA 的視覺化過程

PCA 透過建立相互正交的主成分來代替全量特徵，圖 5-12 直觀地展示了 PCA 的視覺化過程。原始資料中的三個維度被正交的 PC_1 和 PC_2 這兩個主成分代替，形成了右圖中的二維視覺化結果。可以看到，透過主成分變換，在維數減少的同時，資料中的資訊被盡可能多地保留了下來。

PCA 的公式以下

$$\max \mathrm{Var}(PC_i) = \mathrm{Var}\left(u_i^\mathrm{T} X\right) = u_i^\mathrm{T} \mathrm{Var}(X) u_i \qquad （5\text{-}3）$$

式中，PC_i 代表第 i 個主成分；u_i 代表特徵向量，滿足 $u^\mathrm{T} u = 1$。同時，PC_i 和 PC_j 之間滿足當 $i \neq j$ 時線性無關。等號右邊的式子也可以記為 $u_i^\mathrm{T} \sum u_i$。因此，我們容易複習出，PCA 只需要對協方差矩陣求特徵值 λ 及特徵向量 u_i，即可得到 PCA 的解。

更直觀的了解是，PCA 透過將全部隨機變數的方差分解為多個線性不相關隨機變數的方差和，同時保證保留的主成分（協方差矩陣中排序後的許多較大值）方差貢獻率達到 80%以上/特徵值大於 1，即可完成變數的降維。

ICA 與 PCA 的想法類似，都是透過尋找資料中的某種共通性來達到降維的目的，而在實現方法上具有較大的不同。ICA 又被稱作盲來源分離（Blind Source Separation）。以音樂會上不同樂器共同的演奏為例，如果 PCA 可以從交響樂團的多個音源中整合並提取其中幾種混合後的音色，那麼 ICA 則可以直接對音色的來源進行區分，得到各個樂器單獨演奏的音色。

在實現過程中，ICA 是利用 PCA 的結果加上白化處理得到的。根據各個音源訊號之間相互獨立最大的假設，可以將降維後的混合音色中存在的獨立成分分解出來，這可以被認為是一種解混的過程。PCA 和 ICA 的直觀比較如圖 5-13 所示。可以看到，PCA 中的 x_1 和 x_2（x_1、x_2 代表兩個

維度的特徵）是正交的，保證了方差最大化，而 ICA 則在此基礎上進一步探勘出了兩個獨立的訊號來源，獲得了對資料更好的描述。

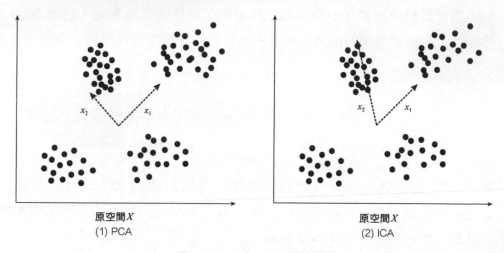

原空間 X
(1) PCA

原空間 X
(2) ICA

圖 5-13 PCA 和 ICA 的比較

不論是 FA、PCA，還是 ICA，目的都是透過找到一個方向 $w = (w_1, w_2, \cdots, w_n)^T$ 來最大化線性組合 $\sum_{i=1}^{n} w_i x_i = w^T x$ 中的某種特徵。因為這三種方法同屬於線性降維方法，所以在聯邦學習中擁有相似的處理想法。下面以 PCA 為例，介紹聯邦學習中的線性降維方法的流程。

首先需要明確的是，無論是垂直聯邦學習還是水平聯邦學習，在隱私保護下的全量資料降維都有應用的必要，原因如下：儘管垂直聯邦學習中的業務方和資料方擁有的特徵不同，原則上可以透過本地計算分別得到線性降維後的主成分，卻無法得知在資料融合後是否會出現存在較大連結性的特徵；水平聯邦學習中的業務方和資料方雖然具有相同的特徵，但是會受到本地計算中資料量不足的影響，可能會產生潛在的錯誤結論，因此同樣需要在資料融合後進行加密運算，得到全量資料下的降維結果。

聯邦 PCA 的實現流程如下：因為其中用到的聯邦線性回歸僅在全同態加密下存在完整的解決方案，而全同態加密存在資源消耗大等問題，所以該流程僅供參考。以水平聯邦學習中 X 維資料降至 2 維為例，詳細步驟如下。

（1）全量加密資料的線性回歸。對 X 維資料來說，其中的每兩維資料之間都可以做出一條垂線，即可以得到 X-1 條垂線，這個過程可以採用聯邦線性回歸實現，此時可以得到 X-1 個線性回歸的參數，參數可以回傳到各方本地，用於後續計算。

（2）計算主成分PC_x的特徵值（Eigenvalue）和差異值（Variation）。根據得到的 X-1 個線性回歸方程式，各方本地計算每個數據點與回歸方程式的投影，並進行平方計算後加密傳輸給業務方，業務方對這部分資料應用加法同態加密得到PC_x的特徵值，同時利用前述的同態加密下的倍數乘法對加和後的資料取平均值，即可得到每個PC_x的差異值。

（3）計算差異值最大的兩個因數。對得到的全部 X-1 個差異值進行排序，選擇差異值最大的兩個因數作為PC_1和PC_2，即可用於後續建模過程。

如果資料內部不符合線性相關的假設，而存在較為複雜的非線性關係，就無法採用上述三種方法進行降維，需要採用非線性降維方法。常用的非線性降維方法包括潛在狄利克雷分布（Latent Dirichlet Allocation，LDA）、Iosmap 和 t-SNE 等，在應用到非線性相關的資料上能夠有更好的效果。如圖 5-14 所示，t-SNE 和 PCA 在非線性資料降維上的區別非常直觀，對 PCA 來説集中到一起的資料能夠被 t-SNE 極佳地劃分開，因此 t-SNE 具有很高的潛在應用價值。

對聯邦建模來説，非線性變換僅在訓練階段應用得較多，而在特徵工程中，由於這一類變換涉及較多的資料互動才能完成非線性降維模型的最

佳化，可能會佔用聯邦模型的訓練資源，因此尚未進行完整的相關應用
和最佳化研究。

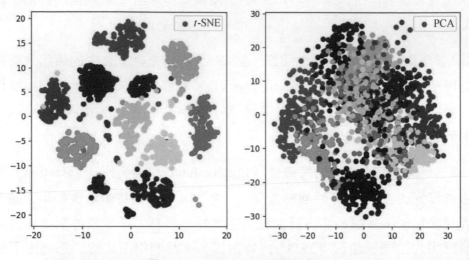

圖 5-14　t-SNE 和 PCA 的比較

除了上述的多種降維方法，還可以採用反向消除的方法。顧名思義，反
向消除是先用全量特徵進行訓練，再透過減少其中某個特徵來完成。在
聯邦特徵工程中，如果採用反向消除方法，將帶來較高的通訊成本。業
務方和資料方將必須完成多輪資訊的互動來實現對特徵的優選。因此，
從實戰角度來看，如果沒有特殊的需求，那麼這種方法只存在理論上應
用的空間，但出於成本和時效的原因難以真正結合進聯邦模型的訓練過
程。

5.2.4 聯邦特徵組合

在機器學習建模過程中，特徵降維只是特徵選擇的方法之一。無論是基
於濾波方法減少特徵數量，還是基於線性方法或非線性方法的特徵變
換，都需要涉及改變原始特徵的問題。在某些場景中，如果我們想要在

不改變原始特徵空間的情況下，直接選擇出效果最好的特徵集合，就需要採用不同的特徵組合方法來進行判斷和優選。常見的特徵組合方法有過濾式（Filter）方法和包裹式（Wrapper）方法。同時，我們可以利用多種不同的搜索方法來擴充特徵子集中的特徵數量。

特徵組合通常涉及搜索和評價兩個步驟。

第一步是透過搜索的方法擴充子集中的特徵數量。首先，選取一個單特徵作為第一輪的特徵集合。然後，採用某種搜索方法在這個集合中增加一個新的特徵，對所有選擇出來的雙特徵集合進行優選，得到新的特徵子集。依此類推，當無法找出最佳的新特徵子集時，搜索終止。

第二步是在每一步搜索中對生成的特徵子集進行評價。評價的標準由具體研究的問題來確定，根據制定的評價標準來確定全部生成的特徵子集中的最佳子集。下面分別討論第一步搜索和第二步評價的實現細節。

首先是搜索，這個過程涉及不同搜索方法在獲得特徵子集中的應用，目前比較常用的搜索範式包括完全搜索（Completely Search）和啟發式搜索（Heuristically Search）這兩種，下面將分別介紹這兩種搜索方法。

定義 5-3：完全搜索也可以稱為無資訊搜索（Uninformed Search）或盲目搜索，即不利用資料中的輔助資訊，採用最基本的搜索方法完成資料集中的資訊尋找。

常見的完全搜索方法可以分為廣度優先搜索（Breadth First Search，BFS）和深度優先搜索（Depth First Search，DFS），這兩種方法的比較如圖 5-15 所示。

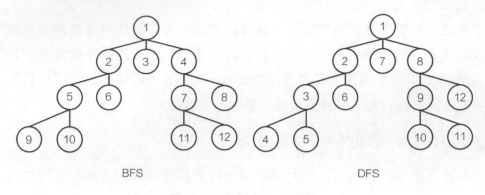

圖 5-15 BFS 和 DFS 比較

從圖 5-15 中可以看出，BFS 在面臨選擇時會先把所有的岔路都走一遍，直到沒有岔路可以選擇時再繼續下探；而無論當前有多少種選擇，DFS 都會選擇其中一種並繼續下探，直到完全走到底部再返回上一個節點選擇新的岔路。在實際應用中，BFS 搜索出來的資訊會偏向於近鄰，而 DFS 則傾向於獲得相隔更遠的資訊之間的關係。當然，在完全搜索結束後，所有的點都會獲得一次遍歷。

定義 5-4：啟發式搜索又稱為有資訊搜索（Informed Search），意思是利用輔助資訊來啟動搜索過程，縮小搜索範圍並降低搜索的複雜程度。

常見的啟發式搜索包括貪婪最佳優先搜索（Greedy Best First Search, GBFS）。根據定義，GBFS 是一種貪婪搜索的方法，也就是不考慮整體損失，只聚焦於當前要搜索的下一個特徵是否滿足損失最小。這可能會導致每一次選擇的特徵損失較小，但子集中的特徵總損失較大的問題。在本問題中的損失即第二步定義的評價函數。

每一步搜索的結果都需要與第二步評價相結合，採用的評價標準以資訊增益為例。在指定資料集 D 的情況下，設 D 中第 i 類樣本的佔比為 $p_i(i=1,2,\cdots,n)$，資訊熵的定義為：

定義 5-5：熵是資訊理論中的概念，用於表示資訊的不確定程度。熵值越大，資訊的不確定程度越大。

資訊熵的公式為

$$\text{Entropy}(D) = -\sum_{i=1}^{n} p_i \log_2(p_i) \qquad （5-4）$$

對於資料中的某個特徵，如果按照該特徵的設定值將資料集 D 劃分成 K 個子集，那麼可以計算特徵子集 A 的資訊增益，即

$$\text{Gain}(A) = \text{Entropy}(D) - \sum_{k=1}^{K} \frac{|D^k|}{|D|} \text{Entropy}(D^k) \qquad （5-5）$$

由於資訊熵的意義是描述資料中資訊的混亂程度，資訊增益越大，說明按照某個特徵劃分後的特徵子集 A 減少的資訊熵越大，也就更有利於分類。這部分和決策樹的訓練過程有相似之處，ID3 和 C4.5 決策樹中的子節點劃分同樣基於資訊增益來確定，不同的是決策樹在完成一次子節點劃分後繼續在子節點的空間增長模型，而特徵組合過程中的每一步都需要在全部的特徵空間搜索和評價。除了資訊增益，其他形如 AUC（Area Under Curve）和均方損失（Mean Square Error, MSE）等指標同樣可以用於評價特徵子集。

將搜索機制和評價機制融合，即可得到特徵組合的範式。具體來說，過濾式和包裹式兩種特徵組合方法擁有不同的流程。過濾式方法的流程如圖 5-16 所示，輸入的資料先經過特徵選擇環節得到最佳特徵子集，再進行模型訓練，也就是說特徵選擇與模型訓練是獨立的過程，評價函數也與模型的訓練過程無關，而採用了一種相關統計量（Relevance Criterion）來評價特徵重要程度。這種評價指標也可以替換為其他可解釋的指標。

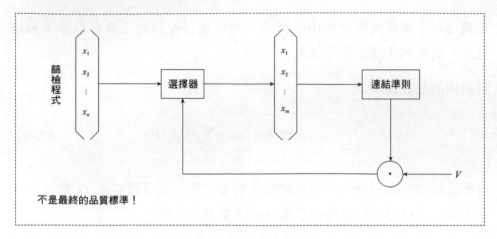

圖 5-16 過濾式方法

與過濾式方法有所不同,包裹式方法整合了模型的訓練過程,對每一步
選出來的子集採用模型性能作為評價標準,用於發現對建模最有利的特
徵子集,如圖 5-17 所示。在選擇出當前的特徵子集後,輸入線性或非線
性訓練模型,得到預測結果 $\hat{y}$,再和資料的真實標籤比較,利用某種可
解釋的誤差計算方式(如均方損失等)對特徵子集的選擇進行評價,疊
代得到最佳特徵子集。

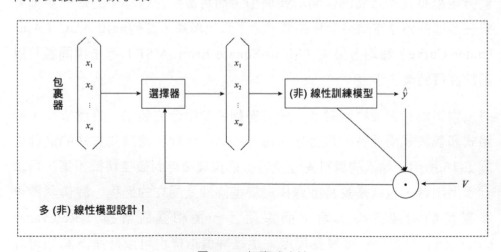

圖 5-17 包裹式方法

過濾式和包裹式方法的比較如圖 5-18 所示，可以直觀地看到二者的特性和優缺點。

過濾式方法	包裹式方法
+高速: 只需要建立一個模型 +直觀: 顯示了統計連結性	+相關性度量容易評價 +模型可感知: 最佳特徵子集對應最佳子模型
−相關性度量難以評價 −模型盲目性: 大部分相關的子集可能對子模型而言不是最佳的	−低速: 必須建立大量模型 −抽象: 最佳子模型的特徵可能不是最有解釋性的特徵子集

圖 5-18　過濾式和包裹式方法的比較

過濾式方法由於先對特徵進行組合和選擇，得到最佳特徵子集後再訓練模型，所以自始至終只會訓練一次模型。同時，過濾式方法在進行特徵選擇的過程中，對相關統計量的考慮也可以天然得到統計意義上內部獨立的特徵子集。但是在特徵選擇過程中，相關性指標本身是一個很模糊的定義，如何判斷子集中的特徵是否相關可能存在較多可以解釋側面的角度，比如線性或非線性相關等，這就導致了對應的評價標準不太固定，存在一定的評價困難，而且透過這種方法優選出來的特徵子集不一定適用於後續的建模流程，可能會產生不理想的結果。

與過濾式方法相比，包裹式方法擁有非常清晰的評價標準（模型結果），可以直接對應建模的目的優選出最佳的用於建模的特徵子集。但與此同時，包裹式方法需要在每一輪探索後都建立一個獨立的模型來輸出評價指標，勢必會導致較高的計算複雜性，由於特徵的組合和選擇過程與模型結果直接相關，優選出來的子集可能比過濾式模型的子集解釋性要差，甚至存在一部分無法解釋但表現良好的特徵。因此，這兩種特徵組合方法各有所長，在實際應用時需要進行取捨和權衡。

在聯邦學習中，實現特徵組合涉及建模雙方的資料互動，其中過濾式方法需要在加密條件下採用相關性度量實現對特徵子集的篩選，而包裹式

方法需要結合進聯邦建模的過程中進行特徵優選。在此，以 SecureBoost 模型為例對這兩種方法的流程介紹。聯邦過濾式和包裹式特徵組合流程如下：

（1）加密資料整合。資料方 A 和業務方 B 將自己擁有的資料加密後進行整合，按照傳統流程，資料方 A 將把自己擁有的特徵資料加密後傳輸給業務方 B。

（2）過濾式特徵篩選/包裹式模型訓練。如果採用過濾式特徵篩選的方法，那麼將在加密中完成特徵子集的選取，此時需要注意的是選取的評價方法需要滿足加法同態或乘法同態的計算要求，不然會面臨無法評價的問題；如果採用包裹式模型訓練，那麼直接開始子集搜索並結合 SecureBoost 模型訓練的過程，此時業務方 B 可以根據選擇的搜索方法和模型訓練的結果，決定最佳特徵子集的選取。

（3）過濾式模型訓練。如果採用過濾式方法，那麼在特徵篩選完成後仍需進行 SecureBoost 模型訓練，得到結果。

因為聯邦特徵組合中的可變因素較多，所以在實際使用時應當根據實踐場景的不同進行調整。比如，以模型結果表現為主要指標的場景應當更多地考慮包裹式方法，而對於探索性的子集選取或注重解釋性的場景則可以應用過濾式方法。

5.2.5 聯邦特徵嵌入

在傳統特徵工程中，特徵嵌入、特徵降維及特徵組合有一些細微的差別。對特徵降維來說，重點是在減少特徵數量的同時盡可能多地保留資料中的資訊。對特徵組合來說，重點是在不改變資料本身的情況下優選出最適用於建模的特徵子集。特徵嵌入這個概念是指在模型訓練中完成了特徵選擇，將特徵選擇過程深度結合進模型訓練過程中，使得原本的

特徵嵌入另一個更適合建模的空間。正常的特徵嵌入方法可以分為正則化、決策樹和神經網路等。

正則化是最常用的特徵嵌入方法，定義如下：

定義 5-6：正則化是模型訓練中的一種懲罰機制，即在原來存在的損失函數的基礎上，增加對模型複雜度的限制，儘量選擇簡單模型提高泛化度，間接達到對特徵的重要性進行選擇的效果。

基於正則化項的嵌入特徵選擇可以採用 L1 和 L2 兩種標準，L1 範數的正則化稱為 LASSO（Least Absolute Shrinkage and Selection Operator）回歸，L2 範數的正則化稱為嶺回歸（Ridge Regression）。

以線性回歸為例，在均方損失的基礎上分別加入 L1 和 L2 正則化，對應的公式如下所示，其中 L1 和 L2 範數的計算分別為 $\|\boldsymbol{w}\|_1 = |w_1| + |w_2| + \cdots + |w_n|$ 和 $\|\boldsymbol{w}\|_2 = \left(|w_1|^2 + |w_2|^2 + \cdots + |w_n|^2\right)^{1/2}$。

$$\text{L1}: \min \frac{1}{N}\sum_{i=1}^{N}\left(y_i - \boldsymbol{w}^{\text{T}}\boldsymbol{x}_i\right)^2 + C\|\boldsymbol{w}\|_1 \tag{5-6}$$

$$\text{L2}: \min \frac{1}{N}\sum_{i=1}^{N}\left(y_i - \boldsymbol{w}^{\text{T}}\boldsymbol{x}_i\right)^2 + C\|\boldsymbol{w}\|_2 \tag{5-7}$$

從上面的式子中可以看出，L1 和 L2 正則化分別用兩種形式對參數進行了限制，這兩種形式對應的直觀區別如圖 5-19 所示（右圖為 L1 正則化，左圖為 L2 正則化）。圖 5-19 中的藍色圓圈是模型的誤差等高線，如果目標函數滿足凸最佳化的要求，比如上述線性回歸中的均方損失，那麼越接近中心點，誤差越小。在不加 L1 和 L2 正則化約束的條件下，模型會直接最佳化至藍色圓圈的中心，即誤差最小的位置。如果加入 L1 正則化，那麼對應圖 5-19 中右側的部分，紅色菱形線上的點算出來的

L1 範數相等，此時的最佳化問題變成了同時滿足藍色曲線越來越接近中心點、紅色菱形越小越好這兩個要求。可以直觀地看到，如果指定最外側的藍色圓圈，那麼菱形與藍色圓圈剛好相交時最小，而此時 $w_1 = 0$，可見 L1 範數具有對特徵進行篩選的隱含效果。L2 範數同理，在圖 5-19 中左圖的情況下，L2 範數會儘量同時保留 w_1 和 w_2 的一部分權重。

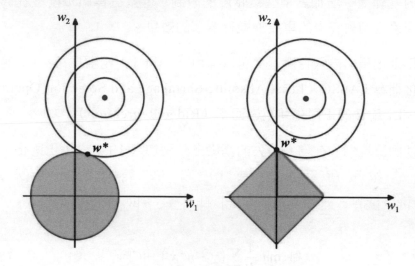

圖 5-19 兩種正則化嵌入方式的直觀比較

聯邦學習中的正則化與傳統整合模型訓練中的正則化相同，主要表現在模型內部的參數正則化項上。以 SecureBoost 模型為例，損失函數定義為

$$\mathcal{L}^{(t)} \overset{\text{def}}{=\!=} \sum_{i=1}^{n} \left[l\left(y_i, \hat{y}_i^{(t-1)}\right) + g_i f_t(x_i) + \frac{1}{2} h_i f_t^2(x_i) \right] + \Omega(f_t) \qquad (5\text{-}8)$$

式中，l 為基本的損失函數，可以採用對模型提升最佳的形式，比如均方損失（MSE）；兩個展開項分別為 $g_i = \partial_{\hat{y}^{(t-1)}} l(y_i, \hat{y}^{(t-1)})$ 和 $h_i = \partial_{\hat{y}^{(t-1)}}^2 l(y_i, \hat{y}^{(t-1)})$，分別代表泰勒一階和二階展開式的誤差項；$\Omega(f_t) = \gamma T + \frac{1}{2} \lambda \|w\|^2$ 為損失函數

的正則化項，其中使用了上面介紹的 L2 範數對參數進行限制，同時還增加了對樹的棵數限制 γT，形成了多個維度的特徵嵌入。

應用決策樹的特徵嵌入主要指的是在建樹過程中完成的特徵選擇，典型的代表是隨機森林（Random Forest）模型中的決策樹特徵重要性[97]。在隨機森林的訓練過程中包含兩部分隨機，即資料隨機和特徵隨機。整合模型的每個子模型都會從全量資料中有放回地抽樣選擇一個資料子集，同時隨機選擇這部分子集全量特徵中的一部分特徵建模。

在這個過程中，對每一棵決策樹，都可以利用沒被選中的資料計算袋外誤差（Out of Bag, OOB）來評價當前基模型的預測錯誤，這種直接計算出來的結果稱為 errOBB$_1$。之後，隨機對沒被選中的所有樣本的特徵 X 加入雜訊干擾，再次計算袋外誤差，計算出來的結果稱為 errOBB$_2$。對隨機森林生成的 N 棵樹，特徵 X 的重要性的計算公式為

$$\text{Importance}_X = \sum \frac{\text{errOBB}_2 - \text{errOBB}_1}{N} \qquad (5\text{-}9)$$

這個指標的含義是，如果 X 是重要的特徵，那麼加入的雜訊會使得模型受到很大影響，導致 errOBB$_2$ 大幅上升，因此如果計算出來的 Importance$_X$ 較大，那麼説明平均來看特徵 X 在 N 棵樹的建模過程中都很重要。在聯邦學習中，利用隨機森林進行特徵嵌入的流程如下。

（1）特徵重要性計算。業務方 B 和資料方 A 採用聯邦隨機森林方法進行訓練，在完成後業務方 B 計算每個特徵的重要性，並按照降冪排序。

（2）設定剔除比例並生成新特徵集。由業務方 B 和資料方 A 共同確定特徵重要性剔除的比例，得到一個新的特徵集。

（3）重複訓練及特徵篩選。利用新的特徵集重新進行聯邦隨機森林訓練，重複剔除和生成特徵集的過程，直到留下 m 個特徵，m 為預設的最

終特徵數量，利用各個特徵集對應的 errOBB$_1$，可以選擇袋外誤差率最低的特徵集作為最終選擇的特徵集。

深度學習的特徵嵌入是近期研究的熱點。與傳統機器學習相比，深度學習由於具有自動提取資料的特徵，可以避免傳統特徵工程所需要的密集人力和時間的投入，同時在特定的問題上擁有更高的準確度。

下面將以自編碼器（AutoEncoder）為例介紹特徵選擇中的深度學習嵌入方法，以及該方法的聯邦學習實現流程。自編碼器如圖 5-20 所示，其中，Encoder 為編碼器，Decoder 為解碼器。想法如下：利用神經網路對資料中的特徵進行抽象，透過訓練輸入和輸出相同的網路，提取隱層資訊代表原始資料，在每一輪訓練中調整隱層權重，最終實現特徵嵌入。

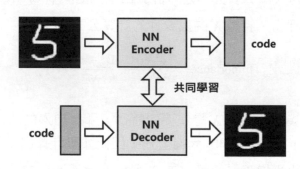

圖 5-20　自編碼器

自編碼器的特徵嵌入思想是，對於相同的輸入和輸出資料，如果最佳化隱層權重最小化資訊損失，那麼隱層的數值就可以代表輸入資料，也就是在模型的訓練過程中將原始特徵嵌入了一個低維的空間，完成了對特徵的選擇。自編碼器特徵嵌入與降維在結果上存在相似性，同樣達到了對原始資料中特徵維度的降低，但自編碼器的降維更符合在模型訓練中將特徵進行嵌入的本質。

在聯邦建模中，自編碼器的訓練過程與聯邦深度學習的過程相同，都涉及每一輪的梯度互動及模型最佳化，如果想要了解完整的聯邦自編碼器訓練過程，可以參考其他資料的聯邦深度學習部分。

█ 5.3 聯邦單變數分析

在模型建立初期，往往需要應用單變數分析方法對經過人工或演算法篩選後的特徵集合進行特徵有效性和模型穩定性的分析。在傳統銀產業及金融科技公司採用的評分卡建模流程中，單變數分析主要包括基礎分析、證據權重（Weight of Evidence，WOE）、資訊價值（Information Value，IV）、群眾穩定性指標（Polulation Stability Index，PSI）、特徵穩定性指標（Characteristic Stability Index，CSI）等用於變數特徵分析的參數，以及 KS（Kolmogorov-Smirnov）和提升度（LIFT）等用於評價模型效果的指標。

單變數基礎分析主要包括變數分組方法、資料統計相關指標和客戶性質等方面。由於這些參數可以較好地描述變數整體的特點，因此組成了單變數分析的基礎。WOE/IV、PSI/CSI 和 KS/LIFT 是三組單變數分析中常用的參數，標準定義如下：

定義 5-7：WOE 用於對特徵進行變換；IV 是與 WOE 密切相關的指標，用於對特徵的預測能力進行評分。我們可以認為 WOE 描述了某個變數和標籤之間的關係，IV 則量化了這種關係的強弱。

定義 5-8：PSI 用於篩選特徵變數，評估模型的穩定性。這部分參數可以用於較好地描述特徵變數自身的價值。CSI 在 PSI 的基礎上能夠反映變數不穩定的左右偏移方向，更進一步地探查不穩定的原因，提高模型效果。

定義 5-9：KS 和 LIFT 是模型中用於區分正/負樣本分隔程度的評價指標。KS 可以用於描述變數對模型分類的貢獻，LIFT 可以用於評估變數對模型預測是否有效。

下面將分別從 WOE/IV、PSI/CSI 和 KS/LIFT 這三部分入手，詳細地介紹聯邦學習是如何解決單變數分析問題的。

5.3.1 聯邦單變數基礎分析

在單變數分析流程中，基礎分析是最先進行的環節。用來描述和評價變數的指標主要由變數自身的資料分布及統計值組成。在網際網路金融領域，由於相關業務與傳統網際網路有差異，基於神經網路的黑箱模型或邏輯回歸（Logistic Regression）、樹模型 XGB/LGM 之外的機器學習模型，都由於網際網路金融業務的特殊性而應用得較少。在網際網路金融的建模過程中，模型的穩定性和堅固性是非常重要的，這保證了即時授信和交易等過程的可靠性，同時模型使用的參數，甚至整個建模過程也都需要較強的解釋性。因此，對每個變數的統計值有全面的了解，是單變數分析的基礎。

單變數基礎分析主要透過對變數進行分組，得到缺失率、平均值和標準差等基本參數，計算四分位值、中位值、四分之三分位值和最大值等統計參數，同時記錄客戶數量、好/壞客戶數量、客戶數量佔比和壞客戶率等業務參數。基礎分析的過程主要是對建模雙方或多方提供的資料進行直觀上的統計描述，使得後續的分析和篩選能夠得到部分資料上的依據。

舉例來說，在單變數分析中的分位值如圖 5-21 所示。對絕大部分資料分布來說，如果設定 $IQR = Q_3 - Q_1$〔式中，IQR 為分位點間距離（Inter-Quantile Range），Q_1 和 Q_3 分別為第一分位點和第三分位點〕，那麼大

部分正常的資料應當位於 $Q_1 - 1.5 \times IQR$ 和 $Q_3 + 1.5 \times IQR$ 之間，映射到正態分布上則可以直觀對應到 -2.698σ 和 2.698σ，與正態分布的 3σ 定義的資料範圍接近，同時提高了對異常資料定義的敏感性。

在聯邦單變數分析流程中，基礎分析由於涉及的計算大多可以透過對資料點線下求和並分發給各方統一計算的形式完成，因此形式上類似於聯邦特徵清洗的過程。在聯邦單變數基礎分析流程中，無須繁雜的加/解密操作，比如雙方線上下透過排序求分位點、利用雙方資料和計算統計參數，以及擁有標籤的 B 方線上下得到的好/壞使用者參數，這些都可以直接取得並進行同步。

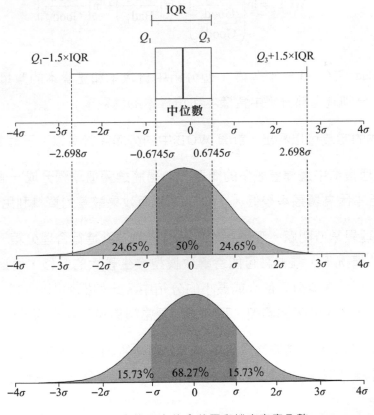

圖 5-21　常態分布的盒狀圖和機率密度函數

5.3.2 聯邦 WOE 和 IV 計算

在單變數基礎分析完成後，需要對每個變數預測標籤的能力進行提前判斷，同時進一步量化這種預測能力是否呈線性關係、變數整體對預測能力的提升大小，此時 WOE 和 IV 就成了計算風險評估、評分卡模型建構及業務授信等環節的重點。

WOE 是在單變數分析中用於初步判定變數和標籤之間關係的參數，計算公式為

$$\mathrm{WOE}_i = \ln\left(\frac{\dfrac{\mathrm{Bad}_i}{\mathrm{Bad}_T}}{\dfrac{\mathrm{Good}_i}{\mathrm{Good}_T}}\right) = \ln\left(\frac{\mathrm{Bad}_i}{\mathrm{Bad}_T}\right) - \ln\left(\frac{\mathrm{Good}_i}{\mathrm{Good}_T}\right) \qquad （5\text{-}10）$$

式中，Bad_i 和 Good_i 分別為第 i 個分組中負樣本和正樣本的數量；Bad_T 和 Good_T 分別為全部分組中負樣本和正樣本的總數。

根據公式的定義可以看出，計算 WOE 中的分箱設計有以下三個優勢：

（1）處理資料中遺漏值較多的問題。透過將遺漏值單獨分成一個分箱，可以將原本因為覆蓋率較低（小於 20%）而效果較差的資料利用起來。

（2）處理異常值問題。應用 WOE 可以對離群點進行合理分箱。在不經過處理的情況下，離群點可能會導致模型發生較大的偏移，而透過分箱可以把這部分資料分入最大或最小的分箱中，比如把逾期時間為 300 天直接分入大於 120 天的區間，可以減少異常值對模型帶來的影響。

（3）處理非線性連結變數。應用 WOE 對變數的分箱處理，使得原本和標籤是非線性關係的變數轉化為線性關係，提高了變數的解釋性。

IV 是在 WOE 的基礎上進一步量化變數和標籤之間預測強度的值，可以認為是 WOE 的加權和。IV 的計算公式為

$$IV_i = \left(\frac{Bad_i}{Bad_T} - \frac{Good_i}{Good_T} \right) WOE_i = \left(\frac{Bad_i}{Bad_T} - \frac{Good_i}{Good_T} \right) \ln \left(\frac{Bad_i}{Bad_T} / \frac{Good_i}{Good_T} \right) \quad （5\text{-}11）$$

$$IV = \sum_{i=1}^{n} IV_i \quad （5\text{-}12）$$

IV 與 WOE 的差別是，在計算 WOE 結果的基礎上，增加了一個 $\left(\frac{Bad_i}{Bad_T} - \frac{Good_i}{Good_T} \right)$ 用於量化預測效果。若 $\left(\frac{Bad_i}{Bad_T} - \frac{Good_i}{Good_T} \right) > 0$，則該變數的第 i 個分箱對結果的預測有正向增加的效果。若 $\left(\frac{Bad_i}{Bad_T} - \frac{Good_i}{Good_T} \right) < 0$，則效果相反。

在應用實踐中，IV 的範圍及對應的預測效果見表 5-3。

表 5-3 IV 的範圍及對應的預測效果

IV 的範圍	預測效果	對應的英文描述
<0.02	幾乎沒有效果	Useless for prediction
0.02～0.1	預測效果弱	Weak predictor
0.1～0.3	預測效果中等	Medium predictor
0.3～0.5	預測效果強	Strong predictor
>0.5	預測效果過強，需確認	Suspicious or too good to be true

一般來説，IV 大於 0.02 的變數具有加入模型的價值，而如果 IV 大於 0.5，那麼説明這個變數的預測能力過強，此時最好將該變數用於分群，將原本的樣本根據該變數拆分成多個群眾，對每個群眾分別開發風控評分卡。

在傳統單變數分析的流程中，WOE 和 IV 的計算步驟分為三步：

（1）分箱並統計正/負樣本比例。首先，根據業務需要，對連續型或數值較多的離散型變數進行分箱處理，在保證樣本點充足的情況下，得到每個分箱 i 中的正/負樣本數，除以對應分箱的樣本總數，得到對應的 $\dfrac{\text{Bad}_i}{\text{Bad}_\text{T}} / \dfrac{\text{Good}_i}{\text{Good}_\text{T}}$。如果在某個分箱內的樣本標籤單一，就需要對 Bad_i 和 Good_i 同時增加一個常數，可以取 0.5，用於防止計算 WOE 時出現溢出問題。

（2）計算分箱的 WOE。計算得到每個分箱的 $\text{WOE}_i = \ln\left(\dfrac{\text{Bad}_i}{\text{Bad}_\text{T}} / \dfrac{\text{Good}_i}{\text{Good}_\text{T}}\right)$，並檢驗每個分箱的 WOE 是否滿足單調性。如果不滿足單調性，那麼需要重新制定分箱規則。同時，如果相鄰分箱的 WOE 相等，那麼可以將其合併為相同分箱。

（3）計算 IV。計算得到的每個分箱的 $\text{IV}_i = \left(\dfrac{\text{Bad}_i}{\text{Bad}_\text{T}} - \dfrac{\text{Good}_i}{\text{Good}_\text{T}}\right)\text{WOE}_i$，對每個分箱求和得到 $\text{IV} = \sum\limits_{i=1}^{n}\text{IV}_i$。

那麼在聯邦建模的條件下，如何透過 A 和 B 雙方的互動來計算這兩個參數就成了問題的核心。在聯邦建模流程中，A 方只有特徵 X 而沒有標籤 Y，B 方雖然同時擁有特徵 X 和標籤 Y，特徵 X 卻同樣缺少 A 方的部分，因此需要透過加密條件下的資料互動來實現 WOE 和 IV 的計算。

如圖 5-22 所示，聯邦 WOE 和 IV 的計算流程如下。

（1）B 方加密計算。B 方在建模時同時擁有特徵 X 和標籤 Y，因此需要向 A 方提供標籤 Y 的加密值。對每一個樣本 ID，B 方採用 Paillier 同態加密方法加密 y_i 和 $1-y_i$，得到 $[\![y_i]\!]$ 和 $[\![1-y_i]\!]$，連同明文 ID 一起傳輸給 A 方。

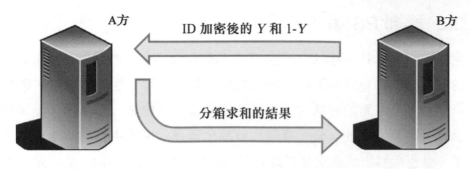

圖 5-22 聯邦 WOE 和 IV 的計算流程

（2）A 方分箱及加密求和。A 方在接收到 B 方的 ID 和加密標籤值後，按照本地處理好的特徵分箱方法，對每個分箱中的 ID 對應的加密標籤值進行加法同態求和，得到每個分箱中的 $[\![\sum y_i]\!] = \sum [\![y_i]\!]$ 以及 $[\![\sum (1 - y_i)]\!] = \sum [\![1 - y_i]\!]$，再連同每個 ID 對應的分箱回傳給 B 方。

（3）B 方本地計算。在得到 A 方分箱求和的結果後，B 方進行解密，得到 $\sum y_i$ 和 $\sum (1 - y_i)$，$\sum y_i$ 和 $\sum (1 - y_i)$ 分別代表第 i 個分箱的正樣本總數 $Good_i$ 和負樣本總數 Bad_i。B 方只需要在本地計算每個分箱中的 $Good_T$ 和 Bad_T，即可依次計算每個分箱的 $WOE_i = \ln \left(\dfrac{Bad_i}{Bad_T} \Big/ \dfrac{Good_i}{Good_T} \right)$ 和

$IV_i = \left(\dfrac{Bad_i}{Bad_T} - \dfrac{Good_i}{Good_T} \right) WOE_i$，以及對各個分箱 IV_i 求和得到的 $IV = \sum\limits_{i=1}^{n} IV_i$。

在整個資料互動過程中，由於 A 方只獲得了 B 方的 Y 和 $1 - Y$ 的加密標籤值，B 方沒有資訊洩露；B 方得到 A 方分箱後特徵值的加和，也無從推斷出 A 方每個特徵值具體的大小，因此在 WOE 和 IV 的計算中實現了對隱私安全的保護。

5.3.3 聯邦 PSI 和 CSI 計算

在完成 WOE 和 IV 的計算，獲得了各個變數與標籤之間的聯繫後，還需要對各個變數的穩定性進行分析。在風控場景中穩定性非常重要，因為網際網路金融業務的特殊性，模型使用的某一個變數一旦出現波動，就表示線上模型涉及的評分、授信和精細化營運等場景中對應的決策出現偏差，會直接導致資產安全受到影響。因此，變數的 PSI 和 CSI 是單變數分析監控中對模型穩定性的重要參考。

PSI 是群眾穩定性指標，用來量化模型分數分布的變化，計算公式為

$$\text{PSI} = \sum_{i=1}^{n} \left(\text{Actual}_i\% - \text{Expected}_i\% \right) \ln \left(\frac{\text{Actual}_i\%}{\text{Expected}_i\%} \right) \tag{5-13}$$

式中，i 代表第 i 個分箱；$\text{Actual}_i\%$ 和 $\text{Expected}_i\%$ 分別為實際分布佔比和預期分布佔比，值在 $0\sim1$。

在應用中，PSI 經驗值的範圍、預測效果和對應的處理方法如表 5-4 所示。

表 5-4 PSI 經驗值的範圍、預測效果和對應的處理方法

PSI 經驗值的範圍	預測效果	對應的處理方法
<0.1	幾乎沒有變化	無須處理
0.1～0.25	分布變化較小	對模型的其他評估指標進行監控
>0.25	存在較大的分布變化	對模型應用的特徵進行分析並調整

CSI 是特徵穩定性指標，用來量化特徵的變化，計算公式為

$$\text{CSI} = \sum_{i=1}^{n} \left(\text{Actual}_i\% - \text{Expected}_i\% \right) \text{Score}_i \tag{5-14}$$

式中，Score_i 代表每箱的模型分數。

與 PSI 不太相同的是，CSI 沒有約定俗成的經驗值來量化特徵的變化，主要原因是在計算公式中存在一項 Score_i 代表特徵對模型的重要程度，如果一個特徵很重要，那麼即使變化較小，計算得到的 CSI 也可能大於變化巨大但重要程度一般的其他變數。

在實際的模型監控流程中，首先監控 PSI 的變化。在 PSI 出現較大的數值增加時，再參考 CSI 來探查不穩定的細節。

在傳統單變數分析的流程中，PSI 和 CSI 的計算步驟分為以下三步。

（1）計算預期分布佔比 $\text{Expected}_i\%$。對訓練樣本進行分箱處理，得到每個分箱中的樣本數量和樣本總數的比值，作為預期分布佔比 $\text{Expected}_i\%$。分箱可以採用等頻、等距以及其他方法，常用的為等分頻箱。

（2）計算實際分布佔比 $\text{Actual}_i\%$。在完成預期分布佔比的計算後，根據預期分布佔比使用的分箱閾值及方法，對資料的實際分布佔比進行計算。

（3）計算每個分箱的 PSI_i 和 CSI_i 並求和。根據上述 PSI 計算公式中的

$$\text{PSI}_i = \left(\text{Actual}_i\% - \text{Expected}_i\%\right)\ln\left(\frac{\text{Actual}_i\%}{\text{Expected}_i\%}\right)$$ 計算每箱中的 PSI_i，根據上述 CSI 計算公式中的 $\text{CSI}_i = \left(\text{Actual}_i\% - \text{Expected}_i\%\right)\text{Score}_i$ 計算每箱中的 CSI_i，再透過求和公式 $\text{PSI} = \sum_{i=1}^{n}\text{PSI}_i$ 和 $\text{CSI} = \sum_{i=1}^{n}\text{CSI}_i$ 分別計算得到 PSI 和 CSI。

在聯邦學習的語境中，PSI 和 CSI 的計算過程類似於 WOE 和 IV 的計算過程，需要在 A 和 B 雙方之間進行標籤的加密運算與傳輸。與 WOE 和 IV 計算不同的是，在 PSI 的計算公式中存在一項 $\ln\left(\frac{\text{Actual}_i\%}{\text{Expected}_i\%}\right)$，而目

前的同態加密方法無法直接用解析計算處理這一項，因此需要採用多項式近似的方法。

在聯邦單變數分析中，PSI 和 CSI 的計算步驟也可以複習為三步。假設建模過程的訓練集樣本分布為預期分布，跨時間窗的粒度按照月來計算 PSI/CSI，則完整的參考流程如圖 5-23 所示，以 PSI 為例。

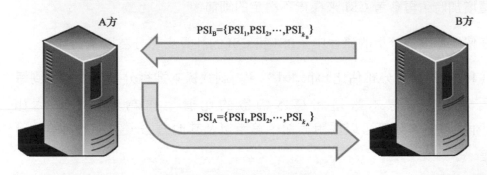

圖 5-23 聯邦 PSI 和 CSI 的計算流程

（1）計算 A 方和 B 方本地的 PSI。由於 A 方和 B 方都有部分特徵資料，因此可以直接在本地完成自己擁有的特徵的計算，得到每個特徵的

$$PSI = \sum_{i=1}^{n} \left(Actual_i\% - Expected_i\% \right) \ln\left(\frac{Actual_i\%}{Expected_i\%} \right) \text{。}$$

（2）計算 B 方擁有的模型分數的 PSI。以 SecureBoost 模型為例，由於模型訓練過程在業務方（即本例中的 B 方）完成，而 A 方無須知道具體的模型分數，因此 B 方可以在本地完成模型分數的 PSI 的計算。

（3）共用資訊。由於 A 方和 B 方計算出來的 PSI 不存在隱私洩露的問題，可以透過明文的資訊互動生成全量特徵的 PSI，以及輸出模型分數的 PSI，用於對模型穩定性的監控。

同時，在聯邦 PSI 的計算過程中也要考慮業務層面的參數最佳化。舉例來説，多個參與方需要協調 PSI 監控的評估粒度，通常採用按月監控，

對於共同參與建模的資料集，也可以採用不同的分群方法，如對按照不
同使用者群或特徵劃分出來的特殊群眾分別進行監控。

5.3.4 聯邦 KS 和 LIFT 計算

在完成 PSI 和 CSI 的計算後，還需要評估變數的 KS 和 LIFT，得到引數
分箱後對因變數是否有區分性。從直觀的表現來看，就是引數的正/負樣
本分布是否存在明顯差異，如果差異較大，就認為引數能夠較好地劃分
正/負樣本。KS 和 LIFT 就是用於量化這種區分程度的指標。

KS（Kolmogorov-Smirnov）這個名字來自蘇聯的兩名數學家 A.N.
Kolmogorov 和 N.V. Smirnov，是透過經驗累積分布函數建構的，KS 曲
線的直觀效果如圖 5-24 所示。

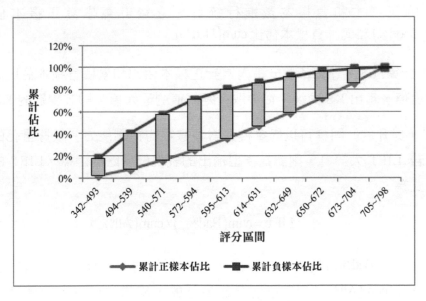

圖 5-24 KS 曲線的直觀效果

從圖 5-24 中可以看到，透過比較每個評分區間的累計正/負樣本佔比差
異，選擇差異最大的值作為 KS，即可量化模型的區分效果。同時，對

每一個變數來說，在經過分箱之後各箱中樣本的正/負標籤累計佔比也可以作為評價變數區分能力的指標。KS 的計算公式為

$$KS = \max\left\{\left|cum(Bad\%) - cum(Good\%)\right|\right\} \qquad (5\text{-}15)$$

式中，Bad% 和 Good% 分別為每個分箱區間（或分數區間）裡面的負樣本和正樣本佔比。

在傳統特徵工程中，KS 的計算大致可以複習為以下三步。

（1）計算變數分箱。按照等頻、等距或其他方法對變數進行分箱處理，在實際使用中等分頻箱應用得較多。

（2）計算分箱區間正/負樣本指標。在得到分箱結果後，對每個分箱區間內的正樣本和負樣本數進行統計，之後計算累計正樣本佔比 $cum(Good\%)$ 和累計負樣本佔比 $cum(Bad\%)$。

（3）計算 KS。計算每個分箱內累計正樣本佔比和累積負樣本佔比之差的絕對值，畫出 KS 曲線，從中取得絕對值的最大值，即該變數的 KS。

LIFT（提升度）同樣可以衡量模型對負樣本的預測能力。根據量化的指標，若 LIFT 大於 1，則認為模型輸出的表現優於隨機選擇。LIFT 的計算公式為

$$LIFT = cum(Bad\%_w) / cum(All\%_w) \qquad (5\text{-}16)$$

式中，$cum(Bad\%_w)$ 為模型分數最低（worst）的一組樣本中的累計負樣本佔比；$cum(All\%_w)$ 代表模型分數最低的一組樣本中的累計總樣本佔比。

在傳統單變數分析中，LIFT 的計算流程可以複習為以下兩步。

（1）計算模型的最終分數並排序。在模型運行完成後，對最終分數按照從低到高的順序排列，並等頻率劃分為 10 組。

（2）選擇最低分陣列計算 LIFT。計算最低分陣列中的累計負樣本佔比和累計總樣本佔比，根據 $LIFT = cum(Bad\%_w) / cum(All\%_w)$ 算出 LIFT。

在聯邦學習的語境中，在對單變數計算 KS 和 LIFT 的時候需要知道標籤資訊。如前述的 WOE 和 IV 計算，由於只有 B 方擁有標籤，因此仍需透過加密互動的方式完成這兩個數值的計算。在聯邦建模中，KS 和 LIFT 計算同樣可以複習為三步，如圖 5-25 所示。

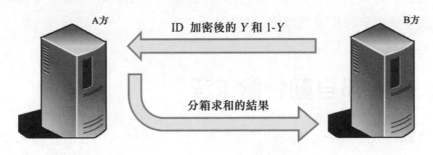

圖 5-25 聯邦 KS 和 LIFT 的計算流程

（1）B 方加密計算。B 方在建模時同時擁有特徵 X 和標籤 Y，因此需要向 A 方提供標籤 Y 的加密值。對每一個樣本 ID，B 方採用 Paillier 同態加密方法加密 y_i 和 $1 - y_i$，得到 $[\![y_i]\!]$ 和 $[\![1 - y_i]\!]$，連同明文 ID 一起傳輸給 A 方。

（2）A 方分箱及加密求和。A 方在接收到 B 方的 ID 和加密標籤值後，按照本地處理好的特徵分箱方法，對每個分箱中的 ID 對應的加密標籤值進行加法同態求和，得到每個分箱中的 $[\![\sum y_i]\!] = \sum [\![y_i]\!]$ 以及 $[\![\sum (1 - y_i)]\!] = \sum [\![1 - y_i]\!]$，再連同每個 ID 對應的分箱回傳給 B 方。

（3）B 方本地計算。在得到 A 方分箱求和的結果後，B 方進行解密，得到 $\sum y_i$ 和 $\sum (1 - y_i)$。$\sum y_i$ 和 $\sum (1 - y_i)$ 分別代表第 i 個分箱的正樣本總數

Good$_i$和負樣本總數 Bad$_i$。B 方只需要在本地計算每個分箱中的 Good$_T$和 Bad$_T$，即可依次計算每個分箱的 cum(Bad%) 和 cum(Good%)，根據 KS $= \max\{|\text{cum(Bad\%)} - \text{cum(Good\%)}|\}$ 計算出 KS，同時選出表現最差的分箱，計算 LIFT $= \text{cum(Bad\%}_w) / \text{cum(All\%}_w)$。

以 SecureBoost 模型為例，如果需要計算模型輸出的模型分數（Model Score）的 KS 和 LIFT，由於 B 方在完成模型訓練並得到模型分數之後無須將其同步給 A 方，因此就只需要 B 方本地計算出模型分數對應的 KS 和 LIFT，同步結果即可。對聯邦模型的監控來說，KS 和 LIFT 能夠反映模型的分類效果，同樣也需要定時查驗，當出現較大幅度下降時要及時調整資料來源和模型策略的應用。

5.4 聯邦自動特徵工程

聯邦特徵選擇大多採用傳統演算法和神經網路的嵌入，在對特徵的智慧優選上存在一定的缺陷。在傳統演算法中，PCA/LDA 方法分別存在線性假設和收斂難度較大的問題，多種不同的搜索方法又侷限於規則的設計和目標函數的建構，往往無法在全域範圍內找到最合理的降維結果。同時，這些方法聚焦於對已有特徵進行提前篩選，而沒有過多考慮建模流程中對超參數的最佳化，對模型訓練環節的效果產生了影響。

自動機器學習（AutoML）的出現在一定程度上彌補了上述流程的缺陷。模型採用演算法對自身參數和最佳化方法進行組合優選，可以高效率地實現最佳參數組合的搜索，實現無須人工經驗的自動調參效果。在聯邦學習的語境中，特徵選擇和自動機器學習相較於傳統流程來說，增加了在多方互動下的聯合自動最佳化過程，因此需要採用特殊的方法進行實現。

5.4.1 聯邦超參數最佳化

超參數最佳化（Hyper Parameter Optimization）是自動機器學習中最基礎的組成部分。在機器學習建模過程中，影響模型效果的參數大致可以分為兩類，一類是模型透過學習資料中的模式進行疊代更新，估計模型自身的結構參數，另一類是模型無法從資料中進行直接學習，需要根據經驗來人為確定的參數，這部分參數被稱為超參數。神經網路中的學習率、支持向量機中的懲罰因數，以及 LDA 中的 alpha 和 beta，都是對應模型的超參數。

以自動機器學習的想法對超參數最佳化，可以採用黑盒最佳化（Black Box Function Optimization）的方法來完成。黑盒最佳化指的是不去考慮具體採用什麼模型，而將模型當成一個黑盒，在調整超參數並得到模型結果後，利用結果對超參數的選擇進行最佳化的過程。常見的黑盒最佳化方法包含網格搜索（Grid Search）、隨機搜索（Random Search）和貝氏最佳化（Bayesian Optimization）三種，下面將分別介紹。

網格搜索和隨機搜索是兩種相似的黑盒最佳化方法[98]，如圖 5-26 所示。網格搜索是最簡單的自動機器學習方法，核心思想是遍歷指定的參數組合，得到最佳的模型效果離散點用於參數組合，那麼就會得到 $10^3 = 1000$ 種組合。比如，有參數 A、參數 B 和參數 C，每個參數按照一定的準則（比如等距）選擇 10 種組合，只需要遍歷這些組合就能夠得到其中表現最好的一種。但是正如例子中出現的問題，僅 3 個參數加每個參數 10 個離散點就會產生 1000 種組合，隨著參數和離散點數量的增加，網格搜索的空間很容易產生維數災難，導致自動超參數組合的實際效率變得極低，因此在實際生產中的應用效率較低。不過由於每個組合的模型訓練互不影響，網格搜索的平行性較好，在參數和離散點數量較少的情況下可以參考平行使用。

隨機搜索對網格搜索維數災難的問題進行了改進，主要區別是不再採用
固定的離散點及組合的形式，而是採用取樣的方式來實現參數的選取。
如果參數的搜索範圍是一個分布，那麼隨機搜索會按照指定分布隨機取
樣；如果參數的搜索範圍是一個列表，那麼隨機搜索會等機率取樣。隨
機搜索在對全部分布或清單型的參數取樣 n 組後，對這 n 組參數進行遍
歷，計算模型效果並比較選擇最佳的參數組合。

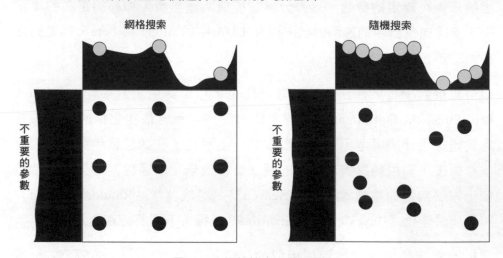

圖 5-26 網格搜索和隨機搜索

那麼為什麼網格搜索要比隨機搜索快呢？可以透過圖 5-26 重新認識這兩
種方法的區別。在網格搜索中，不重要的參數和重要的參數在選取過程
中會以相同的權重取等距點，這就會導致雖然在兩部分參數中都選擇了
3 個值，在理論上會得到 9 種組合，但是實際起作用的只有重要特徵中
的 3 個值的變化，因此相當於只搜索到了 3 種組合。而在隨機搜索中，
由於不重要和重要特徵的搜索都隨機，則一定會產生 9 種不同的組合，
使得搜索速度的提升較快。

貝氏最佳化是目前黑盒最佳化應用的主流。貝氏最佳化的定義如下。

定義 **5-10**：貝氏最佳化是從幾個初始資料開始，建一個輸入超參數為 x，輸出網路效果為 y 的機率模型，通常選用高斯過程（Gaussian Process），根據這個模型找到一個可能最好的超參數組合，並不斷測試和疊代的最佳化過程。

與網格搜索和隨機搜索相比，貝氏最佳化具有更高的效率，能夠利用很少的步數來實現較好的超參數組合。同時，由於在貝氏最佳化中不涉及求導等計算複雜性較高的操作，因此同樣具備較好的泛用性。

貝氏最佳化的過程如圖 5-27 所示，假設超參數間符合聯合高斯分布，我們就可以對現有的幾個觀測值做高斯過程回歸，計算回歸後各個點的後驗機率分布，得到每一個超參數的期望和方差。從圖 5-27 中可以看出，在已知 5 個觀測點的情況下，高斯回歸得到的曲線中段方差較大，同時存在兩個平均值的高峰。那麼在這些資訊下，如何選擇下一個觀測點取決於模型當前的訓練狀態。如果模型的訓練效率較低，就表示在訓練週期中的探索數量不會太多，因此在訓練中後期應當更多地加入回歸曲線中平均值較大的點；反之，則可以更多地選擇方差較大的點來提高發現全域最佳點的機率，以及提升高斯回歸潛在的準確性。

在貝氏最佳化中，設計了一種收穫函數（Acquisition Function）來權衡對平均值和方差較大的點的選擇。選擇平均值較大的點可以認為是對現有回歸資訊的一種利用（Exploitation），而選擇方差較大的點則是一種新的探索（Exploration）過程。最簡單的收穫函數的值等於平均值加上 n 倍方差，n 不一定是正整數；複雜一些的形式包括期望提升（Expected Improvement）和熵值搜索（Entropy Search）等。在每一次高斯回歸完成後，利用收穫函數即可得到推薦使用的下次模型執行的超參數值。

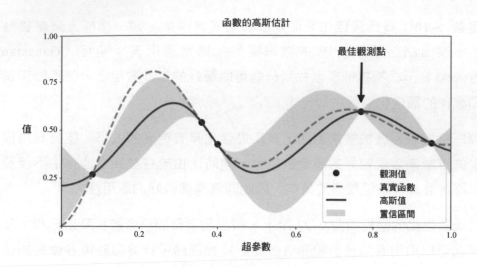

圖 5-27　貝氏最佳化的過程

在聯邦學習中，網格搜索和隨機搜索的成本都非常巨大，在實際使用中無法滿足工業界對時效的需求，因此僅存在理論上的聯邦學習應用價值。相對前兩者來說，貝氏最佳化則具備更高的實用性，特別是在無法有效地進行手動調參或建模方調參經驗較少的情況下，聯邦貝氏最佳化能夠造成很好的輔助作用。

可供參考的聯邦貝氏最佳化流程如下，以 SecureBoost 模型為例。

（1）初始化參數並訓練模型。業務方 B 選擇 SecureBoost 模型的初始化 K 組參數，與資料方 A 的資料聯合進行模型訓練，得到 K 組模型。

（2）高斯回歸及收穫函數應用。對 K 組模型的結果採用高斯回歸，得到新的參數組合對應的回歸平均值和方差，利用預先設計的收穫函數進行下一輪訓練的最佳參數選取和訓練。

（3）疊代直到滿足業務要求。疊代步驟（2）的回歸及訓練過程，直到模型提升的效果變化幅度不大，或已經滿足業務需求，則停止進行超參數最佳化。

其中的收穫函數可以根據不同的聯邦學習場景而產生變化。舉例來說，如果注重方差的權重，即認為探索更重要，就可以將收穫函數設計成平均值和十倍方差之和。反之，如果重要程度相同，就直接設計為平均值和方差的加和即可。收穫函數反映了訓練時超參數最佳化的偏好，可認為主導模型調參過程的走向。

在聯邦學習中，由於業務方和資料方之間的互動成本較大，傳統的貝氏最佳化儘管存在理論上的應用空間，卻仍然受限於實際建模過程中的通訊和算力，因此在目前開放原始碼的聯邦建模框架中尚未使用這一方法進行調參，而是採用人工的業務經驗來完成。

5.4.2 聯邦超頻最佳化

在上述基本超參數最佳化方法中，貝氏最佳化是最實用的形式，但在工程實踐中仍然存在一些問題。貝氏最佳化假設了參數滿足維度較低、平滑、無雜訊且位於凸集中，但實際資料很難完全滿足，儘管存在一些啟發式的提升方法，但是無法回避在應用時的平行化難題。

為了解決這些問題，誕生了超頻（Hyperband）演算法。與隨機搜索和網格搜索的窮舉法核心，以及貝氏最佳化內在的空間假設相比，基於博弈的超頻演算法更進一步地抓住了最佳化的核心，並從多個維度考慮了與模型訓練直接相關的時間和運算資源等因素。

超頻演算法誕生於連續切分（Successive Halving）演算法，即假設存在 N 組超參數組合，在預算有限的情況下，將算力及資源均勻分配給每一個組合並驗證效果，從結果中淘汰一半的組合，重複疊代直到找到最佳組合用於訓練模型[99]。與連續切分演算法的想法相同，超頻演算法的詳細流程見演算法 5-1。

演算法 5-1：超頻演算法用於超參數最佳化

輸入：R；η（預設等於 3）

初始化：$s_{max} = \log_\eta(R)$，$B = (s_{max}+1)R$

1：對於每個屬於 $\{s_{max}, s_{max}-1, \cdots, 0\}$ 的 s_{max}，執行：

2： $n = \dfrac{B}{R}\dfrac{\eta^s}{(s+1)}$ ，$r = R\eta^{-s}$ //此處開始基於 (n,r) 的隨機切分

3： $T = \text{get\_hyperparameter\_configuration}(n)$

4： 對於每個屬於 $\{0, 1, \cdots, s\}$ 的 i，執行：

5： $n_i = n\eta^{-i}$

6： $r_i = r\eta^i$

7： $L = \{\text{run\_then\_return\_val\_loss}(t, r_i) : t \in T\}$

8： $T = \text{top\_k}(T, L, n_i/\eta)$

9： 結束

10：結束

11：返回到目前為止損失最小的超參數組合

演算法 5-1 中的 η 為一個預先設計的淘汰比例參數；R 為單一超參數組合能夠分配的預算上限；r 為實際分配給單一超參數組合的預算；s_{max} 為總預算大小的控制量；B 為整體預算大小。其中，T 為取樣得到的 n 組超參數組合；L 為在參數設定 t 和預算 r_i 下得到的驗證損失值；$\text{top\_k}(T, L, n_i/\eta)$ 則是選擇了 k 個特徵，$k = n_i/\eta$。

超頻演算法可以被認為是連續切分演算法的強化版，在其基礎上增加了對切分參數和預算的優選。但細心的讀者可能會發現，這個方法同樣存在一部分超參數需要手動調整，這就給全自動的超參數最佳化流程蒙上了一層陰影。因此，在超頻演算法的基礎上，有學者提出了結合貝氏最佳化的超頻演算法（Bayesian Optimization Hyperband, BOHB），即採

用貝氏最佳化對超頻演算法中的超參數進一步進行最佳化。結合貝氏最佳化的超頻演算法在應用上比單純的超頻演算法擁有更低的 Regret，即模型的效果更好，同時在訓練時間相同的情況下能夠更快地收斂，因此可以作為超頻演算法的一種進階結構進行應用。

在聯邦學習中，如果使用結合貝氏最佳化的超頻演算法或超頻演算法，大致上和貝氏最佳化遵從的框架一致，也就是把超參數最佳化的方法結合到模型訓練的結果中進行最佳化。與貝氏最佳化對空間的假設相比，不論是超頻演算法還是結合貝氏最佳化的超頻演算法，從理論上都能夠得到更好的表現，因為在網際網路金融的建模場景中，多種資料來源的空間連續性等特點都無法得到完全保證，此時基於博弈的最佳化方法要在一定程度上優於基於空間擬合的方法。

5.4.3 聯邦神經結構搜索

神經結構搜索（Neural Architecture Search, NAS）是由 Google 提出的一種自動機器學習系統，主要為了解決隨著深度學習複雜程度的增加，神經網路架構變得更加難以設計的問題。

在聯邦學習場景中，如果存在自動化模型結構設計的部分，比如聯邦神經網路建模，那麼各個參與方之間獨立的網路與頂層的融合網路都具有複雜的結構可能性，因此在隱層結構搜索的角度可以嘗試採用神經結構搜索解決複雜網路難以設計的問題。

神經結構搜索從結構上包括三個部分，分別為搜索空間（Search Space）、搜索策略（Search Strategy）和性能評估策略（Performance Estimation Strategy），這三者之間的關係如圖 5-28 所示，其中 A 表示所有可能的結構 α 中的一種。

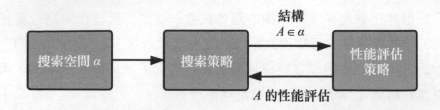

圖 5-28 神經結構搜索（NAS）的主要結構及關係

搜索空間指的是全部可用的超參數組合空間。搜索策略指的是在某種方法中得到的超參數組合，透過性能評估策略進行評估。最終，綜合搜索策略和性能評估策略得到最佳的超參數組合。

這種範式可以引申出幾種可能的神經結構搜索結構，即透過隨機搜索、強化學習、演化演算法和梯度下降等形式來完成。前面已經講解了隨機搜索及引申出來的貝氏最佳化和超頻演算法，在實際稱呼中也較少將這類方法歸結為神經結構搜索。最早出現的神經結構搜索是透過強化學習來完成的，即利用探索和獎勵機制獲得了一個循環神經網路（Recurrent Neural Network，RNN），後續也出現了 MetaQNN 等相似模型。

在聯邦學習中，應用神經結構搜索的成本無疑是非常高的，甚至遠遠高於前述的貝氏最佳化和超頻演算法，因為神經結構搜索的核心思想是基於某種策略的搜索，結合進業務方和資料方之間複雜的通訊過程和資源消耗，任何形式的搜索過程都是十分奢侈的。因此，本節提出這種方法，但不再展開描述，僅供演算法層面的參考。

垂直聯邦學習

▍6.1 基本假設及定義

定義 6-1：垂直聯邦學習（也被稱為縱向聯邦學習）限定各個聯邦成員提供的資料集樣本有足夠大的交集、特徵具有互補性，模型參數分別存放於對應的聯邦成員內，並透過聯邦梯度下降等技術進行最佳化。

垂直聯邦學習適用於各個參與方有大量的重疊樣本，但其特徵空間不同，如圖 6-1 所示。這種形式使得聯邦模型能夠從不同角度（特徵維度）觀測同一個樣本，進而提升推理準確性。在現實中，企業間的合作是十分常見的。由於企業的資料安全管理和對使用者隱私的保護，企業無法曝露資料進行合作，這時傳統的機器學習無法有效地解決這個問題，而垂直聯邦學習正是解決這些問題的關鍵。如圖 6-1 所示，矩陣的行代表使用者樣本，矩陣的列代表特徵，同時某一方還必須擁有標籤。兩方的使用者重疊得較多，而特徵重疊得較少。各個參與方在重疊的使用者樣本上利用各自的特徵空間進行協作，得到一個更好的機器學習模型型。

在垂直聯邦學習的場景中，很多機器學習模型被應用並獲得了較好的效果。我們將分別介紹常用的機器學習模型，如聯邦邏輯回歸、聯邦隨機森林、聯邦梯度提升樹。

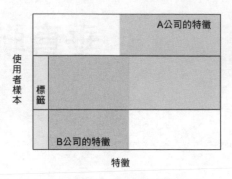

圖 6-1 垂直聯邦學習的樣本分布

6.2 垂直聯邦學習的架構

在垂直聯邦學習中，存在一些基本假設和定義。在資料安全和隱私保護方面，首先，假設各個參與方都是獨立的、誠實的、可信的，都能夠遵守安全協定。其次，假設各個參與方之間的通訊過程是安全可靠的，不會洩露資料隱私，並且能夠抵抗外部的攻擊。最後，在聯邦邏輯回歸中引入了半誠實的第三方協作者（Arbiter），它可以由安全的計算節點或權威機構（如政府）擔任[100]。

定義 6-2：半誠實的第三方協作者，獨立於各個參與方，僅收集訓練過程中的中間加密結果，計算最佳梯度，並將結果轉發給各個參與方。

在兩方合作建模的場景中，假設一方提供標籤資訊，我們稱之為參與方 A，另一方僅提供資料，我們稱之為參與方 B。其整體架構可以分為四個部分[101]：加密樣本對齊、聯邦特徵工程、加密模型訓練、模型評估和效果激勵，如圖 6-2 所示。

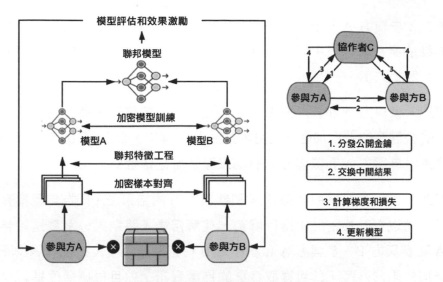

圖 6-2 垂直聯邦學習的架構

第一個部分:加密樣本對齊

實現了在不洩露各自資料的前提下,參與方只能獲得交集部分的樣本,而不會獲得或洩露非交集部分的樣本[102,103]。

第二個部分:聯邦特徵工程

實現了在保護資料隱私、不洩露 A 方標籤的基礎上,完成傳統的特徵工程。

第三個部分:加密模型訓練

在完成樣本對齊,確定各個參與方的共同樣本後,各個參與方透過這些共同樣本聯合訓練一個機器學習的模型。在某些場景中,需要增加協作者 C 來協助訓練。訓練過程可分為以下四個步驟:

步驟一:協作者 C 在加密系統中創建金鑰對,並且將公開金鑰同步給參與方 A 和參與方 B。

步驟二：參與方 A 和參與方 B 分別使用自己本身的資料進行模型訓練，在訓練的過程中，對中間結果進行加密和互動。其中間結果主要用於計算梯度和損失值。

步驟三：參與方 A 和參與方 B 分別將自己本身的梯度透過從協作者 C 中獲取的公開金鑰進行加密，並且附加隱藏。其中，參與方 B 會計算加密的損失。參與方 A 和參與方 B 將結果發送給協作者 C。

步驟四：協作者 C 獲取參與方 A 和參與方 B 的結果後，因為自己擁有金鑰對，可以對其加密結果進行解密，在解密後，將結果分別發送給參與方 A 和參與方 B。參與方 A 和參與方 B 在獲取結果後，透過清除步驟三中增加的附加隱藏，即可獲取真實的梯度資訊，並且根據梯度進行模型參數更新，得到一輪疊代結果。

不斷執行上述步驟，直到損失函數收斂，訓練結束。

第四個部分：模型評估和效果激勵

為了在不同組織之間實現聯邦學習的商業化應用，需要建立一個公平的平台和激勵機制。在模型建成後，其性能將在實際應用中得到表現，並且記錄在永久資料記錄機制（舉例來說，區塊鏈）中。模型的性能取決於對系統的資料貢獻，訓練好的模型將所獲得的收益分配給聯合機制的各個參與方，激勵更多使用者加入聯合機制。

▌ 6.3 聯邦邏輯回歸

在機器學習領域中，邏輯回歸（Logistic Regression）是最基礎的也是最常用的模型之一，雖然名稱為「回歸」，但在實際的應用中被用作分類。邏輯回歸因其模型簡單、可解釋性較強、可平行化、計算代價不高

等優點,深受學術界和工業界的喜愛,並且具有十分廣泛的應用。舉例來説,在醫學界,邏輯回歸被廣泛地應用於當代的流行病學診斷,比如探索某個疾病的危險因素,根據危險因素預測疾病發生的機率。以胃癌為例,可以選擇兩組人群,一組是胃癌患者,另一組是非胃癌患者。因變數是「是否胃癌」,「是」與「否」就是我們要研究的兩個分類的類別;引數是兩組人群的年齡、性別、飲食習慣等(可以根據經驗假設),可以是連續的,也可以是分類的。在金融界,邏輯回歸被用於在放貸時預測申請人是否會違約。在消費產業中,邏輯回歸被用於預測某個消費者是否會購買某件商品、是否會購買會員卡等,從而可以有針對性地對購買機率較大的使用者發放廣告、折價券等,以達到精準行銷的目的。

邏輯回歸身為經典的分類方法,與線性回歸(Linear Regression)都是廣義的線性模型(Generalized Linear Model),兩者之間具有緊密的聯繫。邏輯回歸是以線性回歸為理論支援的,但透過 Sigmoid 函數引入了非線性因素,可以輕鬆地處理 0 或 1 的分類問題。將線性回歸中的 y 值代入非線性變換的 Sigmoid 函數,可得到式(6-1)。

$$h_\theta(x) = \frac{1}{1 + e^{-\theta x}} \qquad (6\text{-}1)$$

Sigmoid 函數最初被用作研究人口增長的模型,是一個 "S" 形的曲線,起初的增長速度近似於指數函數,後期的增長速度變慢並最終接近平穩,其設定值在 0〜1,函數圖形如圖 6-3 所示。在實際使用中,我們會對所有輸出結果進行排序,然後結合業務實際決定出閾值。假如閾值為 0.5,我們就可以判定大於 0.5 的輸出類別為 1,而小於 0.5 的輸出類別為 0。因此,二元邏輯回歸是一種機率類模型,是透過排序和與閾值比較進行分類的。

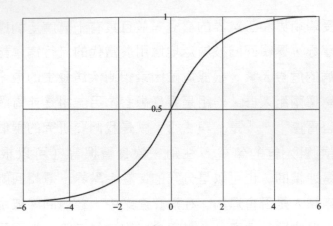

圖 6-3 Sigmoid 函數的圖形

在二分類中,若 $y \in \{0,1\}$,則邏輯回歸模型是以下的條件機率分布,如式 (6-2)和式(6-3)

$$P(y=1|\boldsymbol{x},\boldsymbol{\theta}) = h_{\boldsymbol{\theta}}(\boldsymbol{x}) = \frac{1}{1+e^{-x\theta}} \quad (6\text{-}2)$$

$$P(y=0|\boldsymbol{x},\boldsymbol{\theta}) = 1-h_{\boldsymbol{\theta}}(\boldsymbol{x}) = \frac{e^{-x\theta}}{1+e^{-x\theta}} \quad (6\text{-}3)$$

式中, x 為輸入變數, $y \in \{0,1\}$ 是輸出值。

透過以上假設獲得了 y 設定值為 0 和 1 的機率,將式(6-2)和式(6-3)合併,可得式(6-4),即

$$P(y|\boldsymbol{x},\boldsymbol{\theta}) = h_{\boldsymbol{\theta}}(\boldsymbol{x})^{y}\left(1-h_{\boldsymbol{\theta}}(\boldsymbol{x})\right)^{1-y} \quad (6\text{-}4)$$

式(6-4)使用極大似然估計來根據指定的訓練集估計出參數,將 n 個訓練樣本的機率相乘得到式(6-5),即

$$L(\boldsymbol{\theta}) = \prod_{i=1}^{n} P(y^{(i)}|\boldsymbol{x}^{(i)},\boldsymbol{\theta}) = \prod_{i=1}^{n} h_{\boldsymbol{\theta}}(\boldsymbol{x}^{(i)},\boldsymbol{\theta})^{y^{(i)}}(1-h_{\boldsymbol{\theta}}(\boldsymbol{x}^{(i)}))^{1-y^{(i)}} \quad (6\text{-}5)$$

似然函數是相乘的模型，為了便於下面的求解，我們可以變換等式右側為相加，然後變換可得式（6-6），即

$$l(\boldsymbol{\theta}) = \lg(L(\boldsymbol{\theta})) = \sum_{i=1}^{n} y^{(i)} \lg\left(h_{\theta}\left(\boldsymbol{x}^{(i)};\boldsymbol{\theta}\right)\right) + \left(1 - y^{(i)}\right) \lg\left(1 - h_{\theta}\left(\boldsymbol{x}^{(i)}\right)\right) \quad (6\text{-}6)$$

這樣，我們就推導出了參數的最大似然估計。我們的目的是將所得的似然函數最大化，而將損失函數最小化，因此我們需要在式（6-6）前加一個負號，便可得到最終的損失函數公式，即式（6-7）、式（6-8）。

$$J(\boldsymbol{\theta}) = -l(\boldsymbol{\theta}) = -\left(\sum_{i=1}^{n} y^{(i)} \lg\left(h_{\theta}\left(\boldsymbol{x}^{(i)};\boldsymbol{\theta}\right)\right) + \left(1 - y^{(i)}\right) \lg\left(1 - h_{\theta}\left(\boldsymbol{x}^{(i)};\boldsymbol{\theta}\right)\right) \right) \quad (6\text{-}7)$$

$$J\left(h_{\theta}(\boldsymbol{x};\boldsymbol{\theta}), y; \boldsymbol{\theta}\right) = -y \lg\left(h_{\theta}(\boldsymbol{x};\boldsymbol{\theta})\right) - (1-y) \lg\left(1 - h_{\theta}(\boldsymbol{x};\boldsymbol{\theta})\right) \quad (6\text{-}8)$$

其損失函數相等於式（6-9），即

$$J\left(h_{\theta}(\boldsymbol{x};\boldsymbol{\theta}), y; \boldsymbol{\theta}\right) = \begin{cases} -\lg\left(h_{\theta}(\boldsymbol{x};\boldsymbol{\theta})\right), & \text{if } y = 1 \\ -\lg\left(1 - h_{\theta}(\boldsymbol{x};\boldsymbol{\theta})\right), & \text{if } y = 0 \end{cases} \quad (6\text{-}9)$$

定義 6-3：聯邦邏輯回歸是在垂直聯邦學習背景下的邏輯回歸，其與通常的邏輯回歸的演算法在原理上雖然是一致的，但是在實際應用中由於特殊的問題背景存在著顯著的差異。

假設因數據安全與使用者隱私等原因，A 方和 B 方的資料無法直接進行互動，但是它們想透過合作使用雙方的資料來建模，以達到提升業務效果的目的。這時，我們可以用聯邦邏輯回歸來協作地訓練一個機器學習模型。假設 A 方和 B 方都是誠實的，我們引入了安全的第三方協作者 C，獨立於 A 方和 B 方。

在聯邦邏輯回歸中，因後面的計算需要，標籤的設定值轉化為 $y \in \{-1, 1\}$。

將資料劃分為訓練集和驗證集，在訓練集 S 上計算出的損失為

$$l_S(\boldsymbol{\theta}) = \frac{1}{n}\sum_{i\in S}\lg\left(1+e^{-y_i\boldsymbol{\theta}^\mathrm{T}x_i}\right)\tag{6-10}$$

若取小量的資料集 $S' \subset S$，則其隨機梯度為

$$\nabla l_{S'}(\boldsymbol{\theta}) = \frac{1}{S'}\sum_{i\in S'}\left(\frac{1}{1+e^{-y_i\boldsymbol{\theta}^\mathrm{T}x_i}}-1\right)y_i\boldsymbol{x}_i\tag{6-11}$$

為了使用加法同態加密，在 $z \leftarrow 0$ 時需要將 $\lg(1+e^{-z})$ 使用泰勒式展開，得到式（6-12），此處需要用到伯努利數。

$$\lg(1+e^{-z}) = \lg 2 - \frac{1}{2}z + \frac{1}{8}z^2 - \frac{1}{192}z^4 + O(z^6)\tag{6-12}$$

因為標籤為 $y\in\{-1,1\}$，所以 $y_i^2 = 1$。

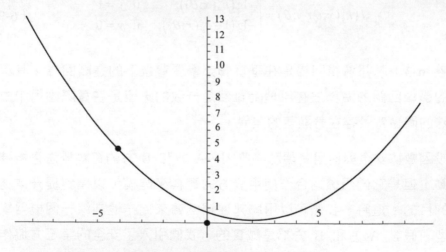

圖 6-4　二階泰勒展開式的函數圖形

泰勒展開式的階數可以自訂，但是最終選定展開到二階，即式（6-13），其圖形如圖 6-4 所示。關於為什麼選取二階，而不選取其他階

數，原因有以下幾個。

$$\lg(1+e^{-z}) = \lg 2 - \frac{1}{2}z + \frac{1}{8}z^2 \qquad (6\text{-}13)$$

（1）三階泰勒展開式的結果與二階泰勒展開式的結果一致，因此不選取三階泰勒展開式。

（2）若泰勒展開式取四階或五階，則其公式為

$$\lg(1+e^{-z}) = \lg 2 - \frac{1}{2}z + \frac{1}{8}z^2 - \frac{1}{192}z^4 \qquad (6\text{-}14)$$

其函數圖形如圖 6-5 所示。由圖形可知，無論 z 的設定值為多少，始終無法取到最小值，因此不採用四階或五階泰勒展開式。

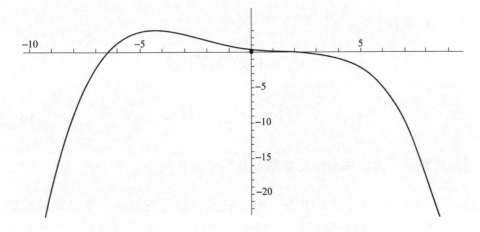

圖 6-5　四階泰勒展開式的函數圖形

（3）六階泰勒展開式在同態加密中的計算消耗量很大，並且在經過試驗後對模型效果提升不顯著，因此採用二階泰勒展開式。

由式（6-11）可得，在小量的資料集下，梯度為

$$\nabla l_{S'}(\boldsymbol{\theta}) \approx \frac{1}{S'}\sum_{i\in S'}\left(\frac{1}{4}\boldsymbol{\theta}^{\mathrm{T}}\boldsymbol{x}_i - \frac{1}{2}y_i\right)\boldsymbol{x}_i \qquad（6-15）$$

為了資料安全和保護使用者隱私，需要增加加密的隱藏$[\![m]\!]$，將式（6-15）的每一項乘上$[\![m]\!]$，即

$$[\![\nabla l_{S'}(\boldsymbol{\theta})]\!] \approx \frac{1}{S'}\sum_{i\in S'}[\![m_i]\!]\left(\frac{1}{4}\boldsymbol{\theta}^{\mathrm{T}}\boldsymbol{x}_i - \frac{1}{2}y_i\right)\boldsymbol{x}_i \qquad（6-16）$$

H 為驗證集的資料，h 是 H 的大小，即

$$[\![l_H(\boldsymbol{\theta})]\!] \approx [\![v]\!] - \frac{1}{2}\boldsymbol{\theta}^{\mathrm{T}}[\![\boldsymbol{u}]\!] + \frac{1}{8h}\sum_{i\in H}[\![m_i]\!](\boldsymbol{\theta}^{\mathrm{T}}\boldsymbol{x}_i)^2 \qquad（6-17）$$

式中，$[\![v]\!]$和$[\![\boldsymbol{u}]\!]$分別為

$$[\![v]\!] = ((\lg 2)/h)\sum_{i\in H}[\![m_i]\!] \qquad（6-18）$$

$$[\![\boldsymbol{u}]\!] = (1/h)\sum_{i\in H}[\![m_i]\!]y_i\boldsymbol{x}_i \qquad（6-19）$$

$[\![v]\!]$為常數項，與損失最小化無關，其預設設定為 0。

假設有兩家企業 A 方和 B 方，B 方只擁有自己的資料，作為資料提供方；A 方不僅擁有自己的資料，還擁有資料的標籤（label），作為業務方。A 方和 B 方已經完成樣本對齊，在對齊後，A 方的資料集為 X_A，B 方的資料集為 X_B，則整體資料 $X=[X_A|X_B]$，資料 X 不屬於任何一方，而由 A 方和 B 方共同組成。

A 方和 B 方分別擁有模型參數 $\boldsymbol{\theta}_A^{\mathrm{T}}$ 和 $\boldsymbol{\theta}_B^{\mathrm{T}}$，可以推出

$$\boldsymbol{\theta}^\mathrm{T} X = \boldsymbol{\theta}_\mathrm{A}^\mathrm{T} X_\mathrm{A} + \boldsymbol{\theta}_\mathrm{B}^\mathrm{T} X_\mathrm{B} \qquad (6\text{-}20)$$

在聯邦邏輯回歸中，對資料劃分採用留出法（hold-out），即將資料集 D 劃分為兩個互斥的集合，其中一個集合作為訓練集 S，另外一個集合作為測試集 H，即 D=S∪H，S∩H=∅。在訓練集 S 上訓練出模型後，用測試集 H 來評估其測試誤差，作為對泛化誤差的評估。

聯邦邏輯回歸的訓練步驟大致分為三步，即安全梯度初始化、安全梯度下降和安全損失計算判斷早停。

步驟一：安全梯度初始化。

協作者 C 透過加密系統產生公開金鑰和私密金鑰，並把公開金鑰和用公開金鑰加密後的隱藏$[\![m]\!]$發送給 A 方和 B 方。

在測試集 H 上，初始化計算出中間結果$[\![\boldsymbol{u}']\!]$，用於步驟三的用安全損失計算判斷早停。

步驟二：安全梯度下降。

假設 $\boldsymbol{x}_i$ 為資料 X 的第 i 行資料，根據式（6-20）可得式（6-21），即

$$[\![w]\!] = \left[\!\!\left[m_i \left(\frac{1}{4} \boldsymbol{\theta}^\mathrm{T} \boldsymbol{x}_i - \frac{1}{2} y_i \right) \right]\!\!\right] \qquad (6\text{-}21)$$

對於 B 方，可得

$$[\![z]\!] = X_{\mathrm{BS}'} [\![w]\!] = \left[\!\!\left[\sum_{i \in H} m_i X_{ij} \left(\frac{1}{4} \boldsymbol{\theta}^\mathrm{T} \boldsymbol{x}_i - \frac{1}{2} y_i \right) \right]\!\!\right]_j$$

同理，對於 A 方，可得$[\![z']\!]$。根據式（6-16），將$[\![z']\!]$和$[\![z]\!]$結合可以求出$[\![\nabla l_{s'}(\boldsymbol{\theta})]\!]$。

在該演算法的資料隱私與安全方面，僅模型的初始參數 θ 和小量的資料集 S' 是曝露的，並且 A 方和 B 方均可見。其他的資訊均為加密之後的，並且 C 方只能獲取 $\llbracket \nabla l_{S'}(\theta) \rrbracket$。

步驟三：用安全損失計算判斷早停。

對於梯度下降這類疊代學習的演算法，有一個不同於 L_1 和 L_2 的正則化方法，就是在驗證誤差達到最小值時停止訓練，該方法稱為早停法（Early Stopping）。圖 6-6 展現了一個用批次梯度下降訓練的複雜模型（高階多項式回歸模型）。經過一輪一輪的訓練，模型不斷地學習，訓練集上的誤差（如 RMSE）不斷下降，同樣其在測試集上的誤差也隨之下降。但是，在某一輪疊代後，測試集上的誤差停止了下降並開始上升。這說明模型開始過度擬合訓練資料。透過早停法，一旦驗證誤差達到最小值就立刻停止訓練。這是一個非常簡單而有效的正則化技巧。

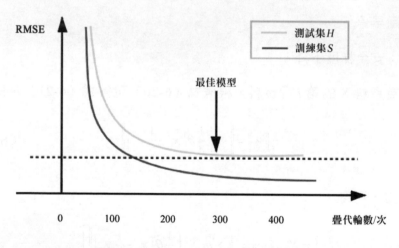

圖 6-6 模型在訓練集和測試集上的表現

在前面我們已經介紹了透過留出法將資料集劃分為訓練集 S 和測試集 H，透過演算法在測試集 H 上計算出的損失判斷是否停止疊代。

▌ 6.4 聯邦隨機森林

在 3.1.3 節機器學習演算法範例中，我們了解了決策樹（Decision Tree）
的概念，決策樹是一種基本的分類與回歸的機器學習方法，若輸出資料
為離散值，則其為分類決策樹，若輸出資料為連續值，則其為回歸決策
樹。隨機森林是透過整合學習的思想將多棵決策樹整合的一種演算法
[104]，利用拔靴法（Bootstrap）從原始樣本中取出多個樣本，對每個
Bootstrap 樣本進行決策樹建模，然後聯合多棵決策樹進行預測，透過投
票得出最終預測結果。它具有很高的預測準確率，對異常值和雜訊具有
很好的容忍度，且不容易出現過擬合，在醫學、生物資訊、管理學等領
域具有廣泛的應用。「隨機」即採用隨機的方式建構一個「森林」，
「森林」由很多相互不連結的決策樹組成。隨機森林的建構步驟如下。

第一步：對於 N 個樣本，有放回地隨機取出 N 個樣本，並用來訓練一棵
決策樹。

第二步：假設該樣本具有 M 個特徵，在決策樹的每個節點分裂時，在 M
個特徵中隨機取出 m 個，並採用某種策略（如最大資訊增益）來選擇一
個特徵為分裂特徵。

第三步：決策樹的每個節點都按照第二步進行，直到滿足停止分裂的條
件。

第四步：重複第一步到第三步建立很多棵決策樹，即隨機森林。

隨機森林演算法是一種很靈活實用的方法，它的優勢很明顯：在當前的
所有演算法中，具有極高的準確率；能夠有效地運行在巨量資料集上；
能夠處理具有高維特徵的輸入樣本，而且不需要降維；能夠評估各個特
徵在分類問題上的重要性；在生成過程中，能夠獲取內部生成誤差的一
種無偏估計；對於預設值問題也能夠獲得很好的結果。

定義 6-4：聯邦隨機森林是一種隱私保護的隨機森林模型[96]。聯邦隨機森林允許不同參與方在具有相同樣本但是不同的特徵空間中進行聯合訓練，每個參與方僅在其本身用戶端儲存自己的資料，在訓練的過程中無須互動原始資料。與傳統的隨機森林相比，其模型是無損的，即聯邦隨機森林可以達到非隱私保護方法的相同精度。

聯邦隨機森林演算法主要分為三個部分：模型建構、模型儲存、模型推理。

第一個部分：模型建構（演算法 6-1 和演算法 6-2）

在聯邦隨機森林演算法中，所有用戶端（client）都會參與每棵樹的建構，並且樹的結構儲存在主（master）節點和擁有該特徵的 client 上。

在建構樹的過程中，需要經常檢查是否滿足預剪枝的條件，如果滿足條件，那麼 master 節點和 client 將創建葉子節點。

步驟一：master 節點會隨機從當前的所有資料中取出 N 個樣本和 M 個特徵，並會告知每個 client 被挑選出的特徵和樣本 ID。舉一個簡單的例子，如果 master 節點選擇了 10 個特徵，client A 只擁有其中的 3 個特徵，那麼 client A 只能知道自己的 3 個特徵被選中了，卻不知道其他的特徵資訊。

步驟二：如果分裂未終止，那麼所有的 client 都將處於待分裂的狀態，並且透過比較資訊增益來從當前的節點中選出最佳的分裂節點。首先，每個 client 將尋找當前局部最佳的分裂節點，然後 master 節點收集到所有局部最佳節點的資訊，篩選出全域最佳分裂節點。master 節點將通知擁有該最佳特徵的 client，client 將根據該特徵進行分裂，並將分裂後劃分到左右子樹的 ID 發給 master 節點。只有擁有該最佳分裂特徵的 client 才會保存本次分裂資訊，包括閾值和分裂特徵。

在建模過程中，在成功創建葉子節點後，父節點無須保存葉子節點的樣本 ID，如果連接中斷，那麼很容易從中斷點（Break Point）中恢復。

演算法 6-1：聯邦隨機森林-client

輸入：第 i 個 cilent 上的資料集 D_i，第 i 個 cilent 的特徵
$F_i = \{f_A, f_B, f_C, \cdots\}$，加密後的標籤 y

輸出：第 i 個 cilent 上的部分模型

1： 開始建構樹模型，執行

2： 第 i 個 cilent 將收到被選取的特徵 $F_i' \subset F_i$，資料集 $D_i' \subset D_i$

3： 第 i 個 cilent 透過資訊 (D_i', F_i', y) 開始建構樹

4： 如果滿足預剪枝的條件，就執行

5： 將當前節點置為葉子節點

6： 透過投票法等指定葉子節點的標籤

7： 返回葉子節點

8： 初始化 $p \leftarrow -\infty$，f^* 為空

9： 如果 $F_i \neq \varnothing$，就執行

10： 對於每個特徵 $f \in F_i'$ 計算資訊增益 p_i

11： 透過比較最大資訊增益 p_i，找出本地的最佳分裂特徵 f^*
和分裂閾值

12： 將加密之後的資訊增益 p_i 發送給 master 節點

13： 如果第 i 個 cilent 從 master 節點接收到分裂的資訊，就執行

14： 將 is_selected 置為 True，在自己的某個特徵下，對樣本進行
切分，將分裂後左子樹和右子樹的樣本空間發送給 master 節點

15： 如果第 i 個 cilent 未從 master 節點接收到分裂的資訊，就執行

16： 接收左子樹和右子樹的樣本空間

17： 根據 $(D_{i_{\text{left}}}', F_i', y_{\text{left}})$ 建構左子樹，根據 $(D_{i_{\text{right}}}', F_i', y_{\text{right}})$ 建構右子樹

18： 如果 is_selected 為 True，就執行在葉子節點中，保存 f^* 和分裂閾值

19：　　保存子樹資訊

20：　　返回葉子節點

21：　　本棵樹創建完畢，將本棵樹增加到森林中

22：返回第 i 個 cilent 上的部分模型

演算法 6-2：聯邦隨機森林-master 節點

輸入：資料集 D，編碼後的整體特徵 $F = F_1 \cup F_2 \cup \cdots \cup F_M$，加密後的標籤 y

輸出：完整的聯邦隨機森林模型

/*循環建構多棵樹組成*/

1：如果 is_selected 為 True，就執行

2：　　隨機取出樣本 D'，從特徵 F_i 中隨機取出特徵 F_i'，發送給 client i

3：　　透過資訊 $\left(D_i', F_i', y\right)$ 開始建構樹

4：　　如果滿足預剪枝的條件，就執行

5：　　　　將當前節點置為葉子節點

6：　　　　透過投票法等指定葉子節點的標籤

7：　　　　返回葉子節點

8：　　從所有的 client 中接收到加密的 $\{p\}_{i=1}^{M}$ 及相關的資訊

9：　　求出 $j = \operatorname{argmax}\left\{\{p\}_{i=1}^{M}\right\}$，並且通知 client j

10：　　從 client j 中接收到分裂的資訊並且通知其他 client

11：　　根據 $\left(D_{i_{\mathrm{left}}}', F_i', y_{\mathrm{left}}\right)$ 建構左子樹，根據 $\left(D_{i_{\mathrm{right}}}', F_i', y_{\mathrm{right}}\right)$ 建構右子樹

12：　　保存子樹和分裂的資訊

13：　　返回葉子節點

14：　　本棵樹創建完畢，將本棵樹增加到森林中

15：返回完整的聯邦隨機森林模型

第二個部分：模型儲存

樹預測模型由兩部分組成：樹的結構和分裂資訊（舉例來説，分裂特徵和閾值）。

由於整個森林是所有 client 共同建構的，所以每個 client 上的每棵樹的結構都是一致的。然而，只有 master 節點會保存完整的模型。client 如果提供了分裂特徵，就會保存對應的分裂閾值；client 如果未提供對應的分裂特徵，就只會保留該節點的結構而不會保存任何資訊。

第三個部分：模型推理（預測）（演算法 6-3）

在傳統的垂直聯邦學習中，預測是透過在 master 節點和 client 之間多輪的通訊完成的。但是隨著樹的棵數、樣本數量越來越多，以及深度越來越深，通訊就會成為瓶頸。為了解決該問題，我們定義了一種新的預測方法，極佳地利用了分散式的模型儲存的方式。此方法對於每棵樹和整個森林只需要一次共同的通訊。

步驟一：每個 client 利用自己本機存放區的模型進行預測。對於在第 i 個 client 上的樹 T_i，每個樣本從根節點進入樹 T_i，並且透過二元樹最終會落入一個或多個葉子節點。當每個樣本從每個節點分裂時，如果模型在這個節點上儲存了分裂的相關資訊，那麼將透過比較分裂閾值決定進入左子樹或右子樹。如果模型在該節點未儲存分裂的相關資訊，那麼該樣本同時進入左子樹和右子樹。

步驟二：葉子節點的路徑確定是遞迴的執行，直到每個樣本落入一個或多個葉子節點。當該過程結束時，在 client i 上的樹 T_i 的每個葉子節點將擁有樣本的一部分。我們使用 S_i^l 來代表樣本落入樹模型 T_i 的葉子節點 l 的樣本集合。每個 client 會將所有葉子節點上的樣本集合 $S_i = \{S_i^1, S_i^2, \cdots, S_i^l, \cdots\}$ 發送給 master 節點。

步驟三：對於每個葉子節點 1，master 節點將對每棵樹 T_i 求出交集，結果為 S^l，即 $S^l = \{ S_1^l \cap S_2^l \cap \cdots \cap S_M^l$。 S^l 是完整的樹模型的每個葉子節點的樣本集合，連結著預測的結果。

演算法 6-3：聯邦隨機森林推理-client

輸入：在第 i 個 client 上的部分模型，以及編碼之後的特徵 F_i 和測試資料集 D_i^{test}

輸出：第 i 棵樹的葉子節點 1 的樣本空間 S_i^l 的主鍵資訊

1： 根據 $\left(T_i, D_i^{\text{test}}, F_i \right)$ 開始模型推理，執行

2： 如果是葉子節點，就執行

3： 返回樣本集合 S_i^l 的主鍵資訊和葉子節點的標籤

4： 如果不是葉子節點，就執行

5： 如果樹 T_i 擁有當前節點的分裂資訊，就執行

6： 按照閾值分割樣本

7： 透過 $\left(T_{i_{\text{left}}}, D_{i,\text{left}}^{\text{test}}, F_i \right)$ 建構左子樹

8： 透過 $\left(T_{i_{\text{right}}}, D_{i,\text{right}}^{\text{test}}, F_i \right)$ 建構右子樹

9： 如果樹 T_i 不擁有當前節點的分裂資訊，就執行

10： 透過 $\left(T_{i_{\text{left}}}, D_i^{\text{test}}, F_i \right)$ 建構左子樹

11： 透過 $\left(T_{i_{\text{right}}}, D_i^{\text{test}}, F_i \right)$ 建構右子樹

12： 返回左子樹和右子樹

13： 將 $S_i = \left\{ S_i^1, S_i^2, \cdots, S_i^l, \cdots \right\}$ 發送給 master 節點

▌ 6.5 聯邦梯度提升樹

6.4 節詳細地介紹了整合演算法 Bagging 一族中的典型演算法—隨機森林，本節將詳細地介紹整合演算法 Boosting 一族中的典型演算法—XGBoost。

6.5.1 XGBoost 簡介

1. XGBoost 和 GBDT 比較

XGBoost 是基於決策樹的整合機器學習演算法[105]，以梯度提升（Gradient Boost）為框架。XGBoost 是由梯度提升決策樹（Gradient Boost Decision Tree，GBDT）衍生而來的，與 GBDT 具有緊密的聯繫和區別。聯繫為 XGBoost 和 GBDT 都是透過加法模型與前向分步演算法實現學習的最佳化過程，其主要區別為以下幾點：

目標函數：XGBoost 的損失函數增加了正則化項，用來控制模型的複雜度，正則化項裡包含了樹的葉子節點個數、每個葉子節點的權重（葉子節點的 socre 值）的平方和。從方差和偏差角度上來看，XGBoost 增加的正則化項可以降低模型的方差，使學習出來的模型更加簡單，防止模型過擬合。

最佳化方法：GBDT 在最佳化時只使用了一階導數資訊，XGBoost 在最佳化時使用了一、二階導數資訊，在效果上更好一些。

遺漏值處理：XBGoost 對遺漏值進行了處理，透過學習模型自動選擇最佳的遺漏值預設切分方向。

引入行列取樣：XGBoost 除了使用正則化項來防止過擬合，還支援行列取樣的方式，即支援對特徵進行抽樣，以造成防止過擬合的作用。

剪枝處理:當其增益為負值時,GBDT 會立刻停止分裂,但 XGBoost 會一直分裂到指定的最大深度,然後回過頭來剪枝。如果某個節點之後不再有負值,那麼會刪掉這個分裂節點;但是如果在負值後面又出現正值,並且最後綜合起來還是正值,那麼該分裂節點將被保留。

2. XGBoost 的基學習器

XGBoost 的基學習器可以是分類和回歸樹(Classification and Regression Tree,CART),也可以是線性分類器。當以 CART 作為基學習器時,其決策規則和決策樹是一樣的,但不同點在於 CART 的每一個葉子節點都有一個權重,也就是葉子節點的得分或說是葉子節點的預測值。

首先,定義 XGBoost 的目標函數,即

$$L(\phi) = \sum_i l(\hat{y}_i, y_i) + \sum_k \Omega(f_k) \tag{6-22}$$

式中,$\Omega(f) = \gamma T + \frac{1}{2}\lambda\|\omega\|^2$。其中,式(6-22)的左邊部分為預測值與真實值之間的損失函數,右邊部分為正則化項,即對模型複雜度的懲罰項。在懲罰項中,γ、λ 為懲罰係數,T 為一棵樹的葉子節點個數,$\|\omega\|^2$ 為每棵樹的葉子節點上的輸出分數的平方值(相當於 L2 正則化)。

然後,使用前向分步演算法最佳化目標函數。假設 $\hat{y}_i^{(t)}$ 為第 i 個樣本在第 t 次疊代(第 t 棵樹)的預測值,則樣本 i 在 t 次疊代後的預測值就可以表示為樣本 i 在前 $t-1$ 次疊代後的預測值加上第 t 棵樹的預測值,即

$$\hat{y}_i^{(t)} = \hat{y}_i^{(t-1)} + f_t(x_i) \tag{6-23}$$

其目標函數可以表示為

$$L^{(t)} = \sum_{i=1}^{n} l\left(y_i, \hat{y}_i^{(t)}\right) + \sum_{i}^{t} \Omega(f_i) = \sum_{i=1}^{n} l\left(y_i, \hat{y}_i^{(t-1)} + f_t(x_i)\right) + \Omega(f_i) + \text{constant} \quad （6\text{-}24）$$

在式（6-24）中，在第 t 次疊代時，前 $t-1$ 次疊代產生的 $t-1$ 棵樹完全確定了，即 $t-1$ 棵樹的葉子節點以及權重都已完全確定，因此可以轉為常數 constant。式（6-24）如果考慮到平方損失函數，就可以轉為式（6-25），即

$$L^{(t)} = \sum_{i=1}^{n} \left(y_i - \left(\hat{y}_i^{(t-1)} + f_t(x_i)\right)\right)^2 + \Omega(f_i) + \text{constant}$$

$$= \sum_{i=1}^{n} \left(y_i - \hat{y}_i^{(t-1)} - f_t(x_i)\right)^2 + \Omega(f_i) + \text{constant} \quad （6\text{-}25）$$

式中，$y_i - \hat{y}_i^{(t-1)}$ 為前 $t-1$ 棵樹的預測值與真實值之間的差值，也就是殘差。透過二階泰勒展開式和定義 $g_i = \partial_{\hat{y}_i^{(t-1)}} l\left(y_i, \hat{y}_i^{(t-1)}\right), h_i = \partial^2_{\hat{y}_i^{(t-1)}} l\left(y_i, \hat{y}_i^{(t-1)}\right)$，可以得出目標函數為式（6-26），即

$$L^{(t)} \approx \sum_{i=1}^{n} \left[l\left(y_i, \hat{y}_i^{(t-1)}\right) + g_i f_t(x_i) + \frac{1}{2} h_i f_t^2(x_i) \right] + \Omega(f_i) + \text{constant} \quad （6\text{-}26）$$

因為 $l\left(y_i, \hat{y}_i^{(t-1)}\right)$ 部分表示前 $t-1$ 次疊代所得到的損失函數，在當前第 t 次疊代完全確定，所以可以當成一個常數，在省去常數項後，我們可以將式（6-26）簡寫為式（6-27），即

$$L^{(t)} = \sum_{i=1}^{n} \left[g_i f_t(x_i) + \frac{1}{2} h_i f_t^2(x_i) \right] + \Omega(f_i) \quad （6\text{-}27）$$

由式（6-27）可以得出，目標函數的大小只取決於一階導數和二階導數。

我們首先定義集合 I_j 為樹的第 j 個葉子節點上的所有樣本點的集合，即指定一棵樹，所有按照決策規則被劃分到第 j 個葉子節點的樣本集合。基於對模型複雜度懲罰項的定義，將其代入式（6-27），可以得出式（6-28），即

$$L^{(t)} = \sum_{i=1}^{n}\left[g_i f_t(x_i) + \frac{1}{2}h_i f_t^2(x_i) \right] + \Omega(f_i) = \sum_{i=1}^{n}\left[g_i f_t(x_i) + \frac{1}{2}h_i f_t^2(x_i) \right] + \gamma T + \frac{1}{2}\lambda\sum_{j=1}^{T}\omega_j^2$$

$$= \sum_{j=1}^{T}\left[\left(\sum_{i \in I_j} g_i \right)\omega_j + \frac{1}{2}\left(\sum_{i \in I_j} h_i + \lambda \right)\omega_j^2 \right] + \gamma T \qquad （6-28）$$

對式（6-28）求導可得

$$\frac{\partial L^{(t)}}{\partial \omega_j} = 0$$

$$\Rightarrow \left(\sum_{i \in I_j} g_i \right) + \left(\sum_{i \in I_j} h_i + \lambda \right)\omega_j = 0$$

$$\Rightarrow \left(\sum_{i \in I_j} h_i + \lambda \right)\omega_j = -\sum_{i \in I_j} g_i \qquad （6-29）$$

$$\Rightarrow \omega_j^* = -\frac{\displaystyle\sum_{i \in I_j} g_i}{\displaystyle\sum_{i \in I_j} h_i + \lambda}$$

將式（6-29）代入式（6-28）中，可以得出

$$L^{(t)} = -\frac{1}{2}\sum_{j=1}^{T}\frac{\left(\displaystyle\sum_{i \in I_j} g_i\right)^2}{\displaystyle\sum_{i \in I_j} h_i + \lambda} + \gamma T \qquad （6-30）$$

假設 $G_i = \sum_{i \in I_j} g_i$,$H_i = \sum_{i \in I_j} h_i$,那麼式（6-30）就可以簡寫為

$$L^{(t)} = -\frac{1}{2} \sum_{j=1}^{T} \frac{G_i^2}{H_i + \lambda} + \gamma T \qquad （6-31）$$

3. XGBoost 單棵樹的生成

在決策樹的生長過程中，一個比較關鍵的問題是如何找到葉子節點的最佳切割點。XGBoost 支援兩種分裂節點的方法——貪心演算法和近似演算法。下面主要介紹貪心演算法，其主要步驟如下。

（1）從深度為 0 的樹開始，對每個葉子節點枚舉所有的可用特徵。

（2）針對每個特徵，把屬於該節點的訓練樣本根據該特徵值進行升冪排列，透過線性掃描的方式決定該特徵的最佳分裂節點，並記錄該特徵的分裂收益。

（3）選擇收益最大的特徵作為分裂特徵，用該特徵的最佳分裂節點作為分裂位置，在該節點上分裂出左、右兩個新的葉子節點，並為每個新節點連結對應的樣本集。

至此，需要返回到第（1）步，針對當前節點枚舉所有可用特徵，遞迴執行整個過程到滿足特定條件為止。

其特徵選擇和分裂節點選擇的指標為

$$L_{\text{split}} = \frac{1}{2} \left[\frac{G_L^2}{H_L + \lambda} + \frac{G_R^2}{H_R + \lambda} - \frac{(G_L + G_R)^2}{H_L + H_R + \lambda} \right] - \gamma \qquad （6-32）$$

式中，$\dfrac{G_L^2}{H_L + \lambda}$ 為分裂後左節點的得分；$\dfrac{G_R^2}{H_R + \lambda}$ 為分裂後右節點的得分；

$\dfrac{(G_{\mathrm{L}}+G_{\mathrm{R}})^2}{H_{\mathrm{L}}+H_{\mathrm{R}}+\lambda}$ 為分裂前的得分；γ 為分裂後模型的複雜度增加量。計算出來的 L_{split} 值越大，説明使用該特徵或該分裂節點分裂能使目標函數的值減少得越多，模型的效果越好。

6.5.2 SecureBoost 簡介

前面介紹了非聯邦學習下的梯度提升演算法 XGBoost，下面介紹基於垂直聯邦學習的梯度提升演算法 SecureBoost[63]。

定義 6-5：SecureBoost 為垂直聯邦學習場景中的梯度提升樹演算法，可以在保護資料隱私的條件下實現多方聯合訓練，且相比於非隱私保護演算法是無損的，即與非隱私保護演算法具有相同的準確性。

6.5.3 SecureBoost 訓練

SecureBoost 假設有兩家企業 host 方和 guest 方。host 方只擁有自己的資料，作為資料提供方；guest 方不僅擁有自己的資料，還擁有資料的標籤，作為業務方。兩家企業透過合作來共同訓練模型。

1. 資訊增益的計算方法

從對 XGBoost 的回顧中可知，只要能夠獲取 g_i, h_i，就可以根據這兩個值確定最佳分裂節點。SecureBoost 需要解決的主要問題：host 方沒有標籤，只有自身特徵，如何選出最佳的分裂特徵？

一個比較簡單的方法是 guest 方直接將 g_i, h_i 發送給 host 方。但是根據 g_i, h_i 的定義 $g_i=\partial_{\hat{y}_i^{(t-1)}}l(y_i,\hat{y}_i^{(t-1)}), h_i=\partial^2_{\hat{y}_i^{(t-1)}}l(y_i,\hat{y}_i^{(t-1)})$，如果直接發送，就會洩露 guest 方的標籤資訊，因此該方法不可行。解決方案如下：

（1）guest 方生成非對稱金鑰對，其中公開金鑰記為 K。

（2）guest 方計算 $[\![g_i]\!]_K$ 和 $[\![h_i]\!]_K$，併發送給 host 方。

（3）host 方使用特徵 $\text{feat}_{\text{host}}$ 及其閾值 T_{host} 對樣本空間 I 進行切分，分為 I_L 和 I_R，可以得出式（6-33）和式（6-34），並計算出 $\left[\!\left[\sum_{i\in I_L}g_i\right]\!\right]_K$ 和 $\left[\!\left[\sum_{i\in I_L}h_i\right]\!\right]_K$，發送給 guest 方。

$$\text{Enc}\left(\sum_{i\in I_L}g_i\right)=\sum_{i\in I_L}\text{Enc}(g_i) \qquad（6\text{-}33）$$

$$\text{Enc}\left(\sum_{i\in I_L}h_i\right)=\sum_{i\in I_L}\text{Enc}(h_i) \qquad（6\text{-}34）$$

（4）guest 方解密得到 $\sum_{i\in I_L}g_i$ 和 $\sum_{i\in I_L}h_i$，求出 $\sum_{i\in I_R}g_i$ 和 $\sum_{i\in I_R}h_i$，據式（6-32）計算出 L_{split}，確定出最佳分裂節點。

對 guest 方的節點分裂來説，由於 guest 方自身擁有標籤，所以自身可以完成節點的分裂。

2. 節點的分裂過程

分裂過程如下：

（1）guest 方計算出各個樣本對應梯度的加密 $[\![g_i]\!]$ 和 $[\![h_i]\!]$，並把 $[\![g_i]\!]$、$[\![h_i]\!]$ 和樣本空間發送給 host 方。

（2）host 方選擇一個特徵（如 feat_a）及其閾值 T_1 對樣本空間進行切分，分為 $I_{L_1}^a$ 和 $I_{R_1}^a$，並計算 $\sum_{i\in I_{L_1}^a}[\![g_i]\!]$ 和 $\sum_{i\in I_{L_1}^a}[\![h_i]\!]$，將計算結果及對應的特徵 ID、閾值 ID 發送給 guest 方。

（3）guest 方透過解密得到 $\sum_{i \in I^a_{L_1}} g_i$ 和 $\sum_{i \in I^a_{L_1}} h_i$，並可計算出其補集的梯度之和 $\sum_{i \in I^a_{R_1}} g_i$ 和 $\sum_{i \in I^a_{R_1}} h_i$，由此可計算特徵 feat_a 在閾值 T_1 下的資訊增益 L_{split}。

（4）透過重複步驟（2）和步驟（3），便可計算出 host 方各個特徵對應的（最大）資訊增益。

（5）guest 方計算出 guest 方各個特徵的資訊增益，並與 host 方特徵進行比較，選出最佳的分裂特徵。

（6）如果選出的最佳的分裂特徵屬於 guest 方，那麼 guest 方直接對樣本空間進行劃分，完成該節點的分裂。

（7）如果選出的最佳的分裂特徵屬於 host 方，那麼由 host 方進行樣本空間的劃分，劃分過程見步驟（8）～步驟（10）。

（8）guest 方將最佳的分裂特徵的 ID 及其閾值 ID 發送給 host 方。

（9）host 方透過特徵和閾值 ID 找到對應的特徵和閾值，並對樣本空間進行劃分，將劃分結果（左子空間）發送給 guest 方。

（10）guest 方使用 host 方的結果，對節點進行劃分，完成該節點的分裂。

6.5.4 SecureBoost 推理

在 SecureBoost 模型訓練完成後，即可對模型進行部署，各個參與方均擁有整個模型的一部分。在對新樣本或未標注樣本進行推理時，因為各個參與方僅可見自己方的特徵空間和分裂條件，無法知道其他方的情況，所以 SecureBoost 推理需要在隱私保護的協定下，由各個參與方協作進行。

其主要步驟以下（feati 為分裂節點，w 為葉子節點的權重）：

（1）guest 方詢問使用者樣本在第一個節點（feat1）的分裂結果（紅色虛線所示），如圖 6-7 所示。

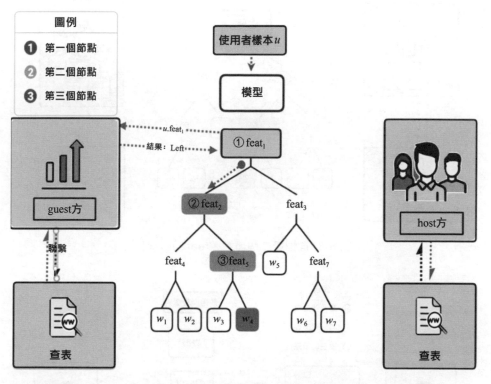

圖 6-7　推理第一個節點（feat1）分裂

（2）guest 方詢問使用者樣本在第二個節點（feat2）的分裂結果（橙色虛線所示），如圖 6-8 所示。

（3）guest 方詢問使用者樣本在第三個節點（feat5）的分裂結果（藍色實線所示），如圖 6-9 所示。

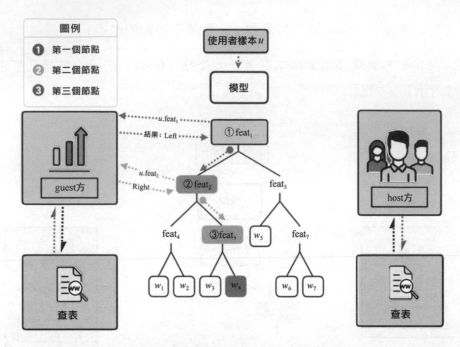

圖 6-8 推理第二個節點（feat2）分裂

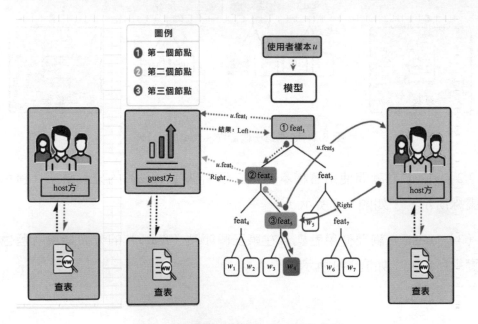

圖 6-9 推理第三個節點（feat5）分裂

（4）guest 方整理 n 棵樹的得分，得到最終的推理結果，即

$$\text{Score}_{\text{final}} = f_1(u) + f_2(u) + \cdots + f_n(u) \tag{6-35}$$

式中，u 為使用者樣本，$f_n(u)$ 為第 n 棵樹的葉子節點的權重。

綜上所述，從樣本進入模型開始，直到樣本進入葉子節點進行評分並最終對分數進行整理，在整個推理過程中，host 方只需將中間節點的分裂結果（即 "Left" 或 "Right"）發送給 guest 方，無須發送其他內容。如果該 host 方持有多個特徵，那麼將每個特徵對應的中間節點分裂結果傳輸給 guest 方即可。

SecureBoost 推理的安全性分析如下：

（1）guest 方未將自己持有的特徵洩露。

a. 如果節點的對應特徵由 guest 方持有，那麼 guest 方直接返回對應節點的分裂結果即可，無須與其他方進行互動。

b. 如果節點的對應特徵由其他 host 方持有，那麼 guest 方在向 host 方詢問某個特徵的分裂結果時，只需發送使用者 ID，無其他資訊洩露。

（2）host 方只返回了中間節點分裂的結果（即 "Left" 或 "Right"），以下敏感資訊均未洩露：

a. 中間節點對應的特徵定義。

b. 中間節點對應特徵的切分閾值。

c. 樣本在中間節點對應特徵上的具體資料。

▎6.6 聯邦學習深度神經網路

深度神經網路模型在過去的十年中受到了極大的關注，成了人工智慧近幾年爆炸式發展的重要推手。不論是在機器視覺領域還是在語音辨識領域，深度神經網路都解決了許多傳統機器學習模型無法解決的問題。

本節將從傳統神經網路和聯邦神經網路的概述與比較講起，並結合現有的聯邦神經網路技術進行分析，讓讀者初步了解聯邦環境下的深度神經網路模型。

神經網路（Neural Network，NN）是一種模仿生物神經網路的結構和功能的數學模型或計算模型，用於對函數進行估計或近似。神經網路由大量的類神經元聯結進行計算。在大多數情況下，類神經網路能在外界資訊的基礎上改變內部結構，是一種自我調整系統，具備一定的學習功能。它支持高維輸入和輸出資料之間的複雜關係。一個基本的神經網路可以分成 m 層，每層都包含 n 個節點。每個節點都是一個由非線性「啟動」函數組成的線性函數。神經網路的訓練採用梯度下降法，其方式與 Logistic 回歸相似，只是網路的每一層都應以遞迴的方式進行更新，從輸出層開始向後進行。深度神經網路（Deep Neural Network，DNN）內部的神經網路層可以分為三類：輸入層、隱藏層和輸出層。如圖 6-10 所示，一般來說，第一層是輸入層，最後一層是輸出層，而中間層都是隱藏層。

與傳統機器學習相比，在深度神經網路模型中，資料往往扮演著更重要的角色，而正如前面章節所說，「資料孤島」問題同樣阻礙了深度神經網路模型的性能增長，而聯邦環境設定下的神經網路則可以實現在保護多方隱私的前提下，消除「資料孤島」，充分利用各方資料。

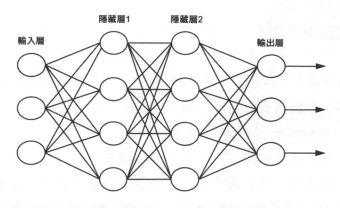

圖 6-10 神經網路結構範例

目前,在多數主流的聯邦學習框架中都已部署了深度神經網路模組,例如微眾銀行的聯邦學習框架 FATE 中的 Hetero DNN 模組,百度 PaddleFL 中基於 ABY3 協定實現的 DNN 模組,在 PyTorch 的 PySyft 模組中,也提供了基於安全多方計算協定的聯邦深度學習模型。本節將以 PaddleFL 和 FATE 為例,分別簡介其實現想法。

在 PaddleFL 中,百度提供了一種基於多方安全計算的聯邦學習方案 PFM(Paddle Federated Learning with MPC)來支持其聯邦學習,包括水平聯邦學習、垂直聯邦學習及聯邦遷移學習等多個場景,在提供可靠和安全性的同時也擁有良好的建模性能。其中,安全訓練和推理任務的實現均基於百度發表於 2018 年的電腦與通訊安全會議(Conference on Computer and Communications Security)中的安全多方計算協定 ABY3。在 ABY3 中,參與方可分為三個角色:輸入方、計算方和結果方。其中,輸入方持有訓練資料及模型,負責加密資料和模型,並將其發送到計算方。計算方則為訓練的執行方,基於特定的安全多方計算協定完成訓練任務。由於計算方只能得到加密後的資料及模型,輸入方的資料隱私便得以保護。在計算結束後,結果方會拿到計算結果並恢復出明文資料。在整個過程中,每個參與方可充當多個角色,如一個資料擁有方可以作為計算方參與訓練,也可以作為結果方獲取計算結果。

PFM 的整個訓練及推理過程主要由三個部分組成：①資料準備；②訓練及推理；③結果解析。如本章開頭介紹，垂直聯邦學習中的各方擁有部分相同的樣本集合、不同的樣本特徵。所以，在 PFM 的資料準備部分，需要保證各個資料擁有方在不洩露本地資料的前提下，找出多方共有的樣本集合，此步驟一般被稱為私有資料對齊。在完成私有資料對齊之後，資料方需要使用祕密共用技術直接傳輸或使用資料庫儲存的方式將其數據傳到計算方。這種透過祕密共用技術傳輸給多個計算方的方式保證了每個計算方都只會拿到資料的一部分，從而無法還原出真實的資料。在資料對齊並分發給計算方後，便可進入安全訓練及推理階段。在訓練前，使用者可以選擇一種安全多方計算協定用以訓練模型（截至 2020 年 6 月，PaddleFL 只支持 ABY3 協定）。在安全訓練和推理工作完成之後，模型（或預測結果）將由計算方以加密的形式傳遞給結果方，結果方利用 PFM 中的工具解密，將解密後的明文結果傳遞給使用者。至此，聯邦設定下的深度神經網路模型在各方資料不出來源的情況完成訓練。

與 PaddleFL 中將所有資料發送給計算方的想法不同，FATE 中的異質神經網路模型則透過使用同態加密等方法使得兩方共同合作訓練模型。FATE 團隊在其論文中證明了這種方法提供了與非隱私保護方法相同的精度，同時不洩露每個私有資料提供者的資訊。在該模組中，參與訓練的雙方按照是否持有標籤被分為 A、B 兩方，具體定義如下：

B 方：FATE 將 B 方定義為同時擁有資料矩陣和類別標籤的資料提供者。由於類別標籤資訊對於監督學習是必不可少的，因此必須有一方能夠存取標籤 Y，B 方自然承擔起在聯邦學習中作為主導伺服器的責任。

A 方：FATE 中定義只有一個資料矩陣的資料提供者為 A 方，A 方在聯邦學習環境中扮演客戶的角色。

FATE 中的資料樣本對齊則透過使用資料庫間交換介面的隱私保護協定完成，保證雙方可以在不損害資料集的非重疊部分的情況下找到共同的使用者或資料樣本。如圖 6-11 所示，B 方和 A 方各有自己的底層神經網路模型，雙方會在底層模型的基礎上共同建構互動層，互動層是一個全連接的層（其中，X 代表資料，Y 代表標籤）。該層的輸入是雙方的底層模型輸出的串聯。此外，只有 B 方擁有互動層模型。最後，B 方建立頂層神經網路模型，並將互動層的輸出回饋給該模型。

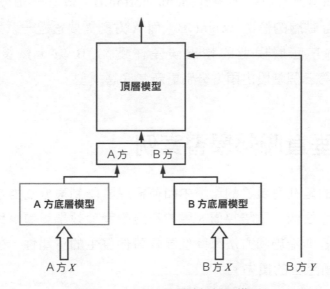

圖 6-11 FATE 異質神經網路模型

訓練可分為前向傳播和後向傳播兩部分，每部分均由三個階段組成。其中，前向傳播分為底層模型的前向傳播、互動層的前向傳播和頂層模型的前向傳播。後向傳播分為頂層模型的後向傳播、互動層的後向傳播和底層模型的後向傳播。

前向傳播過程的具體細節可描述如下：首先進行第一階段，A、B 兩方分別利用本地資料得到本方底層模型的前向傳播結果。在第二階段中，由於 B 方擁有標籤作為主動方，因此需要 A 方使用同態加密將自己的結

果發送給 B 方,由 B 方分別乘以互動層中 A、B 兩方的權重 weight_A 和 weight_B,再經過對 A 方累計雜訊的處理,B 方會將最終結果送入互動層的啟動函數,並利用啟動函數的輸出,進行第三階段中頂層模型的前向傳播過程。

後向傳播的第一階段先由 B 方計算互動層輸出的誤差 delta,更新頂層模型。在第二階段中,B 方利用 delta 計算出互動層啟動函數的誤差 delta_act,將其乘以 W_B 得到 delta_bottomB,傳播至 B 方的底層模型,並更新互動層的權重 weight_B,而 A 方則需要透過一系列加噪、加密等操作將其底層模型的輸出誤差傳遞給 B 方,然後更新權重 weight_A。第三個階段由兩方分別更新其底層模型。

▌6.7 垂直聯邦學習案例

風險管理指的是在有風險的環境中如何把風險降到最低的過程,包括風險辨識、風險估測、風險評價、風控和風險管理效果評價等環節。風控指的是透過各種措施和方法來降低風險事件發生的可能性,或減少風險事件發生時所產生的損失。

信貸是指表現一定經濟關係的不同人之間的借貸行為,是以償還為條件的價值運動特殊形式,是債權人貸出貨幣和債務人按期償還並且支付一定利息的信用活動。在信貸風控的領域,小微企業面臨著自身的資產規模較小、抗風險的能力較弱、自身缺乏有效資料、征信介面呼叫費用較高等痛點,這導致融資難、融資貴和融資慢。同樣,消費金融機構本身具有對個人的消費資料、社交行為、金融資料和征信情況進行整合運算的能力。如何有效地整合小微企業和消費金融機構的資源成為一個亟須解決的問題。

針對小微企業的資料量少且不全面、獲取資料成本太高等痛點，聯邦學習可以透過多資料來源合作的機制，獲取更多的特徵資料，豐富特徵系統。在此過程中，聯邦學習可以保證各方的本地資料不出資料庫，在保證資料安全和隱私保密的情況下，共同提升模型的效果。

舉例來說，銀行擁有經濟收入、借貸、信用評級等特徵，電子商務平台有使用者瀏覽、消費行為等特徵。雖然銀行和電子商務平台的使用者特徵空間完全不同，但是存在大量的共同使用者，他們擁具有緊密的聯繫。舉例來說，使用者的消費行為在某種程度上可以反映出其信用等級，銀行與電子商務平台合作後，可以實現銀行的信用評級更加全面，更進一步地控制風險。舉例來說，銀行在需要開展信貸業務時，想要透過網際網路線上獲客，但是銀行既沒有線上資源或流量，也沒有相關的風險管理經驗，如果銀行和某網際網路公司進行合作，就可以實現風控和精準獲客。但是由於企業的資料安全管理和對使用者隱私的保護，無法曝露資料進行合作，這時傳統的機器學習無法有效地解決這些問題，而垂直聯邦學習正是解決這些問題的關鍵。聯邦學習不僅實現了合作雙方的建模人員線上分析與建模，還有效地節省了人力成本與財務成本。

在風控領域中存在同質化、少突破、資料孤島、建模效果差、隱私安全保護難等一系列問題，聯邦學習助力風控領域實現了 AI 技術實踐，破局風控中面臨的挑戰。聯邦學習透過聯邦資料網路增強信貸風控能力，在貸前環節透過融合多資料來源獲取更豐富的資料資訊綜合判斷客戶風險，可以幫助信貸公司過濾信貸黑名單或明顯沒有轉化的貸款客戶，進一步降低貸款審核流程後期的信貸審核成本。在貸中，聯邦學習可以提供根據使用者放款後的行為變化進行的風險評估產品，幫助放貸機構進行調額、調價的輔助決策。對於貸後風險處置，聯邦學習則提供可以根據客戶的行為進行催收預測的產品，幫助放貸機構進行催收的策略評估，調整催收策略，提升催收效率。

聯邦學習在風控領域中的解決方案也有實際效益。舉例來說，微眾銀行的特點是有很多使用者的特徵和行為資訊 X，以及標籤 Y（即銀行的信用逾期是否發生）。合作的夥伴企業可能是網際網路企業或保險公司等，不一定有信用逾期是否發生的標籤 Y，但是它有很多特徵和行為資訊 X。如果微眾銀行和保險公司透過合法符合規範的方式展開垂直聯邦學習建模，使用微眾銀行的 X 和 Y，以及保險公司的 X，那麼可以使得模型的 AUC 指標大幅度上升，不良貸款率大幅度下降，同時節省了信貸審核成本，整體成本預計會下降 5%~10%。

Chapter

07

水平聯邦學習

▌ 7.1 基本假設與定義

定義 7-1：當具有相同特徵的樣本分布於不同的參與方時，在能夠實現綜合運用各方資料的同時，保證各方資料隱私的演算法，被稱為水平聯邦學習。

這種場景可以被了解為存放在表格中的資料被「水平」切割的情況，所以水平聯邦學習也被稱為基於樣本劃分或基於實例劃分的聯邦學習。一個典型的場景是醫療資料的建模。多數醫療機構的患者資料通常都是相對有限的，而患者資料的全面性又對疾病的診療和醫學的發展非常重要。但在很多國家和地區，個人的醫療資料通常屬於敏感資訊，對其出資料庫的要求一般都非常嚴格。這時如果有一種演算法一方面能讓原始資料不出資料庫，而只輸出中間資料，另一方面又從原理上能保證輸出的中間資料不會洩露原始資料的資訊，就可以實現綜合運用各方資料進行建模了，這對於學術及其可能應用的發展都大有裨益。

在常見的水平聯邦學習實現架構中，有兩種典型的角色：參與方與伺服器。其中，參與方是指數據的提供方，不同的參與方在架構中的地位是相同的；伺服器則是指被用作整合各個參與方提供的中間結果的一方。在一般的場景中，我們通常假設參與方是「誠實的」，即其所提供的資料是真實的，而伺服器則是誠實、好奇且安全的，其中，「好奇的」是指伺服器會在一定程度上探索參與方的原始資料，「安全的」是指伺服器不會洩露資料給其他非參與方[70,106]。

7.2 水平聯邦網路架構

水平聯邦學習的目的是要利用分布於各方的同構資料進行機器學習建模。對不同的樣本來說，機器學習中常見的損失函數的函數結構通常是相同的。所以，在數學上，水平聯邦學習的各個參與方對損失函數的貢獻就具有相似的數學形式，因而其計算往往不複雜，這一點與垂直聯邦學習有較大不同。這樣的特點表現在水平聯邦學習的架構上，就是其網路架構有較大的同質性。

水平聯邦學習有兩種常見的架構，第一種是中心化架構，第二種是去中心化架構，下面分別介紹這兩種架構。

7.2.1 中心化架構

定義 **7-2**：水平聯邦學習的中心化架構，是指在聯邦學習工程架構中，不僅有提供資料的參與方，還有統合各個參與方模型或參數的伺服器。

中心化架構是一種比較典型的主從系統，通常假設系統中的各個參與方的特徵空間已對齊，它們在一個或多個聚合伺服器的幫助下，協作地訓練一個共同模型，並且如上所述，假設所有的參與方都是誠實的，伺服

器是誠實、好奇且安全的[106]。在這樣的前提下,參與方與伺服器的每一次互動步驟如圖 7-1 所示。

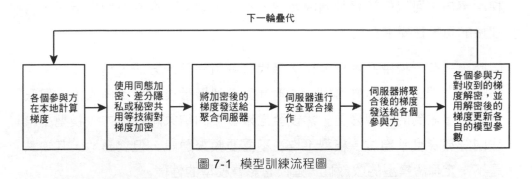

圖 7-1 模型訓練流程圖

整個架構的網路結構如圖 7-2 所示。模型訓練的其他過程與本地單機模型的訓練過程基本是相似的。當模型訓練結束時,所有參與方共用最終的模型參數。

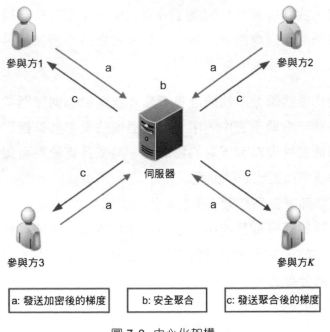

圖 7-2 中心化架構

在上述步驟中，參與方向伺服器發送梯度，而伺服器反過來聚合接收到的梯度，這種方法稱為梯度平均法[107,108]。它的優點是可以獲取準確的梯度資訊，可以保證模型訓練時的收斂性，缺點是需要較頻繁通訊，對連接的可靠性要求較高。

同時，還有一種用共用模型權重來代替共用梯度的方法，稱為模型平均法[107,109,110]，即參與方可以在本地計算模型權重後發送到伺服器，伺服器聚合接收到的模型權重，然後發送聚合後的結果給參與方。模型平均法同等於梯度平均法。模型平均法不需要頻繁通訊，但對應地，其缺點是不一定保證模型的收斂性，進而會影響模型的性能。

在水平聯邦學習中，每個參與方都可被視為一個獨立工作群組，可以完全自主地操作本地資料來決定何時加入水平聯邦學習系統以及怎樣做出貢獻。

在 3.2.3 節，我們綜合性地討論了分散式機器學習和聯邦學習的區別。在這裡，我們還可以專門地討論一下分散式機器學習和水平聯邦學習的關係。

（1） 分散式機器學習系統的計算節點完全受中心伺服器控制，但是在水平聯邦學習系統中，中心伺服器無法操作計算節點上的資料，計算節點對資料有絕對的控制權，某個計算節點可以隨時停止計算和通訊而退出訓練過程。

（2） 水平聯邦學習系統考慮了資料隱私保護。

（3） 在水平聯邦學習系統中，不同的計算節點上的資料並不是完全相同分布的，在分散式機器學習系統中的計算節點上的資料通常是獨立同分布的。

7.2.2 去中心化架構

定義 7-3：水平聯邦學習的去中心化架構，是指在聯邦工程架構中，每個節點都是提供資料的參與方，而沒有統合數據的伺服器。

在去中心化架構中，沒有中心性的聚合伺服器，各個參與方一般需要先使用本地資料訓練各自的本地模型，而後透過安全的通道互相傳遞模型權重來形成一個統一的模型[111,112]。

圖 7-3 是一個去中心化架構的示意圖。在實踐中，因為沒有伺服器作為「中心節點」，去中心化架構的網路結構往往是多變的。不過，在不同的網路結構和資料分布中，架構的通訊和計算的效率不同。所以，參與方必須注意架構中發送和接收權重的順序，常見的主要有以下兩種方式。

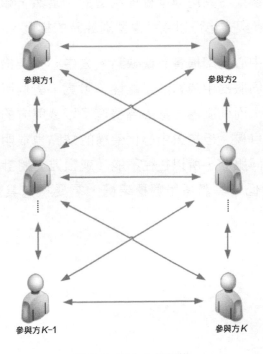

圖 7-3　去中心化架構

1. 循環轉移

參與方被組織成一條鏈，第一個參與方位於鏈的頭部，它向下一個參與方發送它的模型權重，第二個參與方在得到第一個參與方的權重之後，使用自身資料集的小量資料訓練模型，更新權重，然後將更新後的權重發送給下一個參與方。以上描述的過程一直重複，直到訓練完成。

2. 隨機轉移

在所有的 K 個參與方中，第 j 個參與方從其餘 $K-1$ 個參與方中隨機等機率地選擇一個參與方 i，然後發送模型權重至參與方 i，參與方 i 繼續等機率地（在除了第 j、i 個參與方之外的參與方中）選擇下一個參與方，以上描述的過程一直重複，直到達到訓練完成的條件。

上面的描述是以參與方共用模型權重為例的。當然，類比於上面對中心化架構的討論，參與方也可以共用模型訓練時的梯度。

中心化架構和去中心化架構各有優缺點。去中心化架構沒有伺服器，因此消除了資訊從伺服器中洩露的可能性，畢竟，對伺服器安全性的假設並不總是成立的，而伺服器本身因為整理了眾參與方的資訊，因而往往成為各種攻擊的目標。但是去中心化架構的缺點也很明顯，同樣是因為沒有置中協調的伺服器，所以往往不能（或很難）將計算平行化，進而計算效率會比較低。具體採用哪種架構，需要根據具體的問題具體分析。

▌ 7.3 聯邦平均演算法概述

下面詳細討論實踐中的一種較常見的情形—中心化架構中的聯邦平均（FedAvg）演算法[107]及其安全版本。

7.3.1 在水平聯邦學習中最佳化問題的一些特點

Google 的 Brendan McMahan 等人第一次在聯邦學習的最佳化問題中採用了聯邦平均演算法，該演算法可以被用於深度神經網路（DNN）中的非凸目標函數。聯邦平均演算法適用於以下任何形式的有限和目標函數，即

$$f(w) = \frac{1}{n} \sum_{i=1}^{n} f_i(w) \qquad (7\text{-}1)$$

式中，n 為資料點的個數；w 為 d 維模型權重參數。

假設在水平聯邦學習系統中有 K 個參與方，P_k 是第 k 個參與方的資料索引集合。假設第 k 個參與方有 n_k 個資料點，$F_k(w)$ 表示第 k 個參與方根據自身樣本數加權後的加權損失函數，因此有公式

$$f(w) = \sum_{k=1}^{K} \frac{n_k}{n} F_k(w) \qquad (7\text{-}2)$$

$$F_k(w) = \frac{1}{n_k} \sum_{i \in P_k} f_i(w) \qquad (7\text{-}3)$$

在實際計算中，我們通常假設各個參與方的資料是獨立同分布（IID）的，這樣每個樣本的損失函數可以統一寫為 $f(w)$。但 IID 假設其實並不總成立，這時上面的做法會影響模型性能。這個問題目前沒有一個讓人滿意的解決方法，如果各個部分的資料不是 IID 的，那麼在保護資料安

全的前提下，我們往往很難確切地知道各個部分資料的分布「有何」不
同。

與通常在叢集內通訊的分散式機器學習不同，聯邦學習的通訊成本往往
佔主導地位，因為通訊是透過網際網路進行的，即使使用無線和行動網
路也如此。實際上，在聯邦學習中，對很多類型的模型來說，與通訊成
本相比，計算成本往往到了可以忽略不計的地步。因此，我們在訓練模
型時可以使用額外的計算來減少通訊次數。比如，在參與方—伺服器通
訊回合之間，我們可以讓更多的參與方先各自平行訓練幾步模型。

7.3.2 聯邦平均演算法

聯邦平均演算法提出的動機來自以下發現：對 MNIST 資料集來說，如
果分成兩個子集，並且以兩個模型（進行相同的隨機初始化）分別單獨
訓練，再對參數進行平均得出一個整合模型，能夠得出比任何單獨模型
更低的損失函數值。

採用聯邦隨機梯度下降來協作訓練各個用戶端模型和伺服器端模型的過
程如下。它交替地執行兩個步驟。第一步，隨機選取一部分用戶端，並
令它們更新其本地模型許多輪。第二步，計算所有用戶端的模型參數的
平均值，作為伺服器端的模型參數。具體過程的步驟如圖 7-4 所示。其
中，$w^{(k)}$ 為第 k 個用戶端的模型參數，$l(w;b)$ 為根據批次 b 與模型參數 w
得出的損失函數，i 為每個參與方在每個回合中針對其本地資料集已經執
行的訓練步驟數。

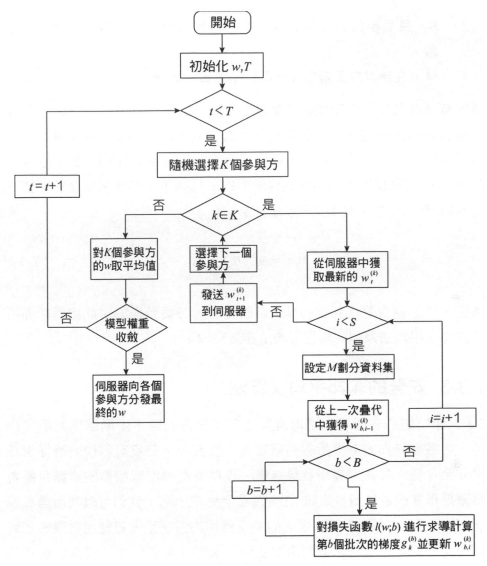

圖 7-4　聯邦平均演算法流程圖[113]

聯邦平均演算法的顯著特點是採用每輪限定參與計算的參與方的方法進行計算。具體來說，計算量由以下三個關鍵參數控制。

（1）　ρ，每一輪執行計算的參與方所佔的比例。

（2） S，每個參與方在每個回合中針對其本地資料集執行的訓練步驟
數。

（3） M，在參與方更新中被使用的小量資料的筆數。

該演算法在每個回合期間選擇數量佔比為 ρ 的參與方，當 $\rho=1$ 時表示使用所有參與方持有的所有資料的全批次梯度下降。在全域模型權重更新的第 t 個回合，被選中的第 k 個參與方將計算 $g_k = \nabla F_k(w_t)$，即它在當前參數為 w_t 的模型下，用本地資料所得的平均梯度，然後伺服器會根據式（7-4）聚合梯度，其中 η 代表學習率。

$$w_{t+1} \leftarrow w_t - \eta \sum_{k=1}^{K} \frac{n_k}{n} g_k \qquad （7-4）$$

然後，伺服器會將更新後的模型參數發送給各個參與方，此處與前面所述的梯度平均法類似，模型平均法亦是同理。

7.3.3 安全的聯邦平均演算法

7.3.2 節所述的普通聯邦平均演算法在伺服器公開了中間結果的明文內容，如各個參與方計算所得的權重或梯度資訊。它沒有對伺服器提供任何安全保證，如果曝露了資料結構，那麼模型梯度或權重的洩露可能會曝露更重要的原始資料資訊[106]。為了避免這一點，我們可以利用隱私保護技術，例如在第 2 章中描述的廣泛應用的方法來保證使用者隱私和資料安全。比如，我們可以使用加法同態加密（AHE）方法或基於誤差的加密學習方法來增強聯邦平均演算法的安全屬性。具體演算法如圖 7-5 所示。Phong 等人證明了在一定的條件下，只要底層同態加密方案是安全的，安全的聯邦平均演算法就不會向誠實且好奇的伺服器洩露參與方的資訊。當然，作為事情的另一面，使用 AHE 方法，加密和解密操作將增加計算的複雜度，加密的傳輸也可能引入額外的通訊負擔。

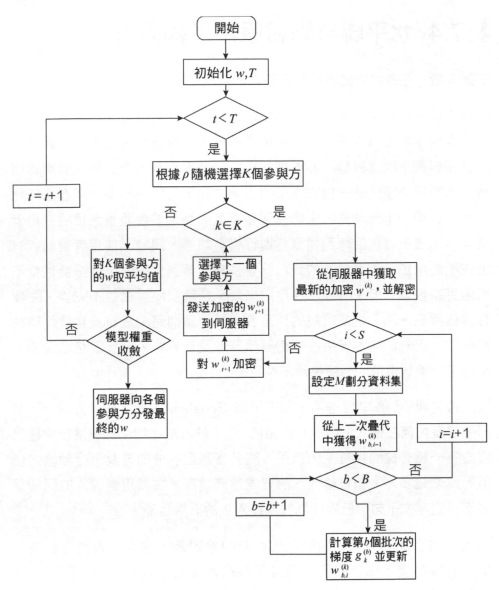

圖 7-5 安全的聯邦平均演算法流程圖[113]

▊ 7.4 水平聯邦學習應用於輸入法

下面來看一個實踐中的水平聯邦學習的實例—輸入法。

聯邦學習在裝置端的智慧應用通常是這樣的：使用者首先在本地裝置上產生資料，然後資料被上傳到中央伺服器，伺服器根據收到的大量的使用者資料統一訓練模型，最後根據訓練好的模型為各自的使用者進行服務。這種訓練模式是一種集中式的訓練方法，之前在一些使用者量級比較大的公司中十分常見，它們往往在模型訓練之前會收集大量的使用者資料，然後把資料上傳到伺服器進行模型訓練，同時，使用者端的資料也在不斷增加，那麼增加的資料就會及時上傳到伺服器，伺服器也會不斷地更新模型。但是對即時性應用來説，這種訓練模式並不完善，主要有兩個問題，除了之前所説的使用者資料隱私問題，還有資料傳輸時效性問題，因為即時性應用往往需要頻繁地更新資料，因此網路延遲或卡頓都可能導致模型的訓練更新不及時。

輸入法是典型的即時性應用，接下來以 Google 輸入法為例，介紹一下聯邦學習是如何在輸入法中進行應用的[114]。輸入法在如今的智慧社會裡已經成為一種普遍而且重要的應用。隨著智慧型手機的普及，行動端的使用者越來越多，人們對輸入法的要求越來越高。在使用者輸入的同時預測下一個字或子句，已經成為智慧輸入法的必備功能。

輸入法的發展受到很大的限制的重要的原因是，輸入法模型要在高、中、低端裝置上廣泛運行，而且因為輸入法的使用頻率高、回應速度快，所以為了保證輸入法可以同時滿足在各種裝置上流暢運行，輸入法模型的量級應盡可能小一些。

隨著深度學習不斷發展，很多深度學習語言模型在輸入法的預測上表現的效果很好，例如 RNN 及其變形長短期記憶網路（Long Short-Term

Memory，LSTM）等，可以利用任意動態大小的上下文視窗預測。訓練
的大致過程如下：擷取使用者在敲擊鍵盤時產生的資料，把資料上傳到
Google 伺服器，然後伺服器利用各個用戶端上傳的大量資料，訓練出符
合大部分人輸入習慣的智慧輸入模型。在聯邦學習被提出之後，使用者
側的資料不需要上傳到伺服器，因為每個用戶端都會有一個不斷訓練和
更新的模型，只需要將用戶端模型的參數加密上傳到伺服器。伺服器整
合用戶端上傳的模型參數進行綜合訓練，將訓練完成的模型參數分發到
各個用戶端，用戶端根據伺服器返回的模型參數進行本地更新（如圖 7-
6 所示）。

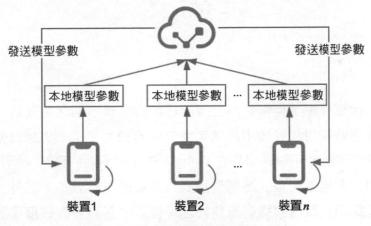

圖 7-6　用戶端與伺服器端模型互動

基於上述過程，Google 採用了聯邦平均演算法，將上傳到伺服器的各個
用戶端的模型參數相結合，產生新的全域模型。在每一輪訓練開始前，
伺服器都會下發一個全域模型參數給參與本次疊代訓練的每個用戶端。
然後，每個用戶端在本地利用自己的資料集進行模型訓練，利用隨機梯
度下降法（SGD）求梯度，更新模型參數，在模型收斂後，將本地模型
的參數傳回給伺服器，伺服器利用聯邦平均演算法對參數求平均值後，
生成一個新模型，以進行下一輪疊代。假設現在是訓練的第 t 個回合，

將全域模型 W_t 發送給用戶端的裝置子集 K。該全域模型已經被隨機地初始化，參與本回合訓練的每個用戶端都具有一個包含 n_k 個樣本大小的資料集。n_k 的大小與每個用戶端使用者的輸入有關。每個用戶端利用當前的全域模型 W_t 在其本地資料集上計算平均梯度 g_k 進行模型更新，即

$$W_t - \varepsilon g_k \to W_{t+1}^k \qquad (7\text{-}5)$$

式中，ε 為用戶端模型的學習率。然後，伺服器對各個用戶端模型進行加權整合，以形成新的全域模型 W_{t+1}，即

$$\sum_{k=1}^{K} \frac{n_k}{N} W_{t+1}^k \to W_{t+1} \qquad (7\text{-}6)$$

式中，$N = \sum_{k=1}^{K} n_k$。

在這個疊代過程中，與傳統的上傳記錄檔的方式不同之處在於，Google 在訓練模型時採用了各個用戶端本地快取的輸入文字，這樣每個用戶端參與訓練的資料就不會侷限於在 Google 產品中輸入的資料，而是在這台裝置上的所有輸入資料。這樣更能表現真實的資料分布。另外，Google 在訓練時採用快取檔案還有一個好處，快取的資料沒有長度限制而且資料品質更好，所以模型的召回率會更高。為了保證在模型訓練的過程中對用戶端來説是無感的，只有當用戶端處於空閒狀態，並且連接到無線網路時才會參與模型的訓練。

Google 在預測輸入的單字的時候，採用的是 LSTM 模型的變形遺忘門與輸入門結合（Coupled Input and Forget Gate，CIFG）模型。與 LSTM 模型相比，CIFG 模型將輸入門和遺忘門連接在了一起。透過採用 CIFG 模型，每個單元的參數量減少了 25%。對於時間步進值 t，輸入門 i_t 和遺忘門 f_t 具有以下關係

$$f_t = 1 - i_t \qquad\qquad （7\text{-}7）$$

在行動裝置環境中訓練模型，需要的計算量和參數量一般是比較小的，而採用 CIFG 模型是一個比較好的選擇，因為其不但減少了計算量和參數量，而且不影響模型的性能。該模型使用 TensorFlow 訓練。TensorFlow Lite 支持裝置上推理。為了達到在用戶端訓練無感的要求，模型在訓練時限制詞彙表的大小為 10000 筆，模型整體的參數量約為 140 萬個，傳送到各個用戶端的模型大小約為 1.4 百萬位元組。

Google 將水平聯邦學習應用於輸入法後，研究方向開始向更深層次、更加細化的方向發展，如訓練速度的不同步問題、模型更新上傳的安全性以及各個用戶端的設定不一致等問題。如今，有很多學者開始研究聯邦學習在輸入法領域的應用，例如有的學者透過聯邦學習擴充輸入法中的詞彙，也有的學者將聯邦學習的共用模型進行改進，使每個用戶端的輸入法應用具備個性化，還有的學者將聯邦學習應用到語音關鍵字辨識中，研發智慧型手機幫手。相信隨著越來越多的研究者加入，聯邦學習在未來更多的領域中都會得到長足的發展。

聯邦遷移學習

▌ 8.1 基本假設與定義

如上文所述，水平聯邦學習和垂直聯邦學習分別在「資料孤島」之間構造了兩種橋樑。然而，這兩種橋樑的構造分別依賴於特徵空間相同和樣本空間相同的條件。如果這兩個條件皆不滿足，就需要考慮本章所介紹的聯邦遷移學習。

8.1.1 遷移學習的現狀

欲知聯邦遷移學習，必須先了解遷移學習。我們首先在下列幾個場景中，領會遷移學習的魅力。

層出不窮的網路資訊使得網頁分類模型不斷地面臨新的未標注資料。它們包含新的語料庫和新的類別，這就表示特徵的分布以及特徵標籤的聯合分布都發生了變化。由於舊資料集和新資料集的分布不同，它們的網頁分類問題也應被視為不同的任務。為了避免耗費大量工作去標注新的樣本，Dai 等人提出了 TrAdaBoost[115]。TrAdaBoost 成功地把從一種任

務中學到的知識應用於另一個相似的任務。這類方法被稱為遷移學習。與在新任務中重新訓練模型相比，它不僅降低了標注成本，也降低了訓練成本。

情感分析被廣泛地用於各行各業。Das 等人利用多種分類演算法從股票資訊留言板上提取投資者的情感[116]。Thomas 研究了如何從美國國會辯論會（Congressional Floor Debates）的發言文字中判斷講話者是否支持某項法案[117]。此外，它還常常被用於電影評論和電子商務平台的商品評論。然而，在一個領域中訓練出的情感分類模型，並不能直接被應用到另一個領域。舉例來說，對圖書商品的評論和對電子產品的評論的語料庫會有所不同。Blitzer 等人研究了情感分類的領域自我調整（Domain Adaptation）方法，它是一種遷移學習方法[118]。

基於 Wi-Fi 的室內定位技術，透過存取點的訊號來發現終端裝置的位置被廣泛地應用於人員監控、行為辨識等領域。它的訓練集資料描繪了一個建築內各個位置的比率頻率（Ratio Frequency）訊號強度。當訓練好的模型被投入應用的時候，樣本的分布卻隨著人類活動等因素發生了變化[119]。在變化的環境中，重新標注樣本需要消耗大量的工作[120,121]。遷移學習被成功地應用於解決這類問題[122]。

行為辨識（Activity Recognition）技術根據感測器資料，對單人或多人的行為進行分類。行為辨識模型的訓練需要在不同使用者、不同環境、不同位置和不同裝置等情況下都存在大量的已標注樣本。然而，遷移學習的引入可以有效地降低這個成本[123]。

從以上種種情形中可以看到，在遷移學習中，對於兩個不同的問題，可能有以下部分發生了變化。第一，特徵空間 $\mathcal{X}$ 或邊緣機率分布 $P(X)$，其中 $X = (x_1, x_2, \cdots, x_n) \in \mathcal{X}$。第二，標籤空間 $\mathcal{Y}$ 或目標預測函數 $f(\cdot)$，其中從機率角度來講，$f(x)$ 可以寫成條件機率 $P(y|x)$。在遷

移學習中， $\mathcal{D} = \{\mathcal{X}, P(X)\}$ 稱為領域（domain）， $\mathcal{T} = \{\mathcal{Y}, f(\cdot)\}$ 稱為任務（task）。假設有兩個領域，來源領域 $\mathcal{D}_S$ 和目標領域 $\mathcal{D}_T$，及其分別對應的學習任務 $\mathcal{T}_S$ 和 $\mathcal{T}_T$，遷移學習的定義以下[34]。

定義 8-1：指定來源領域 $\mathcal{D}_S$ 和學習任務 $\mathcal{T}_S$，以及目標領域 $\mathcal{D}_T$ 和學習任務 $\mathcal{T}_T$，遷移學習是指在對 $\mathcal{T}_T$ 中的預測函數 $f(\cdot)$ 進行學習的過程中，引入 $\mathcal{D}_S$ 和 $\mathcal{T}_S$ 中的知識來提升學習效果。其中， $\mathcal{D}_S \neq \mathcal{D}_T$ 或 $\mathcal{T}_S \neq \mathcal{T}_T$。

上文提到的 TrAdaBoost 直接利用了兩個領域的資料。TrAdaBoost 的訓練過程類似於 AdaBoost。它訓練多個樹模型，並以基學習器的預測值的加權和作為最終預測值。第 t 個基學習器的誤差影響其權重，而這個誤差又為各個樣本誤差的加權和。舊樣本的這一權重與新樣本相比是不同的。在第 t 個基學習器上發生錯誤的新樣本的權重會在第 $t+1$ 個基學習器上提高，以便著重處理這個樣本；發生錯誤的舊樣本，則被認為不太符合新的分布，對應的權重會降低。它根據機率近似正確（Probability Approximately Correct, PAC）理論得出了泛化誤差上界，並在實驗中表現出良好的效果。

TrAdaBoost 這類遷移學習方法被稱為樣本知識的遷移。另一種想法則是在不同任務間尋找共同的特徵表示。這類方法被稱為特徵表示的遷移。Pan 等人提出的遷移成分分析（Transfer Component Analysis，TCA）就是一個典型的例子[124]。

在遷移成分分析中，以最大平均差（Maximum Mean Discrepancy）

$$\mathrm{dist}\left(X_S', X_T'\right) = \left\| \frac{1}{n_1}\sum_{i=1}^{n_1}\phi\left(x_i^S\right) - \frac{1}{n_2}\sum_{i=1}^{n_2}\phi\left(x_i^T\right)^2 \right\| \qquad (8\text{-}1)$$

來衡量兩個樣本集合 $X_S = \{x_i^S\}_{i=1}^{n_1}$， $X_T = \{x_i^T\}_{i=2}^{n_2}$ 經映射 ϕ 後的分布的差異。其中，映射 ϕ 將樣本映射到一個希伯特空間。希望找到一個這樣的映射

ϕ，使式（8-1）最小化。定義核心函數 $K(x_i, x_j) = \phi(x_i)' \phi(x_j)$。記 $K = \begin{bmatrix} K_{\mathrm{S,S}} & K_{\mathrm{S,T}} \\ K_{\mathrm{T,S}} & K_{\mathrm{T,T}} \end{bmatrix}$ 為來源領域和目標領域樣本的核心矩陣（可選擇常用核心函數）。相對於採用運算量較大的半正定規劃（Semi-Definite Programe，SDP），遷移成分分析採取了另一種最佳化方式。它透過 $(n_1 + n_2) \times m$ 矩陣 $\tilde{W}$ 將原先的樣本映射到 m 維（低維）空間裡，映射後的核心矩陣為 $\tilde{K} = KWW^{\mathrm{T}}K$, 其中 $W = K^{-\frac{1}{2}}\tilde{W}$, 而 $K^{-\frac{1}{2}}$ 是某種矩陣分解 $K = \left(KK^{-\frac{1}{2}} \right)\left(K^{-\frac{1}{2}}K \right)$ 中的矩陣。這時，$\mathrm{dist}\left(X_{\mathrm{S}}', X_{\mathrm{T}}' \right) = \mathrm{tr}\left(W^{\mathrm{T}}KLKW \right)$。最小化兩個樣本集合在映射後的距離，並加入正則化項，即最佳化下列問題

$$\min_{W} \mathrm{tr}\left(W^{\mathrm{T}}W \right) + \mu \mathrm{tr}\left(W^{\mathrm{T}}KLKW \right) \tag{8-2}$$

$$\mathrm{s.t.} W^{\mathrm{T}}HKW = I \tag{8-3}$$

式中，L 為 $(n_1 + n_2) \times (n_1 + n_2)$ 維矩陣，其第 i 行第 j 列的元素為

$$L_{ij} = \begin{cases} \dfrac{1}{n_1^2}, x_i, x_j \in X_{\mathrm{S}} \\ \dfrac{1}{n_2^2}, x_i, x_j \in X_{\mathrm{T}} \\ -\dfrac{1}{n_1 n_2}, \mathrm{otherwise} \end{cases} \tag{8-4}$$

$$H = I_{n_1 + n_2} - \frac{1}{n_1 + n_2}\mathbf{1}\mathbf{1}^{\mathrm{T}} \tag{8-5}$$

式中，$\mathbf{1}$ 為元素全是 1 的列向量。解 W 是 $(I + \mu KLK)^{-1}KHK$ 的 m 個最大特徵值的特徵向量。

除了樣本知識的遷移和特徵表示的遷移，還有參數的遷移。參數的遷移方法假設兩個相似任務中的模型在參數上具有一定聯繫。接下來，我們將著重介紹兩種模型參數的遷移方法。它們都對不同任務的神經網路在中間層參數上建立了某種聯繫。8.2 節的聯邦遷移學習架構就是對這類遷移學習架構的延伸。

8.1.2 圖形中級特徵的遷移

卷積神經網路（Convolutional Neural Network，CNN）在電腦視覺領域中發揮著突出的作用。許多大規模有標注的圖像資料集被用來訓練和評估卷積神經網路。AlexNet 在 ImageNet 2012 Large-Scale Visual Recognition Challenge（ILSVRC-2012）競賽中以當時最低的錯誤率獲勝[125]。此後，不少優秀的卷積神經網路以之為參考進行了改進[126,127]，在各自參賽的資料集中勝出。儘管圖形網路的發展可謂長江後浪推前浪，但 AlexNet 仍然以其富有創新和啟發性的地位成為後來者紛紛致敬的經典。圖形網路的成功依賴於大規模有標注的資料集，而這個條件在層出不窮的現實問題中是不現實的。那麼，能否採用遷移學習的想法，讓圖形網路能夠在一個任務中訓練之後，用到另一個任務中呢？

儘管無法將整個圖形網路直接在不同任務中共用，然而從直覺上來講，網路的前許多層仍然有遷移的可能。為什麼呢？周志華列出了一種對深度學習的了解方式[128]：輸入特徵在多層神經網路中層層轉化，逐步加工成與輸出更加密切相關的潛在特徵。基於這個認識，既然在一個資料集的訓練下，一個圖形網路的前許多層能夠將輸入特徵轉化成某種潛在特徵，那麼這個轉化機制應該適用於另外的圖像資料集。大量圖形網路的中間層的視覺化結果更說明了這種了解的合理性。Zeiler 等人對其模型在各層的結果進行了視覺化[129]，從網路低層的物體邊緣輪廓到邊緣連接處的浮現，再到網路上層的目標塊的描繪，都展現得栩栩如生。這些不

同層次的特徵被分為低級、中級和進階的特徵。Le 更是在無監督的情形下學習了進階特徵[130]。

文獻[131]便採用了這種理念，該文獻以 AlexNet 為基礎，提出了網路參數遷移的方法。它將 AlexNet 的前 7 層遷移於不同的資料集之間，從而以相同的方式獲取圖形的中級特徵表示。該方法在 ImageNet 資料集上預訓練 AlexNet，隨後遷移到 Pascal VOC 資料集上。在 ImageNet 資料集中，目標一般位於圖形的中心，而背景中的雜亂程度往往很小，而在 Pascal VOC 資料集中，在圖片中往往包含多個物體，且尺寸與方向各異，背景雜亂程度高。對此，學習模型的結構如圖 8-1 所示。

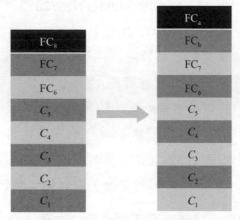

圖 8-1 AlexNet 的參數遷移

在來源任務中，使用 AlexNet 進行訓練[125]。它以 224 像素×224 像素的圖形作為輸入，經過 5 個卷積層 C1～C5 和 3 個全連接層 FC6～FC8。其中，它在 C1 和 C2 中使用了局部回應標準化和重疊最大池化，在 C5 層之後也使用了重疊最大池化。前 7 層使用了 ReLU 啟動函數，第 8 層使用 Softmax 啟動函數進行多分類。此外，該模型採用了 Jittering 策略代替 AlexNet 中的 Dropout 策略。

正如之前所說，該模型的前 7 層將圖形的原始特徵轉化成潛在的中級和

進階特徵。在目標領域的分類中，採用已經被訓練的前 7 層的參數。然而，由於目標任務中涉及的分類類別不同於來源領域，原先的全連接層 FC8 已經不再適用，取而代之的是新增的兩個全連接層 FCa 和 FCb，以適應新的資料分布。FCa 和 FCb 的參數在目標領域的資料集中進行訓練。在這個階段，C1～FC7 的參數被固定。

為了應對不同尺寸的圖片，該模型採用了滑動視窗目標探測（Training Sliding Window Object Detectors）的方法，將圖片處理成固定的 224 像素×224 像素大小。首先，在每一張圖片中，取樣出 500 個平方塊，它們的寬度為 $s = \frac{\min(w,h)}{\lambda}$。其中，$w, h$ 分別為圖片的寬和高，$\lambda \in \{1,1.3,1.6,2,2.4,2.8,3.2,3.6,4\}$，使得相鄰的區塊至少有 50%重疊。然後，將這些塊重新放縮到 224 像素×224 像素大小。如果平方塊 P 與類別 o 的真實區域 B_o 滿足以下條件，那麼為平方塊 P 指定類別標籤 o：（1）$|P \cap B_o| \geqslant 0.2|P|$，（2）$|P \cap B_o| \geqslant 0.6|B_o|$，（3）塊中不包含其他類別目標的重疊。其中，$|\cdot|$ 表示面積。對於沒有包含任何目標的平方塊，指定「背景」標籤。

對於輸入的區塊 P_i，模型的 FCb 層輸出會列出各個類別的預測值。設一張圖片中有 M 個區塊，則該圖片的類別 C_n 的分數為

$$\text{score}(C_n) = \frac{1}{M}\sum_{i=1}^{M} y(C_n|P_i)^k \qquad (8\text{-}6)$$

式中，k 為模型超參數，$k \geqslant 1$。根據作者的交換驗證，得出經驗最佳值 $k=5$。

將這一做法應用到 Pascal VOC 2007 資料集上，在分類平均精度上已經優於當時的已有模型 INRIA 和 NUS-PSL 等[131]。透過採用遷移學習方法，該方法不僅降低了標注成本，還提高了目標任務的分類性能。

8.1.3 從文字分類到圖形分類的遷移

使用巨量已標注文字的資料能夠訓練出強有力的文字分類模型，該模型可以在文字的詞特徵中發掘語義，判定文件的類別。Shu 等人巧妙地結合這個判別機制，提升了圖形分類模型的性能[132]。

Shu 等人把圖形和文字分別透過 L_1 個隱藏層進行轉化，再透過 L_2 個共用的隱藏層進行轉化，進而計算內積[132]。這種內積可以被視為圖形和文字的某種潛在的聯繫緊密程度。如果將此時的內積作為權重，把文字標籤加權指定圖形，就實現了標籤資訊的遷移。

這裡「共用」的方式有兩種，一種為強共用，另一種為弱共用。強共用的意思是圖形和文字在某隱藏層的參數完全相等。弱共用則表示，透過損失函數來約束兩組參數相近。從直覺上來講，圖形和文字屬於不同性質的資料，弱共用更加適合這個情形。弱共用深度遷移網路如圖 8-2 所示。

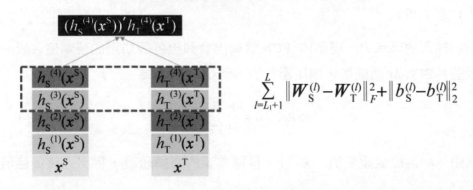

圖 8-2 弱共用深度遷移網路

對於圖形分類，這種做法在不犧牲模型表現力的前提下，抑制了過擬合現象。接下來就對這個工作介紹。

這個模型將自編碼器（AutoEncoder）作為基本的組成部分。自編碼器包含兩個部分：編碼函數 $h(\boldsymbol{x})=s_e(\boldsymbol{Wx}+b)$ 和解碼函數 $\tilde{h}(\boldsymbol{x})=s_d(\tilde{\boldsymbol{W}}\boldsymbol{x}+b)$ 。其中，s_e,s_d 為非線性啟動函數。自編碼器透過損失函數 $\mathrm{loss}(x_0,\tilde{h}(h(x_0)))$ 進行訓練。多層自編碼器堆疊，形成堆疊自編碼器（Stacked AutoEncoder, SAE）。

令 $L=L_1+L_2$ ，文字和圖形的輸入資料分別為 $\boldsymbol{x}_i^S$ 和 $\boldsymbol{x}_i^T$ ，它們在第 l 層的特徵表示分別為 $\boldsymbol{x}_{S_i}^{(l)}\in\mathbf{R}^{a_l},\boldsymbol{x}_{T_i}^{(l)}\in\mathbf{R}^{b_l}$ 。令 $\boldsymbol{x}_{S_i}^{(0)}=\boldsymbol{x}_i^S,\ \boldsymbol{x}_{T_i}^{(0)}=\boldsymbol{x}_i^T$ ，且在不引起混淆的情況下省略索引 i 。於是，這個網路可以用下列公式描述。

$$\boldsymbol{x}_S^{(l)}=h_S^{(l)}(\boldsymbol{x}^S)=s_e(\boldsymbol{W}_S^{(l)}\boldsymbol{x}_S^{(l-1)}+b_S^{(l)})\in\mathbf{R}^{a_l} \tag{8-7}$$

$$\boldsymbol{x}_T^{(l)}=h_T^{(l)}(\boldsymbol{x}^T)=s_e\left(\boldsymbol{W}_T^{(l)}\boldsymbol{x}_T^{(l-1)}+b_T^{(l)}\right)\in\mathbf{R}^{b_l} \tag{8-8}$$

式中，$\left\{\boldsymbol{W}_S^{(l)},b_S^{(l)}\right\}_{l=1}^L$ 和 $\left\{\boldsymbol{W}_T^{(l)},b_T^{(l)}\right\}_{l=1}^L$ 分別為對應於文字和圖形的堆疊自編碼器參數。對於兩個堆疊自編碼器的輸出資料，計算內積 $(h_S^{(L)}(\boldsymbol{x}^S))'(h_T^{(L)}(\boldsymbol{x}^T))$ ，並且稱之為翻譯函數（Translator Function）。對於許多來源領域樣本 $(\bar{\boldsymbol{x}}_j^S,\bar{y}_j^S),\ j=1,2,\cdots,N_S$ ，翻譯函數用於為目標領域輸入 $\boldsymbol{x}^T$ 指定標籤。

$$f(\boldsymbol{x}^T)=\sum_{j=1}^{N_S}\bar{y}_j^S\left(h_S^{(L)}\left(\bar{\boldsymbol{x}}_j^S\right)\right)'h_T^{(L)}\left(\boldsymbol{x}^T\right) \tag{8-9}$$

為了訓練這個網路，作者定義的目標函數包含了下面幾項。第一項用於兩個堆疊自編碼器在後 L_2 層的弱共用

$$\varOmega=\sum_{l=L_1+1}^L\left\|\boldsymbol{W}_S^{(l)}-\boldsymbol{W}_T^{(l)}\right\|_F^2+\left\|b_S^{(l)}-b_T^{(l)}\right\|_2^2 \tag{8-10}$$

第二項衡量目標領域樣本預測值與真實值的訓練誤差。

$$J_1 = \sum_{t=1}^{\bar{N}_\mathrm{T}} l\left(\tilde{y}_t^\mathrm{T} \cdot f\left(\tilde{x}_t^\mathrm{T}\right)\right) \tag{8-11}$$

這裡取 $l(x) = \ln(1 + \exp(-x))$。設已有圖形和文字共現資料 $\left\{\left(x_i^\mathrm{S}, x_i^\mathrm{T}\right)\right\}_{i=1}^{N_C}$，其中 NC 表示樣本總量，第三項為共現的經驗誤差。

$$J_2 = \sum_{i=1}^{N_C} \exp\left(-\left(\left(h_\mathrm{S}^{(L)}\left(\overline{x}_i^\mathrm{S}\right)\right)' h_\mathrm{T}^{(L)}\left(x_i^\mathrm{T}\right)\right)\right) \tag{8-12}$$

第四項為參數的正則化項。

$$\Psi = \sum_{l=1}^{L} \left(\left\|W_\mathrm{S}^{(l)}\right\|_F^2 + \left\|b_\mathrm{S}^{(l)}\right\|_2^2 + \left\|W_\mathrm{T}^{(l)}\right\|_F^2 + \left\|b_\mathrm{T}^{(l)}\right\|_2^2\right) \tag{8-13}$$

結合以上，損失函數為

$$J = J_1 + \eta J_2 + \frac{\gamma}{2}\Omega + \frac{\lambda}{2}\Psi \tag{8-14}$$

從而，可以利用隨機梯度下降的方法來更新模型參數。

模型的訓練主要包含三個部分。第一個部分為無監督地預訓練堆疊自編碼器。這個方法在上文介紹自編碼器的時候已經提到。第二個部分為由損失函數（8-14）反向傳播微調模型的各個參數。第三個部分為利用目標領域有標籤資料 $A_\mathrm{T} = \left\{\tilde{x}_t^\mathrm{T}, \tilde{y}_t^\mathrm{T}\right\}_{t=1}^{\bar{N}_t}$ 來訓練目標任務側的堆疊自編碼器。具體來講，在目標任務側的堆疊自編碼器頂端加上 Softmax 層進行分類，按分類誤差來訓練目標任務側的堆疊自編碼器。第一個部分的訓練首先進行，進行許多步參數更新。然後，第二個部分和第三個部分交替進行，即每一輪參數更新都包含一步第二個部分的參數更新和一步第個三部分的參數更新，直到疊代次數達到設定的最大值。

該模型在 NUS-WIDE 資料集[133]上進行訓練和評估，其準確率超越了支持向量機（SVM）、堆疊自編碼器、異質遷移學習[134]和文字圖形翻譯器（Translator from Text to Image, TTI）[135]等已有的優秀模型。

本節說明的弱共用深度遷移網路以堆疊自編碼器為基礎，建立了異質領域之間的遷移學習系統，透過將來源領域中的標籤資訊遷移到目標領域，提升了目標任務的分類性能。

8.1.4 聯邦遷移學習的提出

在遷移學習的很多實際應用中，來源領域和目標領域的資料常常屬於不同的機構。共用資料訓練模型可能會受到某些法律因素或其他實際因素的限制。歐盟在 2016 年頒佈的通用資料保護條例（General Data Protection Regulation，GDPR）[136]中要求不同的機構在共同使用資料時，不得將使用者隱私曝露給對方。因此，來源領域方與目標領域方在交換資料時，可能需要對資料進行加密。雙方僅能獲取對方資料的加密，並基於此完成模型的訓練。

聯邦遷移強化學習[137]實現了強化學習中的「聯邦」和「遷移」。它在自動駕駛任務中，在資料保密的條件下，實現了模擬器和自動駕駛汽車之間的遷移。

▌ 8.2 聯邦遷移學習架構

聯邦遷移學習的定義如下[30]。

定義 8-2：在特徵空間不同且樣本分布不同的兩個參與方的參與下，在能夠實現綜合運用各方資料的同時，保證各方資料隱私的演算法，被稱為聯邦遷移學習。

遷移學習中的來源領域和目標領域等概念，同樣適用於聯邦遷移學習。
聯邦遷移學習架構[138,139]充分利用了來源領域和目標領域的樣本資料，
量化了來源領域樣本和目標領域樣本的連結程度作為遷移的橋樑。具體
來講，來源領域樣本的特徵和目標領域樣本的特徵分別經過許多層的轉
化後，計算內積。這個內積便可被視為「連結程度」的度量。於是，在
目標領域中的每個樣本都會與在來源領域中的所有樣本計算這個內積。
以這些內積為權重，來源領域樣本的標籤便可加權指定該目標領域樣
本。由此可見，它與垂直聯邦學習的重要區別：在垂直聯邦學習中，雙
方的交集樣本會產生聯繫；在聯邦遷移學習中，雙方的交集樣本和非交
集樣本均會產生聯繫，這個架構如圖 8-3 所示。

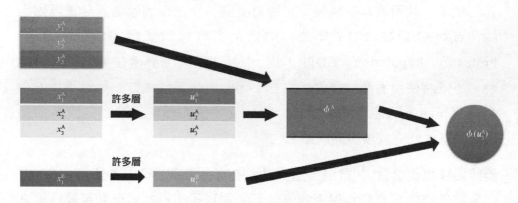

圖 8-3 聯邦遷移學習架構

接下來，我們用具體的數學語言來明確地描述這個架構。

設來源領域方 A 有資料集 $D_A = \left\{ \left(x_i^A, y_i^A \right) \right\}_{i=1}^{N_A}, y_i^A \in \{1, -1\}$ 和一個神經網路
Net^A。該網路將樣本 x_i^A 轉化為潛在的特徵表示 $u_i^A = \mathrm{Net}^A(x_i^A)$。同理，目標
領域方 B 有資料集 $D_B = \left\{ \left(x_j^B \right) \right\}_{j=1}^{N_B}$ 和神經網路 $u_i^B = \mathrm{Net}^B \left(x_i^B \right), i \in \{1, 2, \cdots, N_B\}$。這
裡，u_i^A 和 u_i^B 具有相同的維數 d。此外，還有 A 方與 B 方的共現資料
$\left\{ \left(x_i^A, x_i^B \right) \right\}_{i=1}^{N_{AB}}$，以及部分帶有 A 方標籤的 B 方資料 $\left\{ \left(x_i^B, y_i^A \right) \right\}_{i=1}^{N_C}$。

以函數

$$\phi\left(\boldsymbol{u}_j^{\mathrm{B}}\right)=\phi\left(\boldsymbol{u}_1^{\mathrm{A}},y_1^{\mathrm{A}},\boldsymbol{u}_2^{\mathrm{A}},y_2^{\mathrm{A}},\cdots,\boldsymbol{u}_{N_{\mathrm{A}}}^{\mathrm{A}},y_{N_{\mathrm{A}}}^{\mathrm{A}},\boldsymbol{u}_j^{\mathrm{B}}\right)$$ （8-15）

作為模型的預測值，並假設 $\phi\left(\boldsymbol{u}_j^{\mathrm{B}}\right)$ 線性可分，即

$$\phi\left(\boldsymbol{u}_j^{\mathrm{B}}\right)=\boldsymbol{\varPhi}^{\mathrm{A}}\mathcal{G}\left(\boldsymbol{u}_j^{\mathrm{B}}\right)$$ （8-16）

舉例來説，在「從文字分類到圖形分類的遷移」[132]中有

$$\phi\left(\boldsymbol{u}_j^{\mathrm{B}}\right)=\frac{1}{N_{\mathrm{A}}}\sum_i^{N_{\mathrm{A}}}y_i^{\mathrm{A}}\boldsymbol{u}_i^{\mathrm{A}}\left(\boldsymbol{u}_j^{\mathrm{B}}\right)'$$ （8-17）

$$\boldsymbol{\varPhi}^{\mathrm{A}}=\frac{1}{N_{\mathrm{A}}}\sum_i^{N_{\mathrm{A}}}y_i^{\mathrm{A}}\boldsymbol{u}_i^{\mathrm{A}}$$ （8-18）

$$\mathcal{G}\left(\boldsymbol{u}_j^{\mathrm{B}}\right)=\left(\boldsymbol{u}_j^{\mathrm{B}}\right)'$$ （8-19）

損失函數包含四項，這四項涵蓋了三個方面：標籤的監督作用（第一項）、兩方樣本交集的連結性（第二項）和過擬合的抑制（第三項和第四項）。它們分別對應了下列四項。

第一項涉及帶有 A 方標籤的 B 方資料 $\left\{\left(x_i^{\mathrm{B}},y_i^{\mathrm{A}}\right)\right\}_{i=1}^{N_{\mathrm{C}}}$。這一項為

$$\mathcal{L}_1=\sum_{i=1}^{N_{\mathrm{C}}}l_1\left(y_i^{\mathrm{A}},\phi\left(\boldsymbol{u}_i^{\mathrm{B}}\right)\right)$$ （8-20）

式中，$l_1\left(y,\phi\right)=\ln\left(1+\exp\left(-y\phi\right)\right)$。

第二項涉及 A 方與 B 方的共現資料 $\left\{\left(x_i^{\mathrm{A}},x_i^{\mathrm{B}}\right)\right\}_{i=1}^{N_{\mathrm{AB}}}$。這一項為

$$\mathcal{L}_2 = \sum_{i=1}^{N_{AB}} l_2\left(\boldsymbol{u}_i^A, \boldsymbol{u}_i^B\right) \tag{8-21}$$

式中，l_2 表示對準損失（Alignment Loss）。典型的對準損失包括 $-\boldsymbol{u}_i^A \cdot (\boldsymbol{u}_i^B)^T$ 或 $-\left\|\boldsymbol{u}_i^A - \boldsymbol{u}_i^B\right\|_F^2$，這裡假設 l_2 具有形式

$$l_2\left(\boldsymbol{u}_i^A, \boldsymbol{u}_i^B\right) = -l_2^A\left(\boldsymbol{u}_i^A\right) + l_2^B\left(\boldsymbol{u}_i^B\right) + \kappa \boldsymbol{u}_i^A \cdot (\boldsymbol{u}_i^B)^T \tag{8-22}$$

式中，κ 為常數。

第三項和第四項分別為 Net^A 和 Net^B 網路參數的正則化項。設 Net^A 和 Net^B 的參數集合分別為 $\Theta^A = \left\{\boldsymbol{\theta}_l^A\right\}_{l=1}^{L_A}$ 和 $\Theta^B = \left\{\boldsymbol{\theta}_l^B\right\}_{l=1}^{L_B}$，那麼這兩項可以寫成

$$\mathcal{L}_3^A = \sum_{l=1}^{L_A} \left\|\boldsymbol{\theta}_l^A\right\|_F^2 \tag{8-23}$$

$$\mathcal{L}_3^B = \sum_{l=1}^{L_B} \left\|\boldsymbol{\theta}_l^B\right\|_F^2 \tag{8-24}$$

於是，損失函數可以寫成

$$\mathcal{L} = \mathcal{L}_1 + \gamma \mathcal{L}_2 + \frac{\lambda}{2}\left(\mathcal{L}_3^A + \mathcal{L}_3^B\right) \tag{8-25}$$

模型參數的更新在原則上需要利用反向傳播的方法。然而，損失函數和它對模型參數的梯度，都同時用到了 A 和 B 雙方的資料。為了在這些計算中避免各方將資料曝露給對方，加密演算法或安全多方計算協定的使用是必要的。8.3 節對這點詳細介紹。

▌8.3 聯邦遷移學習方法

加密演算法和安全多方計算協定的引入，使得損失函數和梯度的安全計算成為可能。它們支持加密值的加法或乘法運算，從而使得一方能夠利用另一方數值的加密進行計算。注意：損失函數的第一項涉及非線性函數，此時可採用多項式近似，將非線性函數近似成線性函數，使其僅包含加法和乘法運算。

接下來，我們介紹加法同態加密、ABY、SPDZ 和多項式近似，以及如何利用它們進行損失函數和梯度的安全計算。其中，ABY 和 SPDZ 是兩種安全多方計算協定框架。如圖 8-4 所示，它們之間的三種組合分別實現了三種安全訓練。

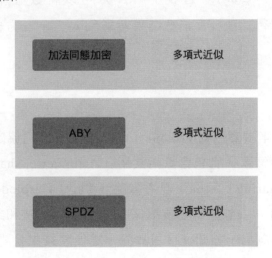

圖 8-4　三種組合都可以實現聯邦遷移學習模型的安全訓練

8.3.1 多項式近似

Logistic 函數的對數

$$f(x) = \ln\left(1 + \exp(-x)\right) \qquad （8-26）$$

出現於 Logistic 回歸的損失函數，以及一些二分類神經網路的損失函數中。利用多項式近似[140~142]可以將這個函數近似成線性函數，以便應用下文提到的加密演算法和傳輸協定，對加密值進行加法或乘法運算。這裡採用二階泰勒展開式

$$f(x) \approx \ln 2 - \frac{1}{2}x + \frac{1}{8}x^2 \qquad (8\text{-}27)$$

8.3.2 加法同態加密

第 2 章對同態加密[143]技術進行了介紹。其中，加法同態加密可以應用於聯邦遷移學習情形。對於值 m_1 和 m_2，加法同態加密 $E(\cdot)$ 實現了 $E(m_1 + m_2) = E(m_1) + E(m_2)$。這表示，A 方可以將數值加密並發送給 B 方，而 B 方在進行加法運算後把結果發送回 A 方，A 方再對結果進行解密。

8.3.3 ABY

ABY[144]是一種半誠實（semi-honest）設定下的傳輸協定框架，適用於有兩個參與方的情形。它包含算術共用（Arithmetic Sharing）、布林共用（Boolean Sharing）和姚氏混淆電路（Yao's Garbled Circuits）。這裡採用算術共用。它能夠令雙方對保密的值進行加法和乘法運算，且持有該值的一方不讓另一方知道這個數值，隨後將結果公開。

設第 i 方 $(i \in \{0,1\})$ P_i 持有保密的數值 x，為了對這個數值進行共用（但是並不讓另一方知道該值），它生成一個數值 r，並設 $\langle x \rangle_i = x - r$，將 r 發送給另一方 P_{1-i}。另一方設 $\langle x \rangle_{1-i} = r$。於是，有 $x = \langle x \rangle_0 + \langle x \rangle_1$。此時，將這個共用方式記為 $\langle x \rangle$，即 $\langle x \rangle = (\langle x \rangle_0, \langle x \rangle_1)$。

為了對兩個保密值 x 和 y 進行加法運算，P_i 計算 $\langle z \rangle_i = \langle x \rangle_i + \langle y \rangle_i$。顯然，$z = \langle z \rangle_0 + \langle z \rangle_1$ 就是所求結果。接下來，敘述保密值的乘法運算。設在此之前，已經預先準備了三個共用值 $\langle a \rangle, \langle b \rangle, \langle c \rangle$，使得 $c = a \cdot b$。P_i 計算

$$\langle \varepsilon \rangle_i = \langle x \rangle_i - \langle a \rangle_i \qquad (8\text{-}28)$$

$$\langle \rho \rangle_i = \langle y \rangle_i - \langle b \rangle_i \qquad (8\text{-}29)$$

$$\langle z \rangle_i = i \cdot \varepsilon \cdot \rho + \rho \cdot \langle a \rangle_i + \varepsilon \cdot \langle b \rangle_i + \langle c \rangle_i \qquad (8\text{-}30)$$

對一個共用的 x 進行公開的方法：P_i 將其 $\langle x \rangle_i$ 發送給 P_{1-i}（$i \in \langle 0,1 \rangle$），然後計算 $x = \langle x \rangle_0 + \langle x \rangle_1$。

8.3.4 SPDZ

SPDZ 是一種惡意（malicious）設定下的傳輸協定框架。它考慮到在 n 個參與方中有 $n-1$ 個參與方變得不誠實。它實現了 n 方協作，對保密的數值進行加法或乘法運算（期間各方並不知道保密的數值），並且將結果公開。SPDZ 由 Damgård 等人提出[145]，並被 Damgård 等人改進[146]，Keller 列出了它的開放原始碼實現方法。

為了將一個保密的數值 a 進行共用（但是各方並不知道這一數值），各方分別持有 $a_i, i=1,2,\cdots,n$，使得 $a = a_1 + a_2 + \cdots + a_n$。為了驗證這個共用的正確性，採取訊息驗證碼（Message Authentication Code, MAC）$\gamma(a)$，其中各方持有 $\gamma(a)_i$，使得

$$\gamma(a) = \gamma(a)_1 + \gamma(a)_2 + \cdots + \gamma(a)_n \qquad (8\text{-}31)$$

$$\gamma(a) = \alpha a \qquad (8\text{-}32)$$

這裡的 α 是一個已經指定的固定值，稱為訊息驗證碼關鍵字（MAC Key），各方持有 α_i，使得 $\alpha = \alpha_1 + \alpha_2 + \cdots + \alpha_n$。這種對 a 進行共用的方式被記為 $\langle a \rangle$，具體地講，

$$\langle a \rangle = \left(\left(a_1, a_2, \cdots, a_n \right), \left(\gamma(a)_1, \gamma(a)_2, \cdots, \gamma(a)_n \right) \right) \tag{8-33}$$

容易實現共用數值的加法運算 $\langle x+y \rangle = \langle x \rangle + \langle y \rangle$。然而，對於 $\langle x \rangle$ 和 $\langle y \rangle$ 的乘法運算，過程相對複雜一點。設已經產生了用於乘法運算的三個共用值 $\langle a \rangle, \langle b \rangle, \langle c \rangle$，使得 $c = a \cdot b$。各方共同計算 $\langle x \rangle - \langle a \rangle = \langle \varepsilon \rangle, \langle y \rangle - \langle b \rangle = \langle \delta \rangle$，並且不完全開放（Partially Open）$\langle \varepsilon \rangle, \langle \delta \rangle$，使得 ε 和 δ 為各方知曉。所謂不完全開放 ε，即各方公開各自持有的 ε_i，使得各方能夠獲得 $\varepsilon = \varepsilon_1 + \varepsilon_2 + \cdots + \varepsilon_n$。隨後，進行加法運算

$$\langle x \rangle \cdot \langle y \rangle = \langle c \rangle + \varepsilon \cdot \langle b \rangle + \delta \cdot \langle a \rangle + \varepsilon \cdot \delta \tag{8-34}$$

如果 $\langle x \rangle$ 已經被不完全開放，那麼為了利用訊息驗證碼來驗證共用 $\langle x \rangle$ 的正確性，公開一個隨機向量 $r = (r_1, r_2, \cdots, r_n)$。第 i 方 P_i 計算

$$c = \sum_{j=1}^{n} r_j x_j \tag{8-35}$$

$$\gamma(c)_i = \sum_{j=1}^{n} r_j \gamma(x_j)_i \tag{8-36}$$

$$\sigma_i = \gamma(c)_i - \alpha_i \cdot c \tag{8-37}$$

並且將 σ_i 公開。各方共同驗證

$$\sigma_1 + \sigma_2 + \cdots + \sigma_n = 0 \tag{8-38}$$

如果 $\sigma_1 + \sigma_2 + \cdots + \sigma_n$ 不等於零，那麼驗證失敗。

8.3.5 基於加法同態加密進行安全訓練和預測

如何採用上述方法來實現 8.2 節中的聯邦遷移學習架構呢？首先說一下結合加法同態加密和多項式近似來進行模型訓練和預測的方法[138]。

我們將加法同態加密記為 $[\![\cdot]\!]$。記 $[\![\cdot]\!]_A$ 為由 A 方所持有公共關鍵字的同態加密（即真實值由 A 方持有，且加密後的值可由 A 方解密），$[\![\cdot]\!]_B$ 為由 B 方所持有公共關鍵字的同態加密。另外，根據上文的「多項式近似」

$$l_1(y,\phi) = \ln(1+\exp(-y\phi)) \approx l_1(y,0) - \frac{1}{2}C(y)\phi + \frac{1}{8}D(y)\phi \quad （8\text{-}39）$$

式中，$C(y)=y, D(y)=y^2$。從而可以求出

$$\begin{aligned}
[\![\mathcal{L}]\!] = &\sum_i^{N_C}\left([\![l_1(y_i^A,0)]\!]\right)\\
&-\frac{1}{2}C(y_i^A)\boldsymbol{\Phi}^A[\![\mathcal{G}(\boldsymbol{u}_i^B)]\!]\\
&+\frac{1}{8}D(y_i^A)\boldsymbol{\Phi}^A[\![(\mathcal{G}(\boldsymbol{u}_i^B))^T\mathcal{G}(\boldsymbol{u}_i^B)]\!](\boldsymbol{\Phi}^A)^T)\\
&+\gamma\sum_i^{N_{AB}}\left([\![l_2^B(\boldsymbol{u}_i^B)]\!] + [\![l_2^A(\boldsymbol{u}_i^A)]\!] + \kappa\boldsymbol{u}_i^A[\![(\boldsymbol{u}_i^B)^T]\!]\right)\\
&+[\![\frac{\lambda}{2}\mathcal{L}_3^A]\!] + [\![\frac{\lambda}{2}\mathcal{L}_3^B]\!] \quad\quad （8\text{-}40）
\end{aligned}$$

$$\begin{aligned}
\left[\!\!\left[\frac{\partial\mathcal{L}}{\partial\boldsymbol{\theta}_l^B}\right]\!\!\right] = &\sum_i^{N_C}\frac{\partial(\mathcal{G}(\boldsymbol{u}_i^B))^T\mathcal{G}(\boldsymbol{u}_i^B)}{\partial\boldsymbol{u}_i^B}\left[\!\!\left[\frac{1}{8}D(y_i^A)(\boldsymbol{\Phi}^A)^T\boldsymbol{\Phi}^A\right]\!\!\right]\frac{\partial\boldsymbol{u}_i^B}{\partial\boldsymbol{\theta}_l^B}\\
&-\sum_i^{N_C}\left[\!\!\left[\frac{1}{2}C(y_i^A)\boldsymbol{\Phi}^A\right]\!\!\right]\frac{\partial\mathcal{G}(\boldsymbol{u}_i^B)}{\partial\boldsymbol{u}_i^B}\frac{\partial\boldsymbol{u}_i^B}{\partial\boldsymbol{\theta}_l^B}
\end{aligned}$$

$$+ \sum_{i}^{N_{AB}} \left(\left[\!\left[\gamma \kappa u_i^A \right]\!\right] \frac{\partial u_i^B}{\partial \theta_l^B} + \left[\!\left[\gamma \frac{\partial l_2^B \left(u_i^B \right)}{\partial \theta_l^B} \right]\!\right] \right)$$

$$+ \left[\!\left[\lambda \boldsymbol{\theta}_l^B \right]\!\right] \qquad\qquad (8\text{-}41)$$

$$\frac{\partial \mathcal{L}}{\partial \theta_l^A} = \sum_{j}^{N_A} \sum_{i}^{N_e} \left(\frac{1}{4} D \left(y_i^A \right) \boldsymbol{\Phi}^A \left[\!\left[\mathcal{G} \left(u_i^B \right)^T \mathcal{G} \left(u_i^B \right) \right]\!\right] \right.$$

$$- \frac{1}{2} C \left(y_i^A \right) \left[\!\left[\mathcal{G} \left(u_i^B \right) \right]\!\right] \right) \cdot \frac{\partial \boldsymbol{\Phi}^A}{\partial u_j^A} \frac{\partial u_j^A}{\partial \theta_l^A}$$

$$+ \gamma \sum_{i}^{N_{AB}} \left(\left[\!\left[\kappa u_i^B \right]\!\right] \frac{\partial u_i^A}{\partial \theta_l^A} + \left[\!\left[\frac{\partial l_2^A \left(u_i^A \right)}{\partial \theta_l^A} \right]\!\right] \right)$$

$$+ \left[\!\left[\lambda \boldsymbol{\theta}_l^A \right]\!\right] \qquad\qquad (8\text{-}42)$$

在訓練階段，A 方和 B 方需要合作計算式（8-39）～式（8-41）。它包含大致四個步驟。其中一方的梯度計算如圖 8-5 所示，另一方的與之對稱。

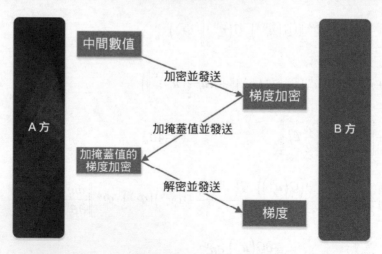

圖 8-5 基於加法同態加密和多項式近似進行安全訓練

第一步，各方計算本地資料。兩方初始化 $\boldsymbol{\Theta}^{\mathrm{A}}$ 和 $\boldsymbol{\Theta}^{\mathrm{B}}$ ，且計算 $\boldsymbol{u}_i^{\mathrm{A}} = \mathrm{Net}^{\mathrm{A}}\left(x_i^{\mathrm{A}}\right)$ 和 $\boldsymbol{u}_i^{\mathrm{B}} = \mathrm{Net}^{\mathrm{B}}\left(x_i^{\mathrm{B}}\right)$ 。

第二步，雙方交換中間資料加密。A 方計算

$$h_1^{\mathrm{A}}\left(\boldsymbol{u}_i^{\mathrm{A}}, y_i^{\mathrm{A}}\right) = \left\{\left[\!\left[\frac{1}{8}D\left(y_i^{\mathrm{A}}\right)\left(\boldsymbol{\Phi}^{\mathrm{A}}\right)^{\mathrm{T}}\left(\boldsymbol{\Phi}^{\mathrm{A}}\right)\right]\!\right]_{\mathrm{A}}\right\}_{i=1}^{N_{\mathrm{C}}} \tag{8-43}$$

$$h_2^{\mathrm{A}}\left(\boldsymbol{u}_i^{\mathrm{A}}, y_i^{\mathrm{A}}\right) = \left\{\left[\!\left[\frac{1}{2}C\left(y_i^{\mathrm{A}}\right)\boldsymbol{\Phi}^{\mathrm{A}}\right]\!\right]_{\mathrm{A}}\right\}_{i=1}^{N_{\mathrm{C}}} \tag{8-44}$$

$$h_3^{\mathrm{A}}\left(\boldsymbol{u}_i^{\mathrm{A}}, y_i^{\mathrm{A}}\right) = \left\{\left[\!\left[\gamma\kappa\boldsymbol{u}_i^{\mathrm{A}}\right]\!\right]_{\mathrm{A}}\right\}_{i=1}^{N_{\mathrm{AB}}} \tag{8-45}$$

且將它們加密發送給 B 方。根據式（8-41），B 方可以利用這些值加密地計算 $\mathrm{Net}^{\mathrm{B}}$ 各個參數的梯度 $\left[\!\left[\dfrac{\partial \mathcal{L}}{\partial \boldsymbol{\theta}_l^{\mathrm{B}}}\right]\!\right]_{\mathrm{A}}$ 。同理，B 方計算

$$h_1^{\mathrm{B}}\left(\boldsymbol{u}_i^{\mathrm{B}}\right) = \left\{\left[\!\left[\left(\mathcal{G}\left(\boldsymbol{u}_i^{\mathrm{B}}\right)\right)^{\mathrm{T}}\mathcal{G}\left(\boldsymbol{u}_i^{\mathrm{B}}\right)\right]\!\right]_{\mathrm{B}}\right\}_{i=1}^{N_{\mathrm{C}}} \tag{8-46}$$

$$h_2^{\mathrm{B}}\left(\boldsymbol{u}_i^{\mathrm{B}}\right) = \left\{\left[\!\left[\mathcal{G}\left(\boldsymbol{u}_i^{\mathrm{B}}\right)\right]\!\right]_{\mathrm{B}}\right\}_{i=1}^{N_{\mathrm{C}}} \tag{8-47}$$

$$h_3^{\mathrm{B}}\left(\boldsymbol{u}_i^{\mathrm{B}}\right) = \left\{\left[\!\left[\kappa\boldsymbol{u}_i^{\mathrm{B}}\right]\!\right]_{\mathrm{B}}\right\}_{i=1}^{N_{\mathrm{AB}}} \tag{8-48}$$

$$h_4^{\mathrm{B}}\left(\boldsymbol{u}_i^{\mathrm{B}}\right) = \left[\!\left[\frac{\lambda}{2}\mathcal{L}_3^{\mathrm{B}}\right]\!\right]_{\mathrm{B}} \tag{8-49}$$

且加密發送給 A 方，A 方可根據式（8-42）計算 $\left[\!\left[\dfrac{\partial \mathcal{L}}{\partial \boldsymbol{\theta}_l^{\mathrm{A}}}\right]\!\right]_{\mathrm{B}}$ 。

第三步，各方在收到加密後，計算對方的梯度加密，加掩蓋（mask）值併發送給對方進行解密。為了避免在梯度中曝露使用者資訊[57,70,141,147,148]，A 方和 B 方需要利用隨機數 m^A 和 m^B 進一步掩蓋梯度。具體來說，A 方計算 $\left[\!\!\left[\dfrac{\partial \mathcal{L}}{\partial \boldsymbol{\theta}_l^A}+m^A\right]\!\!\right]_B$ 和 $[\![\mathcal{L}]\!]_B$ 並發送給 B 方，B 方計算 $\left[\!\!\left[\dfrac{\partial \mathcal{L}}{\partial \boldsymbol{\theta}_l^B}+m^B\right]\!\!\right]_A$ 並發送給 A 方。

第四步，各方解密收到的值，並發送給對方用於梯度更新。B 方在解密 $\dfrac{\partial \mathcal{L}}{\partial \boldsymbol{\theta}_l^A}+m^A$ 後發回 A 方用於 Net^A 的參數更新；A 方在解密 $\dfrac{\partial \mathcal{L}}{\partial \boldsymbol{\theta}_l^B}+m^B$ 後發回 B 方用於 Net^B 的參數更新。

在推理階段，B 方計算 $\boldsymbol{u}_j^B = \mathrm{Net}^B\left(\boldsymbol{\Theta}^B, x_j^B\right)$，並加密得 $\left[\!\!\left[\mathcal{G}\left(\boldsymbol{u}_j^B\right)\right]\!\!\right]_B$。A 方計算 $\left[\!\!\left[\varphi\left(\boldsymbol{u}_j^B\right)\right]\!\!\right]_B = \boldsymbol{\varPhi}^A\left[\!\!\left[\mathcal{G}\left(\boldsymbol{u}_j^B\right)\right]\!\!\right]_B$，生成隨機數 m^A，並將 $\left[\!\!\left[\varphi\left(\boldsymbol{u}_j^B\right)+m^A\right]\!\!\right]_B$ 發送給 B 方。B 方解密出 $\varphi\left(\boldsymbol{u}_j^B\right)+m^A$ 並且發送給 A 方。A 方獲取 $\varphi\left(\boldsymbol{u}_j^B\right)$，並計算 y_j^B，然後發送給 B 方。

根據文獻[149]中定義的安全性，Liu 等人證明了這個方法是安全的[138]。據此，一方無法從另一方傳來的資訊中推斷出其他有用的資訊，從而避免了使用者隱私的傳播。

8.3.6 基於 ABY 和 SPDZ 進行安全訓練

利用 ABY 或 SPDZ 代替加法同態加密進行模型訓練，能夠帶來效率和安全性的提升[139]。

我們放棄式（8-39）～式（8-41）中的同態加密，將它們改為

$$\mathcal{L} = \sum_{i}^{N_C} \Big(l_1\left(y_i^A, 0\right)$$

$$-\frac{1}{2} C\left(y_i^A\right) \boldsymbol{\Phi}^A \mathcal{G}\left(u_i^B\right)$$

$$+\frac{1}{8} D\left(y_i^A\right) \boldsymbol{\Phi}^A \left(\mathcal{G}\left(u_i^B\right)\right)^{\mathrm{T}} \mathcal{G}\left(u_i^B\right) \left(\boldsymbol{\Phi}^A\right)^{\mathrm{T}} \Big)$$

$$+\gamma \sum_{i}^{N_{AB}} \Big(l_2^B\left(u_i^B\right) + l_2^A\left(u_i^A\right) + \kappa u_i^A \left(u_i^B\right)' \Big)$$

$$+\frac{\lambda}{2} \mathcal{L}_3^A + \frac{\lambda}{2} \mathcal{L}_3^B \qquad\qquad (8\text{-}50)$$

$$\frac{\partial \mathcal{L}}{\partial \boldsymbol{\theta}_l^B} = \sum_{i}^{N_C} \frac{\partial\left(\mathcal{G}\left(u_i^B\right)\right)^{\mathrm{T}} \mathcal{G}\left(u_i^B\right)}{\partial u_i^B} \frac{1}{8} D\left(y_i^A\right) \left(\boldsymbol{\Phi}^A\right)^{\mathrm{T}} \boldsymbol{\Phi}^A \frac{\partial u_i^B}{\partial \boldsymbol{\theta}_l^B}$$

$$-\sum_{i}^{N_C} \frac{1}{2} C\left(y_i^A\right) \boldsymbol{\Phi}^A \frac{\partial \mathcal{G}\left(u_i^B\right)}{\partial u_i^B} \frac{\partial u_i^B}{\partial \boldsymbol{\theta}_l^B}$$

$$+\sum_{i}^{N_{AB}} \left(\gamma \kappa u_i^A \frac{\partial u_i^B}{\partial \boldsymbol{\theta}_l^B} + \gamma \frac{\partial l_2^B\left(u_i^B\right)}{\partial \boldsymbol{\theta}_l^B} \right)$$

$$+\lambda \boldsymbol{\theta}_l^B \qquad\qquad (8\text{-}51)$$

$$\frac{\partial \mathcal{L}}{\partial \boldsymbol{\theta}_l^A} = \sum_{j}^{N_A} \sum_{i}^{N_c} \left(\frac{1}{4} D\left(y_i^A\right) \boldsymbol{\Phi}^A \mathcal{G}\left(u_i^B\right)' \mathcal{G}\left(u_i^B\right) \right.$$

$$\left. -\frac{1}{2} C\left(y_i^A\right) \mathcal{G}\left(u_i^B\right) \right) \cdot \frac{\partial \boldsymbol{\Phi}^A}{\partial u_j^A} \frac{\partial u_j^A}{\partial \boldsymbol{\theta}_l^A}$$

$$+\gamma \sum_{i}^{N_{AB}} \left(u_i^B \frac{\partial u_i^A}{\partial \boldsymbol{\theta}_l^A} + \frac{\partial l_2^A\left(u_i^A\right)}{\partial \boldsymbol{\theta}_l^A} \right)$$

$$+\lambda \boldsymbol{\theta}_l^A \qquad\qquad (8\text{-}52)$$

這裡的計算涉及 A 方和 B 方數值的加法和乘法。如圖 8-6 所示,利用 ABY 和 SPDZ 安全傳輸協定,在雙方數值互不曝露的條件下,安全地進行這些加法和乘法計算,然後令結果公開。這個改進提升了效率,並且利用 SPDZ 可以將這個框架從兩方推廣到 n 方,且在其中 $n-1$ 方離開傳輸協定的情況下仍然能夠防止出錯。

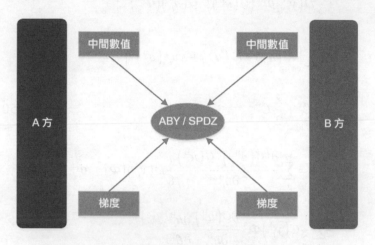

圖 8-6 基於安全傳輸協定和多項式近似進行安全訓練

相對於 8.3.5 節介紹的方法,這裡改變了 θ_i^A 和 θ_i^B 的梯度的計算方式,而其他步驟不變。

8.3.7 性能分析

與流程相似的分散式機器學習相比,聯邦學習在 CPU 時間和資料傳輸方面都有大量的消耗。同時,加密過程也消耗了大量的時間。此外,頻寬對聯邦遷移學習的性能具有巨大影響。因此,參與聯邦遷移學習的各方的地理位置應該成為重要的考慮因素[150]。

▌8.4 聯邦遷移學習案例

8.4.1 應用場景

如圖 8-7 所示，聯邦遷移學習與水平聯邦學習、垂直聯邦學習可並列為
聯邦學習的三大類別[30]。

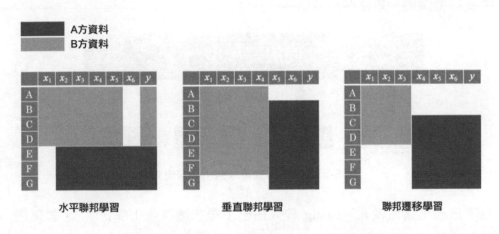

圖 8-7 聯邦學習的三種分類

其中，在水平聯邦學習中，兩方資料有很多共同的特徵和不同的樣本。
一個應用場景是，兩個銀行都有使用者的「是否存在洗錢行為」作為標
籤 y，且具有共同的特徵，但具有不同的使用者群眾。

在垂直聯邦學習中，兩方資料幾乎沒有共同特徵，但是有很多共同的樣
本。一個應用場景是，銀行擁有使用者的「是否信用違約」資訊作為標
籤 y，且擁有使用者的支付-餘額類特徵。企業擁有使用者的一些畫像特
徵，且兩方的使用者交集較大。

在聯邦遷移學習中，兩方在樣本和特徵方面交集都很小。應用場景可類
似於垂直聯邦學習，另外的區別在於兩方的使用者交集較小。它特有的
模型結構使得模型可以充分學習到兩方的資訊。

8.4.2 聯邦遷移強化學習

對強化學習的研究極大地推動了自動駕駛的發展。自動駕駛的強化學習
方法的典型模式如下：在模擬器（Simulators）中預訓練並上傳模型，
然後在自動駕駛汽車中微調，如圖 8-8 所示。其中，伺服器指的是模擬
器，智慧體指的是自動駕駛汽車。這裡面臨的問題是，模型在實際環境
中進行微調時，無法將該資訊進行回饋。

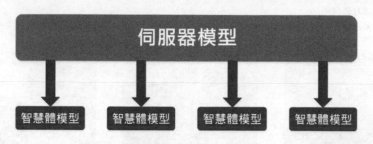

圖 8-8 常見的自動駕駛強化學習模式

為了最佳化這個模式，Liang 等人提出了聯邦遷移強化學習[137]。聯邦遷
移強化學習的定義如下。

定義 8-3：在一個伺服器和多個智慧體的參與下，在能夠實現各個智慧
體利用其資料進行強化學習的同時，保證各方資料隱私，並將其知識遷
移到伺服器及其他模型的演算法，被稱為聯邦遷移強化學習。

它實現了智慧體共同進行非同步更新，並且結合了聯邦學習和遷移學
習，可適用於多種強化學習模型。這個框架在自動駕駛汽車的碰撞避開
實驗中表現出出色的性能。

1. 深度確定性策略梯度演算法

這裡首先介紹一個強化學習演算法，它將作為一個例子介紹聯邦遷移強
化學習框架。

深度確定性策略梯度演算法（Deep Deterministic Policy Gradient，DDPG）[151]解決了一類強化學習問題，並且在很多具有挑戰性的情形下都有出色的表現，比如以原始像素作為觀察值。

考慮以下強化學習問題。在離散時間的時間點 t，智慧體（Agent）觀察到狀態 x_t，採取動作 $a_t \in \mathcal{A}$，並收到純量獎賞 r_t。其中，$\mathcal{A} = \mathbf{R}^N$，$N$ 表示 N 維空間。經過一段時間的互動，可以得到一組狀態-動作對

$$s_t = (x_1, a_1, \cdots, a_{t-1}, x_t) \tag{8-53}$$

假設環境 E 可以被完全觀察，從而 $x_t = s_t$。設狀態空間為 $\mathcal{S}$。策略 $\pi : \mathcal{S} \to \mathcal{P}(\mathcal{A})$ 將狀態映射成動作的機率分布。環境 E 為馬可夫決策過程，具有初始狀態分布 $p(x_1)$，狀態轉移機率 $p(s_{t+1} | s_t, a_t)$。設獎賞函數為 $r(s_t, a_t)$，則從一個狀態開始算起的累積收益（Return）可以定義為折現未來獎賞之和，即

$$R_t = \sum_{i=t}^{T} \gamma^{(i-t)} r(s_i, a_i) \tag{8-54}$$

式中，$\gamma \in [0,1]$ 為折現（Discounted）因數。

動作-值函數（Action-Value Function）$Q^\pi(s_t, a_t) = \mathbb{E}_\pi[R_t | s_t, a_t]$ 描述了在狀態為 x_t 下採取動作 a_t 和策略 π 後的期望收益。貝爾曼方程式

$$Q^\pi(s_t, a_t) = \mathbb{E}_{r_t, s_{t+1} \sim E}\left[r(s_t, a_t) + \gamma \mathbb{E}_{a_{t+1} \sim \pi}\left[Q^\pi(s_{t+1}, a_{t+1}) \right] \right] \tag{8-55}$$

指出了這個函數的遞迴關係。如果策略是非隨機的，將策略表示為 $\mu : \mathcal{S} \to \mathcal{A}$，那麼這個方程式可以寫成

$$Q^\mu(s_t, a_t) = \mathbb{E}_{r_t, s_{t+1} \sim E}\left[r(s_t, a_t) + \gamma Q^\mu(s_{t+1}, \mu(s_{t+1})) \right] \tag{8-56}$$

此時，這個期望收益取決於環境 E。

Q- 學習[152]是一種用於學習 Q^{μ} 的非策略的演算法。它採用策略 $\mu(s) = \text{argmax}_a Q(s, a)$ ，用參數為 θ^Q 的模型 $Q(s_t, a_t | \theta^Q)$ 來擬合評價器（Critic） Q^{μ} 。透過最小化損失函數

$$L(\theta^Q) = \mathbb{E}_{\mu'}\left[\left(Q(s_t, a_t | \theta^Q) - y_t\right)^2\right] \tag{8-57}$$

來更新模型 $Q(s_t, a_t | \theta^Q)$ ，其中

$$y_t = r(s_t, a_t) + \gamma Q(s_{t+1}, \mu(s_{t+1}) | \theta^Q) \tag{8-58}$$

也依賴於參數 θ^Q 。

確定性策略梯度演算法（Deterministic Policy Gradient，DPG）[153]採用策略 $\mu(s | \theta^{\mu})$ ，該策略是以 θ^{μ} 為參數的函數，根據以下的梯度進行更新

$$
\begin{aligned}
\nabla_{\theta^{\mu}} \mu &\approx \mathbb{E}_{\mu'}\left[\nabla_{\theta^{\mu}} Q(s, a | \theta^Q)\big|_{s=s_t, a=\mu(s_t | \theta^{\mu})} \right] \\
&= \mathbb{E}_{\mu'}\left[\nabla_a Q(s, a | \theta^Q)\big|_{s=s_t, a=\mu(s_t)} \nabla_{\theta_{\mu}} \mu(s | \theta^{\mu})\big|_{s=s_t} \right]
\end{aligned}
\tag{8-59}
$$

DDPG 對此進行了修改，採用以 θ^{μ} 為參數的深度網路作為策略 $\mu(s | \theta^{\mu})$ 。然而，這個改變需要面臨許多問題。

第一個問題：它需要樣本是獨立同分布的。這個問題利用重播緩衝（Replay Buffer）來解決，透過探索性的策略獲得一些狀態轉移的取樣，並且將 (s_t, a_t, r_t, s_{t+1}) 儲存到重播緩衝中，當重播緩衝被填滿時，刪除舊的樣本。在每一個時間步（Timestep），在重播緩衝中均勻地取樣出小量樣本。

第二個問題：$Q\left(s_t, \boldsymbol{a}_t \mid \theta^Q\right)$ 在更新的同時，還用於計算目標值，從而容易導致其發散。為了解決這個問題，DDPG 建立了動作網路和評價器網路的備份 $Q'\left(s, \boldsymbol{a} \mid \theta^{Q'}\right)$ 和 $\mu'\left(s \mid \theta^{\mu'}\right)$ 用於計算目標值。它們的參數以 $\theta' \leftarrow \tau\theta + (1 - \tau)\,\theta'$ 緩慢更新，其中 $\tau \ll 1$。

第三個問題：在不同的環境中，狀態的值域會發生變化。DDPG 透過批標準化（Batch Normalization）[154] 將特徵放縮到相近的區間中。

第四個問題：如何進行連續動作空間的探索。DDPG 採用策略 $\mu'\left(s_t\right) = \mu\left(s_t \mid \theta_t^\mu\right) + \mathcal{N}$，其中 $\mathcal{N}$ 為隨機過程，根據環境進行設計。具體地，它採用 Ornstein-Uhlenbeck 過程[155] 來產生暫時相關的探索。其具體過程可參見文獻[151] 中的補充材料。

綜上所述，DDPG 的訓練過程由演算法 8-1 列出。

演算法 8-1 DDPG 演算法[151]

1: 隨機初始化 θ^Q 和 θ^μ。

2: 初始化 $\theta^{Q'} \leftarrow \theta^Q, \theta^{\mu'} \leftarrow \theta^\mu$。

3: 初始化重播緩衝 R。

4: for episode $= 1, 2, \cdots, M$：

5:　　初始化動作探索的隨機過程 $\mathcal{N}$。

6:　　獲取初始狀態觀察 s_1。

7:　　for t $= 1, 2, \cdots, T$：

8:　　　　採取動作 $\boldsymbol{a}_t = \mu\left(s_t \mid \theta^\mu\right) + \mathcal{N}_t$。

9:　　　　觀察到獎賞 r_t 和狀態 s_{t+1}。

10:　　　　將 $\left(s_t, \boldsymbol{a}_t, r_t, s_{t+1}\right)$ 存入 R。

11:　　　　在 R 中隨機取樣出 $\mathcal{N}$ 個狀態轉移 $\left(s_i, \boldsymbol{a}_i, r_i, s_{i+1}\right)$。

12:　　　　令 $y_i = r_i + \gamma Q'\left(s_{i+1}, \mu'\left(s_{i+1} \mid \theta^{\mu'}\right) \mid \theta^{Q'}\right)$。

13:　　透過損失函數 $L = \frac{1}{N}\sum_i\left(y_i - Q\left(s_i, \boldsymbol{a}_i \mid \theta^Q\right)^2\right)$ 更新評價器。利用取樣

梯度 $\nabla_{\theta^\mu}\mu\Big|_{s_i} \approx \frac{1}{N}\sum_i\nabla_a Q\left(s, \boldsymbol{a} \mid \theta^Q\right)\Big|_{s=s_i, \boldsymbol{a}=\mu(s_i)}\quad \nabla_{\theta^\mu}\mu\left(s \mid \theta^\mu\right)\Big|_{s_i}$ 更新動作策略。

14:　　更新目標網路：
$$\theta^{Q'} \leftarrow \tau\theta^Q + (1-\tau)\theta^{Q'}$$
$$\theta^{\mu'} \leftarrow \tau\theta^\mu + (1-\tau)\theta^{\mu'}\quad。$$

2. 聯邦遷移強化學習框架

這裡以 DDPG 為例，結合聯邦平均演算法，介紹如何實現聯邦遷移強化學習框架，如圖 8-9 所示。

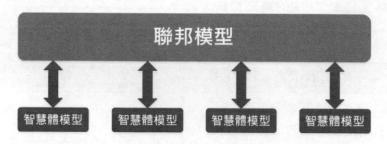

圖 8-9　基於 DDPG 的聯邦遷移強化學習框架

訓練階段主要包含兩類過程：第一，訓練第 i 個智慧體；第二，聯邦模型的訓練，聯邦模型就是伺服器模型。

首先敘述第 i 個智慧體的訓練。設它觀察到狀態 s_t^i，計算 $s_t = \beta_i s_t^i$。式中，β_i 為超參數，用於指定放縮比例，透過 DDPG 獲取行為 $\boldsymbol{a}_t$，並且把 $\boldsymbol{a}_t^i = \boldsymbol{a}_t \left| \text{Max}_{i \in \{1,2,\cdots,\infty\}} \boldsymbol{a}^i \right|$ 放縮到區間 $(-1,1)$。如果當前的時間點與上一個時間點的差大於某個指定的閾值，那麼對模型進行更新。更新的方式：利用聯邦平均演算法[27]計算 $w_{\text{fed}}^\theta \leftarrow \frac{1}{N}\sum_{i=1}^{N} w_i^\theta$。式中，$w_i^\theta$ 和 w_{fed}^θ 分別代表第 i 個智慧體模型的參數和聯邦模型的參數，同時利用 DDPG 更新第 i 個智慧

體的模型 $\mathcal{N}_i$。這個訓練的具體過程在演算法 8-2 中列出。其中，聯邦平均演算法已經在 7 章中進行了介紹。

演算法 8-2 第 i 個智慧體的訓練[156]

輸入：非同步週期 t_u，$t_0 \leftarrow$ 當前時間，放縮比例 β_i。

1: while not terminated：

2:   觀察當前狀態 s_t^i。

3:   如果需要遷移：

4:     $s_t \leftarrow$ TRANSFER_OBSERVATION（s_t^i）。

5:     透過 DDPG 得出 a_t。

6:     由 TRANSFER_ACTION（a_t）得出 a_t^i。

7:   獲取當前時間 t_1。

8:   if $t_1 - t_0 > t_u$：

9:     $t_0 \leftarrow t_1$。

10:    UPDATEMODEL（）。

11: 根據 DDPG 訓練第 i 個智慧體的模型 $\mathcal{N}_i$。

function TRANSFER_ACTION（a_t）：

1:   $a_t^i = a_t \left| \mathrm{Max}_{i \in \{1,2\cdots,\infty\}} a^i \right|$。

return a_t^i

function TRANSFER_OBSERVATION（s_t^i）：

1:   $s_t = \beta_i s_t^i$。

return s_t

function UPDATEMODEL（）：

1:   從聯邦伺服器中獲取聯邦模型 $\mathcal{N}$。

2:   for w_{fed}^θ in $\mathcal{N}_{\mathrm{fed}}$：

3:     $w^\theta \leftarrow w_{\mathrm{fed}}^\theta$。

在聯邦模型的訓練中,在當前的時間點與上一個時間點的差大於某個指定的閾值時,利用聯邦平均演算法計算 $w_{\text{fed}}^{\theta} \leftarrow \dfrac{1}{N}\sum_{i=1}^{N} w_i^{\theta}$。具體過程見演算法 8-3。

演算法 8-3 聯邦模型的訓練[156]

輸入:聯邦模型更新週期 t_f,$t_0 \leftarrow$ 當前時間。

1: while not terminated :
2:   獲取當前時間 t_1。
3:   if $t_1 - t_0 > t_f$:
4:     $t_0 \leftarrow t_1$。
5:     for i = 1,2, $\cdots$, N :
6:       獲取聯邦模型 $\mathcal{N}_i$。
7:       for w^{θ} in $\mathcal{N}$:
8:         $w_{\text{fed}}^{\theta} \leftarrow \dfrac{1}{N}\sum_{i=1}^{N} w_i^{\theta}$。

聯邦遷移強化學習的推理過程如下。設第 i 個智慧體觀察到狀態 s_t^i,如有必要,計算 $s_t = \beta_i s_t^i$ 進行遷移,隨後透過 $a_t \leftarrow \mu_i(s_t) + \mathcal{U}_t$ 得出動作 a_t,其中 $\mathcal{U}_t$ 表示 DDPG 中的隨機過程在第 t 步的結果。

值得注意的是,如果第 i 個智慧體分別在 t_0^i 和 t_1^i 進行了更新,而聯邦模型在 t_0^{fed} 進行了更新,且 $t_0^i < t_1^i$,那麼第 i 個智慧體從 t_1^i 到 t_0^{fed} 的資訊沒有被用於更新聯邦模型。

在基於 NVIDIA Jetson TX2 遙控汽車和微軟 Airsim 模擬器的碰撞避開實驗中,這個聯邦遷移學習框架與此前的強化學習方法相比表現得更為出色[156]。

8.4.3 遷移學習的補充參考閱讀

下面的一種或幾種遷移學習問題可能會出現。

$$\mathcal{X}_S \neq \mathcal{X}_T.$$

$$P_S(X) \neq P_T(X).$$

$$\mathcal{Y}_S \neq \mathcal{Y}_T.$$

$$P_S(y \mid x) \neq P_T(y \mid x).$$

根據出現的不同情況，遷移學習可以分為三類：歸納遷移學習（Inductive Transfer Learning）、直推式遷移學習（Transductive Transfer Learning）和無監督遷移學習（Unsupervised Transfer Learning）[34]。其中，歸納遷移學習和直推式遷移學習都是有監督的，且分別對應於 $\mathcal{T}_S \neq \mathcal{T}_T$ 和 $\mathcal{T}_S = \mathcal{T}_T$ 的情形。在無監督遷移學習中，$\mathcal{T}_S \neq \mathcal{T}_T$，且 $\mathcal{Y}_S$ 與 $\mathcal{Y}_T$ 都是不可觀測的。

根據「遷移了什麼」，有監督的遷移學習又分為四類[34]。在 8.1 節中已經提及了其中的樣本知識的遷移、特徵表示的遷移和參數的遷移，此外還有一類稱為相關知識的遷移。

樣本知識的遷移直接利用兩個領域的樣本資訊。在訓練集和測試集中，輸入和輸出的聯合機率分布發生了變化，這種情形被稱為協變數偏移（Covariate Shift）。Wu 等人提出了一種支持在量機方法，透過加入來自另一個不同分布的資料集，幫助模型在原先資料集上訓練，增加了模型效果[157]。Liao 等人提出了訓練集和測試集來自不同分布情形下的 Logistic 回歸方法[158]。Jiang 等人在遷移學習中為樣本指定權重，加強了目標領域有標注樣本的作用[159]。Dai 等人估計了一個來源領域中已標注資料集的分布，再利用 EM 演算法，根據目標領域中未標注樣本的分

布，對模型進行了調整[160]。Huang 等人提出了一種樣本賦權的方法，縮小了來源領域與目標領域的樣本在再生核心希伯特空間（Reproducing Kernel Hilbert Space，RKHS）的平均值上的差異[161]。Bickel 等人提出了一種核心 Logistic 回歸分類器，刻畫了訓練集和測試集的特徵的分布差異[162]。Sugiyama 等人提出了一種高效的重要性估計（Importance Estimation）方法，這裡的重要性（Importance）被定義為測試集與訓練集特徵的邊緣分布的比值[163]。Quionero-Candela 等人整理和複習了協變數偏移問題方面的工作[164]。

特徵表示的遷移主要在不同任務間尋找共同特徵，例如 SVM 方法[165~168]。此外，Raina 等人在分類任務中補充利用了大量的未標注樣本[169]。Wang 等人將來源領域和目標領域的特徵轉化成低維度的表示，隨後利用 Procrustes 分析的方法進行對齊[170]。Blitzer 等人提出一種方法用於尋找來源領域與目標領域中的特徵之間的聯繫[171]。Daumé 利用來源領域中大量有標注資料和目標領域中的少量有標注資料進行學習[172]。Ben-David 等人指出，如果我們一方面想要在來源領域與目標領域中尋找共同的特徵表示，另一方面又想降低來源領域訓練誤差，那麼這兩個目標之間存在抉擇取捨的關係[173]。Blitzer 等人對於一類領域自我調整演算法列出了一致收斂範圍[174]。

參數的遷移基於一種假設，那就是在不同任務中模型在參數上具有一定的聯繫。Lawrence 等人研究了多工學習問題，其中各個任務的參數來自相同的高斯過程先驗[175]。Evgeniou 等人研究了多工學習問題，它類似於 SVM，最大化函數間隔，並在目標函數中加入正則化項[176]。對於多工學習，Bonilla 等人以一種任務相似度矩陣來衡量任務間的相關程度，並且發現在不同任務之間高斯過程先驗的關係與這個矩陣有關[177]。Schwaighofer 等人假設多個任務有共同的高斯過程平均值和方差[178]。它首先透過 EM 演算法來學習該平均值和方差，然後利用核心平滑的方

法進行泛化。Gao 等人構造了多個模型進行整合[179]。對於在訓練集中所學的模型與各個不同分布的測試集，它應用了一種相似度度量。根據該度量，它為模型指定權重。

相關知識的遷移利用馬可夫邏輯網路（Markov Logic Networks，MLN）等模型，刻畫一個領域中樣本之間的相關關係，並且將該模型進行遷移。馬可夫邏輯網路在文獻[180]中提出。Davis 等人和 Mihalkova 等人研究了馬可夫邏輯網路的遷移[181,182]。

在無監督遷移學習中，來源領域和目標領域的樣本都沒有標籤。Dai 等人提出了一種遷移聚類的方法，利用來源領域中大量的資料來輔助目標領域資料的聚類，其中來源領域和目標領域的資料來自不同分布[115]。Wang 等人提出了一種遷移降維的方法，稱為遷移判別分析（Transferred Discriminative Analysis）[183]。它為目標領域的未標注樣本進行聚類，生成類別標籤，再利用已標注樣本的資訊對特徵進行降維。

聯邦學習架構揭祕
與最佳化實戰

▋ 9.1 常見的分散式機器學習架構介紹

隨著網際網路的高速發展,我們已經步入一個前所未有的巨量資料時代。據不完全統計,從 2005 年到 2015 年十年間,資料量已經增加了至少 50 倍。資料量的急速增加給機器學習的發展奠定了非常堅實的物質基礎,但也給機器學習訓練帶來了巨大的壓力,其需要耗費大量的運算資源和訓練時間,對電腦軟體和硬體都提出了更高的要求。

大規模訓練資料的出現,導致出現了很多大規模的機器學習模型。這些模型有的多達幾百萬甚至幾十億個參數,給機器學習的訓練帶來了巨大的挑戰,對電腦的軟體和硬體要求更高。雖然在單機環境中,以英偉達(NVIDA)為代表的圖形處理器(GPU)已經能夠提供強大的運算能力,但是當訓練資料更多,計算複雜度更高時,單顆 GPU 不能滿足計算的要求。這時就需要利用分散式叢集來進行大規模的訓練,以滿足計算的要求。

根據實現原理和架構的不同，我們將分散式機器學習平台主要分為三種基本類型：基於疊代式模式的機器學習系統、基於參數伺服器模式的機器學習系統，以及基於資料流程模式的機器學習系統。

1. 基於疊代式模式的機器學習系統

下面以基於疊代式模式的 Spark MLlib 為例，Spark 是一個分散式的計算平台。所謂分散式，指的是計算節點之間不共用記憶體，需要透過網路通訊的方式交換資料。Spark 最典型的應用方式是建立在大量廉價計算節點上，這些節點可以是廉價主機，也可以是虛擬的 Docker 容器。Spark 的這種分散式處理方式區別於基於 CPU 和 GPU（CUDA）的分散式架構以及基於共用記憶體多處理器的高性能服務架構。Spark 的架構如圖 9-1 所示。

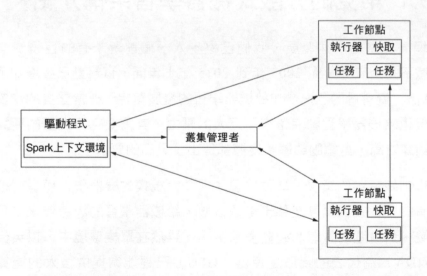

圖 9-1 Spark 的架構

從圖 9-1 中可以看到，Spark 程式由叢集管理者（Manager Node）進行排程組織，由工作節點（Worker Node）執行具體的計算任務，最終將

結果返回給驅動程式（Driver Program）。在物理的 Worker Node 上，
資料還可能分為不同的分區片段（Partition），可以說 Partition 是 Spark
的基礎處理單元。

在執行具體的程式時，Spark 會將程式拆解成一個任務有向無環圖
（DAG），再根據 DAG 決定程式的各個步驟執行的方法。如圖 9-2 所
示，該程式先分別從文字檔（textFile）和 Hadoop 檔案（hadoopFile）
中讀取檔案，經過拆分（map）、主鍵分組（GroupByKey）等一系列操
作後再進行合併（join），最終得到處理結果。

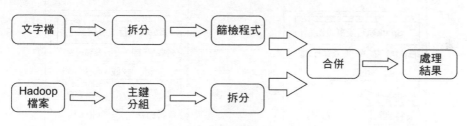

圖 9-2　有向無環圖的執行過程

Spark 透過將這些有向無環圖分級分配到不同的機器上來實現分散式運
算，圖 9-3 顯示了主節點的清晰的工作架構。驅動虛擬機器包含兩個部
分的排程器單元，有向無環圖排程器和任務排程器，同時運行和協調不
同機器間的工作。

Spark 的設計初衷是用於通用的資料處理。Spark 並沒有針對機器學習的
特殊設計，但是在 MLlib 工具套件的幫助下，我們也能在 Spark 上實現
機器學習。Spark 將模型參數通常儲存於驅動節點上，每一個機器在完
成疊代之後都會與驅動節點通訊更新參數。對大規模的應用來說，模型
參數可能會儲存在一個彈性分散式資料集（RDD）上。由於在每次疊代
後都會引入新的 RDD 來儲存和更新參數，這會引入很多額外的負載。
更新模型將在機器和磁碟上引入資料的洗牌操作，這限制了 Spark 的大

規模應用。這是基礎資料流程模型的缺陷，Spark 對於機器學習的疊代操作並沒有很好的支持。

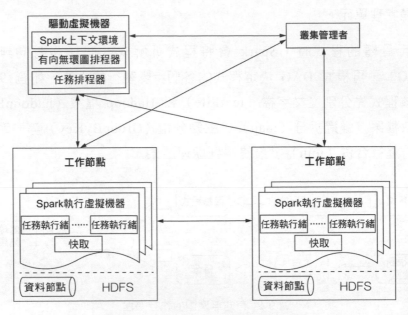

圖 9-3 Spark 分散式機器學習架構圖

雖然 Spark MLlib 基於分散式叢集，利用資料平行的方式實現了梯度下降的平行訓練，但是有 Spark MLlib 使用經驗的讀者都清楚，在使用 Spark MLlib 訓練複雜神經網路時，往往力不從心，不僅訓練時間過長，而且在模型參數過多時，經常會存在記憶體溢位的問題。具體來講，Spark MLlib 的分散式訓練方法有以下幾個弊端：

（1）採用全域廣播的方式，在每輪疊代前廣播全部模型參數。眾所皆知，Spark 的廣播過程非常消耗頻寬資源，特別是當模型的參數規模過大時，廣播過程和在每個節點都維護一個權重參數備份的過程都是非常消耗資源的過程。假設一個叢集中有 1024 個任務（task），這個共用變數的大小為 1MB，task 就會複製 1024 份到叢集上，這樣就會有 1 GB 的資料在網路中傳輸，並且系統需要耗費 1GB 記憶體為這些備份分配空

間，如果系統記憶體不足，RDD 在持久化時無法在記憶體中持久化，需要持久化到磁碟中，那麼後續的操作會因為頻繁地進行磁碟輸入/輸出（I/O）操作使得速度變慢，會引起性能下降，這導致了 Spark 在面對複雜模型時表現不佳。

（2）採用阻斷式的梯度下降方式，每輪梯度下降由最慢的節點決定。從上面的分析中可知，Spark MLlib 的小量（mini batch）的過程是在所有節點計算完各自的梯度之後，逐層合併最終整理生成全域的梯度。也就是說，如果由於資料傾斜等問題導致某個節點計算梯度的時間過長，那麼這個過程將阻礙其他節點執行新的任務。這種同步阻斷的分散式梯度計算方式，是 Spark MLlib 平行訓練效率較低的主要原因。

（3）Spark MLlib 並不支援複雜的網路結構和大量可調的超參數。事實上，Spark MLlib 在其標準函數庫裡只支援標準的多層感知機神經網路的訓練，並不支持循環神經網路（Recurrent Neural Network，RNN）、長短期記憶網路（Long Short-Term Memory，LSTM）等複雜網路結構，而且也無法選擇不同的 activation function 等大量超參數。這就導致 Spark MLlib 在支持深度學習方面的能力欠佳。

2. 基於參數伺服器模式的機器學習系統

Parameter Server 架構（PS 架構）是深度學習最常採用的分散式訓練架構，其結構示意圖如圖 9-4 所示。在 PS 架構中，叢集中的節點被分為兩類：參數伺服器（Parameter Server）和工作節點（Worker Node）。其中，Parameter Server 存放模型的參數，而 Worker Node 負責計算參數的梯度。在每個疊代過程中，Worker Node 從 Parameter Server 中獲得參數，然後將計算的梯度返回給 Parameter Server，Parameter Server 聚合從 Worker Node 傳回的梯度，然後更新參數，並將新的參數廣播給 Worker Node。

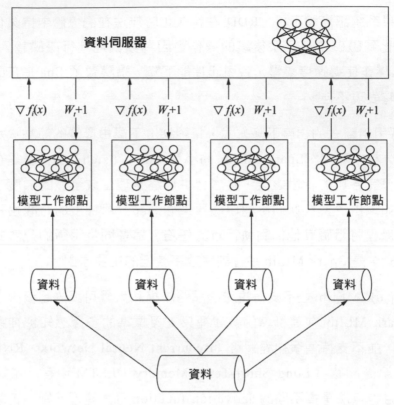

圖 9-4 參數伺服器結構示意圖

在基於參數伺服器的這種分散式架構中，每個參數伺服器的單一節點實際上都只負責分到的部分參數（整個參數伺服器叢集共同維持一個全域的共用參數），而每個工作節點也只分到部分資料和處理任務。單一參數伺服器節點可以跟其他參數伺服器節點通訊，每個參數伺服器節點負責自己分到的參數，參數伺服器叢集共同維持所有參數的更新。參數伺服器管理節點負責維護一些中繼資料的一致性，比如各個節點的狀態、參數的分配情況等。工作節點之間沒有通訊，只與自己對應的參數伺服器節點進行通訊。工作節點叢集有一個任務排程者，負責向工作節點分配任務，並且監控工作節點的運行情況。當有新的工作節點加入或退出時，任務排程者負責重新分配任務。

PS 架構的這種設計有以下兩個好處：第一個好處是透過將機器學習系統的共同之處模組化，使得演算法的實現程式更加簡潔。第二個好處是作為一個系統等級的共用平台最佳化方法，PS 架構能夠支援很多種演算法。PS 架構的主要優點如下：①高效通訊。在 PS 架構上執行的模型是一種非同步任務模型，可以減少機器學習演算法的整體網路頻寬。②靈活的一致性模型。寬鬆的一致性有助降低同步成本。它還允許開發人員在演算法收斂和系統性能之間進行選擇。③資源的彈性擴充。PS 架構允許增加更多容量而無須重新開機整個計算。④高效容錯。在高故障率和大量資料的情況下，如果機器故障不是災難性的，那麼可以在 1s 左右快速恢復任務。⑤便利性。PS 架構構造 API 以支持機器學習構造，例如稀疏向量、矩陣或張量。PS 架構雖然設計得很好，但是在實現方面有一定的困難，在具體的專案中，會遇到以下問題：①參數通訊。每個鍵值對 KV 都是很小的值，如果對每個 key 都發送一次請求，那麼伺服器會不堪重負。為了解決這個問題，可以考慮利用機器學習演算法中參數的數學特點（即參數一般為矩陣或向量），將很多參數打包到一起進行更新。②錯誤容忍。如果計算時間過長，就可能導致任務中間重新啟動。為此，系統架構需要具有解決節點故障和自我修復的能力。

3. 基於資料流程模式的機器學習系統

下面以基於資料流程模式的 TensorFlow 為例。Google 以前開發過一個基於參數伺服器的分散式機器學習模型——DistBelief，但它最大的劣勢在於需要很多底層的程式設計來實現機器學習。Google 希望員工可以在不需要精通分散式知識的情況下編寫機器學習程式，所以開發了 TensorFlow 來實現這個目標。基於同樣的理由，Google 也曾經為巨量資料處理提供了 MapReduce 的分散式框架。TensorFlow 是一種用於實現這個目標的平台。它採用了一種更進階的資料流程處理範式，其中表示計算的圖不再需要是 DAG，圖中可以包括環，並支援可變狀態。

TensorFlow 將計算表示為一個由節點和邊組成的有方向圖。節點表示計算操作或可變狀態（舉例來説，Variable），邊表示節點間通訊的多維陣列，這種多維陣列被稱為 "Tensor"。TensorFlow 需要使用者靜態地宣告邏輯計算圖，並透過將圖重新定義和劃分到機器上實現分散式運算。需要説明的是，MXNet，特別是 DyNet，使用了一種動態定義的圖。這簡化了程式設計，並提高了程式設計的靈活性。

基於資料流程模式的 TensorFlow 平台主要有三種分散式模式：單機多 GPU 結構、多機多 GPU 同步結構，以及多機多 GPU 非同步結構。

單機多 GPU 結構模式由 CPU 承擔了任務排程與參數的保存與更新，資料由 CPU 分發給多個 GPU，在 GPU 上進行訓練計算得到每個批次的梯度，然後將該梯度返回給 CPU。CPU 收集完所有 GPU 發送過來的更新後的梯度，對其加和求平均值獲得更新後的參數，最後將參數又分發給多個 GPU 循環疊代，直到滿足疊代條件為止。單機多 GPU 結構示意圖如圖 9-5 所示。

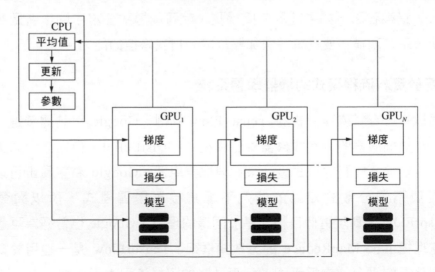

圖 9-5 TensorFlow 單機多 GPU 結構示意圖

在這個過程中，訓練處理速度取決於最慢的那個 GPU 的速度。如果多個 GPU 的處理速度差不多，處理速度就相當於單機單 GPU 速度的 N 倍（N 為 GPU 的個數）減去資料在 CPU 和 GPU 之間傳輸的負擔，實際的效率提升取決於 CPU 和 GPU 之間資料傳輸的速度和處理資料的大小。

對於多機多 GPU 結構的資料流程模式，根據其通訊步調分為同步和非同步兩種。所謂的同步更新指的是，各個用於平行計算的電腦，在計算完各自的批次（batch）後，求取梯度，然後把梯度統一發送到 PS 架構伺服器中，由 PS 架構伺服器求得梯度平均值，更新 PS 架構伺服器上的參數。

如圖 9-6 所示，多機多 GPU 同步結構可以看成有四台裝置，第一台裝置用於儲存參數、共用參數、共用計算，可以簡單地了解成記憶體、計算共用專用的區域，也就是 ps job，另外三台裝置用於平行計算。

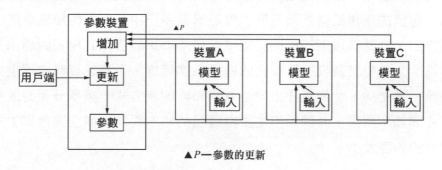

▲*P*—參數的更新

圖 9-6　TensorFlow 多機多 GPU 同步結構示意圖

所謂的非同步更新指的是，PS 架構伺服器只要收到一台裝置的梯度，就直接進行參數更新，無須等待其他裝置。這種疊代方法比較不穩定，收斂曲線震動得比較屬害，因為在裝置 A 計算完並更新了參數後，裝置 B 可能還在用上一次疊代的舊版參數值。多機多 GPU 非同步結構如圖 9-7 所示。

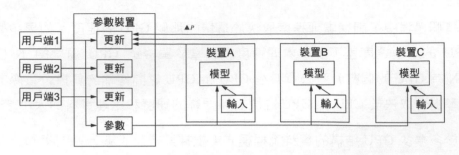

圖 9-7 TensorFlow 多機多 GPU 非同步結構示意圖

最後，我們再來介紹一下分散式機器學習最佳化。

分散式機器學習最佳化主要從單機最佳化、資料與模型平行最佳化以及通訊機制的最佳化三個角度進行考慮。基於單機的最佳化，主要從機器學習演算法的角度進行最佳化；基於資料與模型平行的最佳化，主要對三種平行模式（計算平行、資料平行和模型平行）進行最佳化；基於通訊機制的最佳化，主要從通訊的拓撲結構、步調以及頻率的角度進行最佳化。通訊的拓撲結構是指分散式機器學習系統中各個工作節點之間的連接方式。主要有以下三種通訊拓撲結構：① 基於疊代式模式的通訊拓撲結構。② 基於參數伺服器模式的通訊拓撲結構。③ 基於資料流程模式的通訊拓撲結構。步調主要指同步方式和非同步方式。頻率分為時間頻率和空間頻率兩種，時間頻率主要指通訊的頻次間隔，而空間頻率主要指通訊的內容大小。

9.2 聯邦學習開放原始碼框架介紹

9.1 節已經介紹了分散式機器學習架構及原理，聯邦學習（Federated Learning）的核心就是分散式機器學習。聯邦學習透過上傳參數、不上傳資料的方式進行分散式機器學習，與傳統分散式機器學習相比，實現了資料隱私保護。透過整合各個節點上的參數，不同的裝置可以在保持

裝置中大部分數據的同時，實現模型訓練更新。當前市場上已有一些開放原始碼聯邦學習框架被用於科學研究與實際應用，下面介紹幾種當下比較流行的聯邦學習開放原始碼框架的實現方案。

9.2.1 TensorFlow Federated

TensorFlow Federated（TFF）框架已經被用於實際訓練終端 Gboard，目前並未開放給使用者多方聯邦介面，僅適用於實驗測試。TFF 框架更著重於資料的處理而非程式的區分，如模型訓練所需的值（Value）的儲存位置（C/S）、唯一性等是需要宣告的。此外，TFF 框架目前只支持水平聯邦學習。下文將對 TFF 框架及其協定介紹。

1. TFF 框架

Google 在服務端（Server 端）實現了一個自頂向下的框架結構，且採用了處理平行計算的概念模型——Actor Model，使用訊息傳遞作為唯一的通訊機制。每個參與方都嚴格地按照連續處理訊息/事件流，從而形成一個簡單的程式設計模型[15]。運行相同類型的執行者（Actor）的多個實例可以自然地擴充到大量的處理器/機器。當回應訊息時，參與方可以做出本地決策，將訊息發送給其他參與方或動態創建更多參與方。根據功能和可伸縮性要求，可以使用顯性或自動設定機制將參與方實例位於同一個處理程序/機器上，或分布在多個地理區域中的資料中心。只有在指定的聯邦學習任務持續時間內創建並放置參與方的細粒度短暫實例，才可以進行動態資源管理和負載平衡決策。

服務端框架如圖 9-8 所示，協調器（Coordinator）負責全域同步以及在鎖定服務中推進訓練疊代，且每一個協調器都註冊一個位址和負責一個聯邦學習裝置叢集，協調器與聯邦學習叢集形成一一對應的管理結構。協調器生成主聚合器（Master Aggregator），主聚合器負責管理每個聯

邦學習任務的疊代週期,它可以根據聯邦學習叢集和提交參數指定的數量來生成聚合器(Aggregator),以實現彈性聚合計算。在主聚合器和聚合器生成後,協調器會指示選擇器(Selector)將其聯邦學習叢集子集轉接到聚合器。選擇器負責接收和轉發裝置的連接,同時它也會定期從協調器中搜集聯邦學習叢集的裝置資訊,並決定是否接受裝置。

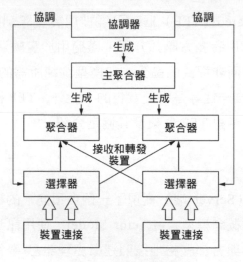

圖 9-8 服務端框架

裝置端(Client 端)框架如圖 9-9 所示,一個裝置端的應用設計主要包括連接、獲取模型和參數狀態資料、執行計算、提交更新。應用程式負責透過實現 TFF 框架提供的 API 將其資料提供給聯邦學習執行時期(FL Runtime)。作業排程程式在一個單獨的過程中呼叫後,FL Runtime 將聯繫聯邦學習伺服器宣佈已準備好為指定的聯邦學習叢集運行任務。伺服器決定是否有聯邦學習任務可用於該叢集,並且將返回聯邦學習任務或再次確定時間。如果已選擇裝置,則 FL Runtime 將接收聯邦學習任務,在應用的儲存中查詢該任務請求的資料,並計算任務確定的模型更新和指標。在執行聯邦學習任務後,FL Runtime 將計算的更新和指標報告給伺服器,並清除所有臨時資源。

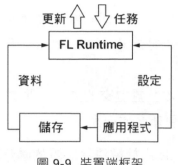

圖 9-9 裝置端框架

2. TFF 網路通訊協定

TFF 網路通訊協定示意圖如圖 9-10 所示。在任務開始時，服務端選出所有裝置端的有效子集作為本輪任務的執行者，然後向子集中的所有裝置發送資料，主要包括計算圖以及執行方法。對於每一輪訓練任務，服務端於本輪開始時需要向裝置端發送當前全域模型參數以及聯邦學習檢查點（FL Checkpoint）的必要狀態資料。之後每個接收到任務的裝置根據全域參數、狀態資料以及本地資料集執行計算任務，並將更新發回到服務端，最後服務端執行聯邦平均演算法合併所有裝置更新，然後重複該過程。

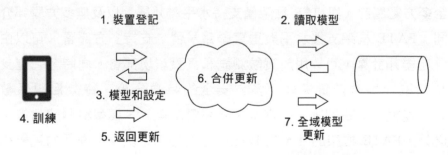

圖 9-10 TFF 網路通訊協定示意圖

主要階段如下：

（1） 選擇：服務端週期性地從裝置叢集中篩選有效的裝置子集。

（2）　設定：服務端根據全域模型的聚合機制進行設定，向連接的有效
　　　　裝置分發聯邦學習計畫（FL Plan）與帶有全域模型的 FL
　　　　Checkpiont。

（3）　報告：服務端接收裝置提交的更新，根據有效的裝置子集返回情
　　　　況進行裁定，並更新全域模型。

總之，TFF 框架是 Google 用於解決跨裝置的聯邦學習任務的，其中各個
裝置持有不同樣本、相同特徵。TFF 框架支援聯邦訓練機器學習模型，
以及用低級基本操作實現多種聯邦計算。其架構基於 TensorFlow 以及現
有經典的非凸模型實現。目前，TFF 框架尚無差分隱私、安全聚合等安
全保護技術。

9.2.2 FATE 框架

作為全球首個工業級聯邦學習開放原始碼框架，目前 FATE 框架實現了
基於同態加密和安全多方計算的安全計算協定，支持聯邦學習架構和各
種機器學習演算法的安全計算，包括邏輯回歸、基於決策樹的演算法、
深度學習和遷移學習，安全底層支援同態加密、祕密共用、雜湊等多種
安全多方電腦制。與 TFF 框架僅支持水平聯邦學習以及無多方聯邦介面
不同，FATE 框架支援水平與垂直聯邦學習，支持多方部署，可以由多
方發起聯邦計算，可以用於實驗測試和真實環境部署。同時，它還支援
資料讀取、特徵前置處理（多方安全的特徵分箱、特徵相關係數計
算）、建模（邏輯回歸、樹模型、神經網路等）、模型檢測評估等。除
此之外，FATE 框架的 FATE Board 還支援模型訓練及推理的視覺化。
目前，FATE 框架不支援 GPU 計算、Android/iOS 系統。資料來源只支
援 CSV 格式的檔案。

基於高可用和災難恢復的考慮，FATE 框架可以分為離線和線上兩個部
分，離線部分實現建模，線上部分實現推理。

離線部分可以按照儲存、計算、傳輸、排程、視覺化功能進行模組劃
分。儲存透過 FATE 框架的分散式運算引擎 eggroll 實現，在 eggroll
中，storage 支持儲存，processor 支援計算，manager 負責管理其他兩個
服務，當收到指令後隨選拉起 processor 進行計算。上層演算法套件透過
呼叫 eggroll 提供的存、取、計算介面，實現演算法計算。任務排程透過
FATE Flow 模組實現。對聯邦學習來說，要實現多方聯邦時使用相同演
算法，FATE Flow 模組需要根據使用者提交的作業 DSL，逐一排程演算
法元件執行，追蹤元件輸出模型或日誌，實現整體排程。視覺化透過
FATE Board 實現，其類似於 Tensor Board，視覺化輸出日誌、指標、
任務狀態等，達到視覺化建模的效果。此外，還有 MySQL 和 Redis 元
件，MySQL 用於為 FATE Flow 模區塊儲存任務狀態、任務 pipeline 設
定、評估結果等，為 eggroll 儲存一些初始資訊、表名等，Redis 用於存
放 FATE Flow 的任務佇列。FATE 框架的離線部分如圖 9-11 所示。

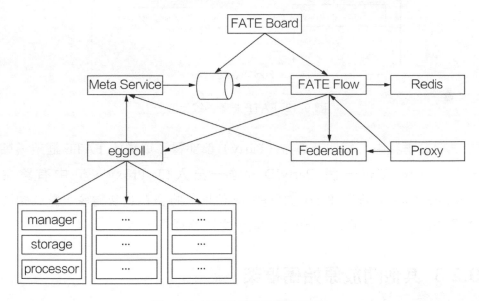

圖 9-11 FATE 框架的離線部分

線上部分即推理部分，分為 Serving Server 和 Serving Proxy 兩部分。Serving Server 負責模型載入和快取、線上推理，模型透過 FATE Flow 手動載入，然後發給 Serving Server，Serving Server 將其放到記憶體中。在對接業務/決策系統時，可以直接呼叫 Serving Server 的 API。Serving Proxy 為線上部分的網路出口，由於每一方只有部分模型，垂直推理過程需要整合各方推理。ZooKeeper 用於支援服務的發現，實現高可用和災難恢復。FATE 框架的線上部分如圖 9-12 所示。

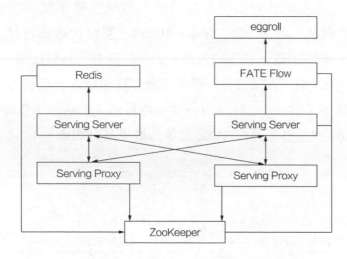

圖 9-12 FATE 框架的線上部分

在 FATE 框架中，每個參與方（Party）都部署了單獨的 FATE 框架，每一個 Party 都有一個 PartyID、唯一出入口 Proxy，其中有路由（Route Table）設定 Party 對應的 IP 位址，將資料封包轉發，整個聯盟透過 Proxy 連接，實現 Party 與 Party 之間的通訊。

9.2.3 其他開放原始碼框架

百度的 PaddleFL 框架提供了很多聯邦學習策略及其在電腦視覺、自然語言處理、推薦演算法等領域的應用。PaddlePaddle 具有一定的大規模分

散式訓練和 Kubernetes 對訓練任務的彈性排程能力，目前已經開放原始碼了水平聯邦學習的場景。

作為 OpenMined 的開放原始碼專案，PySyft 是一個支援在深度學習模型中進行安全的、私有計算的框架，將聯邦學習、安全多方計算和差分隱私結合在一個程式設計模型中，整合到不同的深度學習框架中，如 PyTorch、Keras 或 TensorFlow。它的主要目的是做深度學習的隱私保護，提供基於 PyTorch 的 API，除了聯邦學習，也提供差分隱私，而且有很好的擴充性，能夠支持較大規模的分散式深度學習。因為它的核心就是隱私保護，所以之後應該能在 PySyft 上看到很多用於隱私保護的演算法機制。

綜上所述，聯邦學習在專案實踐上大有前景。與分散式學習動輒建構一個龐大的計算叢集和資料儲存叢集，以訓練出表現良好的模型相比，聯邦學習顯得更加輕量，能夠在使用真實資料集的情況下保護隱私，並且對於各種體量的公司都是友善的，因為它所需要的先期準備成本及後期維護成本大大降低。

從工程角度來看，對聯邦學習框架的比較要基於部署依賴、環境要求、水平/垂直聯邦學習的支援、多樣性演算法的支援、訓練與推理視覺化、學習成本、偵錯成本等角度綜合考量。TFF、FATE 這類相比較較成熟的開放原始碼框架，更易上手。微眾銀行的 FATE 作為全球首個工業級聯邦學習開放原始碼框架，有社區維護，疊代迅速，能不斷地根據實際需求最佳化產品體驗，而且有專家答疑，有助學者實踐。位元組跳動的 FedLearner 也是一個好的輕量級聯邦學習開放原始碼框架，不僅支持單機部署，還支持 Kubernetes 叢集部署，基於 Kubernetes 對訓練任務的彈性排程能力，從目前的合作中來看，整體效果較佳，非常適用於快速實踐。

9.3 訓練服務架構揭祕

本節從工程的角度介紹一下訓練服務架構設計,在設計聯邦學習訓練服務時,不僅要考慮系統的耦合性,還要考慮穩定性。舉例來說,業務需求是要對接各種資料來源,或需要對市面上的各種計算引擎(如 Spark、Flink 等)進行支援,又或需要滿足服務高可用。因此,為了應對複雜的業務需求,對系統的各個元件來說,我們需要在靈活與便捷上尋找一個平衡點。首先,我們來介紹聯邦學習訓練服務通常的架構設計,如圖 9-13 所示。

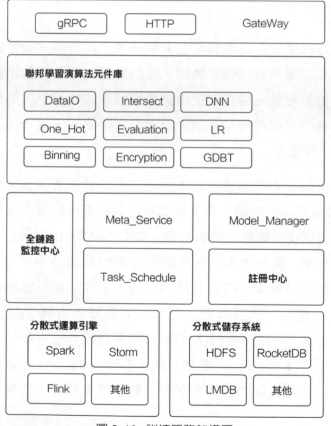

圖 9-13 訓練服務架構圖

1. GateWay

GateWay 服務也稱為閘道服務，由於端與端之間需要通訊，為了更少地向對方曝露我方服務的資訊，以及呼叫訓練服務的簡便性，我們需要引入閘道服務實現服務路由，對外曝露 gRPC 介面以及 HTTP 介面，外部系統的所有請求都將委託給閘道服務進行請求轉發。

2. 聯邦學習演算法元件庫

這裡面有很多小元件，用於實現模型訓練過程中需要的各種功能。如特徵歸一化元件 One_Hot、模型評估元件 Evaluation、樹模型訓練元件 GDBT、邏輯回歸模型訓練元件 LR 等。

3. Meta_Service

Meta_Service 是訓練系統的中繼資料中心管理服務，負責記錄每個訓練任務的進度和運行狀態，設定參數、聯邦學習合作方以及角色。

4. Task_Schedule

Task_Schedule 是訓練系統的任務排程服務，負責解析設定參數，以及進行整個訓練任務的排程。在這裡，我們引入了設計模式中的責任鏈模式，Task_Schedule 按照指定的聯邦學習元件執行順序，將一個訓練任務轉化成一條執行鏈，並提交給任務執行緒池去執行。

5. Model_Manager

Model_Manager 服務（模型管理服務）用於對已經訓練好的模型進行版本管理及離線保存。當完成訓練任務後，訓練服務會將訓練好的模型資訊發送給模型管理服務。模型管理服務首先對模型進行完整性驗證，待驗證通過後，對該模型進行持久化儲存、分組、分配版本等操作。

6. 註冊中心

為了保證服務高可用，通常將 ZooKeeper 作為註冊中心。當服務啟動的時候，會將服務資訊註冊到 ZooKeeper 中，然後當我們向閘道服務發起訓練請求的時候，閘道服務會從 ZooKeeper 中拉取到可用的服務，透過指定的負載平衡策略完成服務呼叫。

7. 分散式運算引擎和分散式儲存系統

實現高性能、服務穩定的儲存及即時計算是非常困難的。在大部分的情況下，我們會直接使用第三方服務。市場上比較好的分散式儲存系統有 HDFS、LMDB 等，分散式運算引擎則可以使用 Spark、Storm、Flink 等。目前，我們使用 HDFS 作為分散式儲存系統，使用 Spark 作為分散式運算引擎。

上文詳述了訓練服務的整個架構，下面將介紹聯邦學習模型訓練的整體流程。首先是雙方的訓練部署形式，訓練部署圖如圖 9-14 所示。

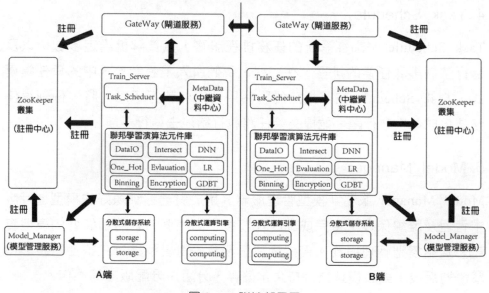

圖 9-14 訓練部署圖

在部署好服務後，以一次訓練任務為例，整個聯邦學習模型訓練大致可以分為以下幾個步驟（如圖 9-15 所示）。

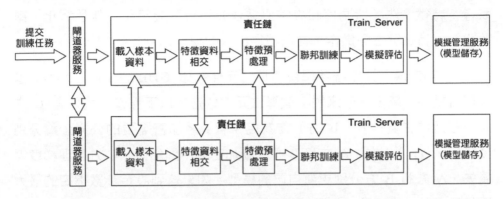

圖 9-15 訓練流程圖

（1）提交訓練任務。當我們向閘道服務提交一個訓練任務之後，閘道服務會將請求路由到訓練服務。

在訓練服務接收到閘道服務請求，開始訓練之前，我們會先檢驗設定參數的準確性，比如需要的演算法元件庫是否存在、訓練的參數是否合理、格式是否正確等。在檢驗透過後，訓練服務會解析我們上傳的設定參數，根據我們的設定去實例化所需要的聯邦學習元件。

（2）載入樣本資料。DataIO 元件會將不同類型的資料來源（如 CSV 檔案、HDFS、資料庫）的樣本資料轉為訓練服務可辨識的 Key、Value 類型。

（3）特徵資料相交。Intersect 元件會完成特徵資料相交，比如 A 方的使用者 ID 為 u1，u2，u3，u4，而 B 方的使用者 ID 為 u1，u2，u3，u5。在求交集後，A 方和 B 方知道相同的使用者 ID 分別為 u1，u2，u3，但 A 方對 B 方的其他使用者 ID（如 u5）一無所知，B 方對 A 方的其他使用者 ID（u4）一無所知。

（4）特徵前置處理。在進行模型訓練之前，通常會使用特徵前置處理元件進行特徵處理，比如進行特徵分箱、特徵過濾（單變數分析）、特徵取樣、特徵清洗（遺漏值和異常值處理）、特徵規範化（無量綱化、離散化）、特徵衍生等操作，從而使得訓練的模型達到更好的效果。

（5）聯邦訓練。指定聯邦學習演算法元件（如 GDBT、LR、DNN）進行聯合模型訓練，一般來說，演算法元件會進行以下操作：協作者 C 方〔一般建議由資料方（B 方）作為協作者〕將加密需要的公開金鑰分別發送給 A 方和 B 方，A 方和 B 方互動加密的中間結果，C 方整理梯度與損失，A 方和 B 方分別更新自己的模型。如果達到設定參數指定的最大疊代數，就結束訓練。詳情如圖 9-16 所示。

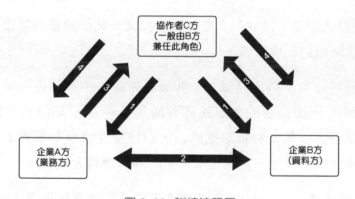

圖 9-16　訓練流程圖

（6）模型評估。Evaluation 元件提供了一些用於分類和回歸的評估方法，包含 AUC、KS、LIFT、PRECISION、RECALL、ACCURACY、EXPLAINED_VARIANCE、MEAN_ABSOLUTE_ERROR、MEAN_SQUARED_ERROR、MEAN_SQUARED_ LOG_ERROR、MEDIAN_ABSOLUTE_ERROR 等。

（7）模型儲存。在完成訓練任務後，訓練服務會將訓練好的模型資訊發送給模型管理服務（Model_Manager），由模型管理服務將模型進行分

類、版本管理等,然後將模型資訊儲存到分散式儲存服務中,並將模型的中繼資料資訊、位址保存。

在將模型持久化儲存後,我們可以選出效果最好的模型,然後將此模型匯入推理服務中進行即時預測,這樣就可以將聯邦學習的成果運用到企業生產中了。

▍9.4 推理架構揭祕

在完成聯邦建模任務並且成功地將最終訓練好的模型儲存在對應的儲存模組後,發起方(C 方)就可以發起推理任務,在 A 方跟 B 方的配合下展開聯合預測,根據雙方的特徵值,得到預測結果,而得到這個結果正是我們聯合建模的最終目的,其大致流程如圖 9-17 所示。

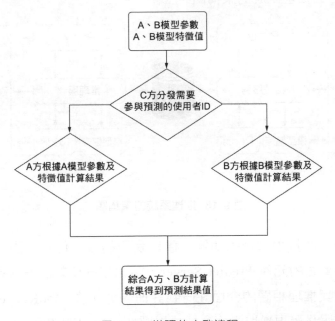

圖 9-17 推理的大致流程

從圖 9-17 中可以看出，發起方 C 方首先將要進行預測的使用者 ID 分別發送給 A 方和 B 方。A 方和 B 方分別找到需要參與預測的使用者，根據模型參數和對應使用者的特徵值計算中間結果，然後將這個結果進行加密傳送給 C 方，最後由 C 方進行整合。在實際生產的過程中，由發起推理的一方承擔 C 方的角色，一般為 A 方或 B 方，最後得到的結果也將在 C 方輸出和儲存。

如上文所述，整個推理流程較為簡單，但當我們從工程的角度去分析時，不論是系統的耦合性還是穩定性，該流程框架都是遠遠不夠的。舉例來說，當業務需求是要將整個推理從聯邦系統中抽出來單獨部署的時候，或當我們要查詢不同模型不同版本預測的歷史結果的時候，又或當需要滿足高可用進行叢集部署的時候等。因此，為了應對複雜的業務需求，對於系統的各個元件，我們需要在靈活與便捷上尋找一個平衡點。圖 9-18 為整套推理系統的架構圖。

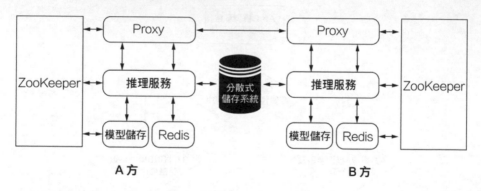

圖 9-18 推理系統的架構圖

首先，我們需要實現預測的功能。這是我們的核心任務，因此我們需要架設一個最重要的元件 Predict Server。當出現一個新的推理請求時，它可以將所有與推理相關的介面註冊到註冊中心，像 ZooKeeper，外部系統可以透過服務發現獲取介面位址加以呼叫；Predict Server 從遠端分散式儲存系統中儲存模型到本地，根據請求資訊從本機存放區系統中選擇

模型並載入模型，匹配到需要參與預測的使用者資訊，開展預測任務。

其次，端與端之間需要通訊。所以，我們需要一個代理，對外曝露 gRPC 介面和 HTTP 介面，把路由的轉發以及外部系統的所有請求都委託給這個代理，同時也可以根據業務的特點，決定負載平衡的方式，比如在連線代理之前部署 Nginx 來實現反向代理。

最後，我們還需要將每次預測的結果儲存起來以滿足一些業務的需求，同時也需要將模型儲存起來，持久化模型到本地可以保證在推理中某些元件發生災難時快速恢復過來，以及不需要在每次發起推理請求時都從分散式儲存系統中載入模型，從而既提高效率也保證安全。

在建構完推理需要的元件後，我們可以開始分析整個流程，整個推理的流程如圖 9-19 所示，大致可以分為以下幾個步驟。

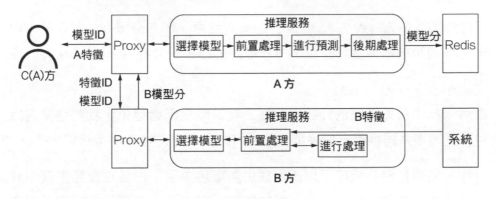

圖 9-19　推理流程圖

載入模型：載入模型的目的是保證 A 方、B 方從遠端或本機存放區系統中載入到相同的模型，以保證後面的預測準確。假設由 A 方擔任 C 方的角色，發起推理任務，在 C 方（由 A 方擔任）輸入載入模型的指令後，代理模組（Proxy）會將收到的指令發送給 Predict Server。Predict Server 會根據指令中模型的參數從儲存系統中將模型讀取進來，如果該

模型第一次被載入，那麼 Predict Server 會去分散式儲存系統中尋找，然後持久化在本地的儲存系統中，如果該模型已經被載入過，那麼 Predict Server 直接從本機存放區系統中讀取。與此同時，Proxy 也會將指令發送給 B 方，B 方會根據收到的模型參數執行相同的操作，這樣 A 方、B 方都已經載入到相同的模型。

發起推理：在 A 方和 B 方都載入完模型後，發起方 C 方（A 方）再發起一個預測請求，Proxy 一邊將請求資訊發送給 A 方，一邊從請求資訊中提取特徵 ID 等資訊發送給 B 方，A 方和 B 方都會根據請求資訊中的模型參數從已載入的模型中選擇要參與預測的模型，在選定模型後 B 方會從外部系統中根據傳過來的特徵 ID 選定對應的特徵資訊參與模型的預測，並將結果透過 Proxy 傳給 C 方（A 方），A 方選定模型並根據 A 方的特徵值進行預測得到預測值，傳給 C 方（A 方）。

記錄結果：C 方（A 方）將 A 方的預測結果，即自身得到的預測結果與 B 方傳過來的結果進行整合，並將最終的結果記錄在 Redis 這類資料庫中。

當然，為了保證模型的升級與維護，在實際生產過程中，我們通常可以用多個變數共同標識一個模型，這樣可以滿足更加複雜的業務需求。

這樣，整個推理系統就可以應用在生產環境中了，由於在實際生產中具有複雜的業務需求以及不可預測的問題，因此我們需要根據實際情況完善架構，例如增加對應的服務治理功能、執行緒池的規劃等。

9.5 最佳化案例分析

本節主要介紹特徵工程、離線訓練、即時推理三個環節在專案實戰中的一些最佳化想法和方法技巧，透過使用一些自動化工具和系統參數最佳

化來保證服務的可用性，提升服務的執行效率，從而使演算法工程師可以高效、快速地實現從模型訓練到上線使用。

9.5.1 特徵工程最佳化

在大部分的情況下，特徵工程在整個模型訓練過程中要佔用 70%～80% 的時間。演算法工程師需要根據業務場景收集資料、整合資料，然後依次按照特徵清洗、特徵變換、衍生特徵生成、特徵評估等環節進行特徵的加工和處理，並且特徵品質直接影響了最終模型的效果，因此該環節在整個模型訓練過程中是尤為重要的開端。

這裡介紹一個基於深度特徵合成（Deep Feature Synthesis，DFS）方法進行自動化特徵工程的 Python 框架—Featuretools。我們可以很方便地將來源資料作為輸入，根據特徵加工需求設定具體的日期、類別等參數，利用 Featuretools 進行自動化特徵工程，具體使用方案可參考官方文件。

當要處理的資料量較大時，我們可以將 Featuretools 和其他分散式運算框架結合使用來實現以更快的速度處理更大量的資料。Featuretools 整合了 Dask（一個平行計算框架），可以查看官方文件進行使用。使用 Featuretools 和 Spark 的結合需要有一定的 Spark 基礎，需要先透過 Featuretools 的 dfs 方法生成衍生特徵的定義，然後將輸入資料根據主鍵拆分成不同部分（partition），在拆分的過程中需要注意各個 partition 的資料儘量分布均勻，避免出現單一 partition 資料量過大導致資料傾斜的情況。對於 Spark 2.3+版本，可以使用 Pandas UDF，對於 Spark 2.3 以下版本，可以透過自訂 UDF 借助 group by 函數進行分散式運算，最終將各個 partition 結果合併即可得到全部資料的特徵工程結果。

9.5.2 訓練過程的通訊過程最佳化

模型訓練是比較耗時的過程,模型參數設定的複雜性、資料量大小、網路狀況、伺服器資源等都會影響模型訓練的耗時情況,下面對網路通訊過程中的心跳檢測,對從伺服器核心參數最佳化到 RPC 服務參數最佳化再到應用層的最佳化進行詳細分析。

心跳檢測有兩個主要的目的:

(1) 檢測出參與聯邦學習訓練的各節點服務是否正常,及時探測到不能正常提供服務的節點。

(2) 防止因模型在單節點進行訓練時沒有資料封包傳輸導致斷開連接。

Linux 核心 TCP keepalive 最佳化參數說明以下(需要在應用中設定 SO_KEEPALIVE 才能使 Linux 內建的 keepalive 生效)。

(1)Linux 核心 TCP keepalive 最佳化參數說明(表 9-1)。

表 9-1 Linux 核心 TCP keepalive 最佳化參數說明

參數名	參數說明	預設值
tcp_keepalive_time	keepalive 的空閒時長,或說每次正常發送心跳的週期	7200(秒)
tcp_keepalive_intvl	keepalive 探測封包的發送間隔	75(秒)
tcp_keepalive_probes	在 tcp_keepalive_time 之後,沒有接收到對方確認資訊,繼續發送保活探測封包的次數	9(次)

(2)Linux 核心 TCP keepalive 最佳化設定修改。

在 Linux 中,我們可以修改 /etc/sysctl.conf 的全域設定:

net.ipv4.tcp_keepalive_time=7200

net.ipv4.tcp_keepalive_intvl=75

net.ipv4.tcp_keepalive_probes=9

在增加上面的設定後輸入 sysctl -p 命令使其生效,我們可以使用 sysctl -a | grep keepalive 命令查看當前的預設設定。

對於 RPC keepalive 參數最佳化,這裡選擇以 gRPC 為例進行分析。gRPC 是一個開放原始碼的高性能、跨語言的 RPC 框架,能夠滿足聯邦學習在模型訓練和推理服務中的遠端呼叫。RPC keepalive 最佳化參數說明見表 9-2。

表 9-2　RPC keepalive 最佳化參數說明

參數名	參數說明	預設值
GRPC_ARG_KEEPALIVE_TIME_MS	該參數控制在 transport 上發送 keepalive ping 命令的時間間隔。可根據訓練資料集、伺服器設定預估訓練時間來減少該時間	2（小時）
GRPC_ARG_KEEPALIVE_TIMEOUT_MS	該參數控制 keepalive ping 命令的發送方等待確認的時間。如果在此時間內未收到確認資訊,那麼它將關閉連接。可根據實際情況增加逾時	20（秒）
GRPC_ARG_KEEPALIVE_PERMIT_WITHOUT_CALLS	如果將該參數設定為 1（0:false; 1:true）,那麼即使沒有請求,也可以發送 keepalive ping 命令。建議設定為 1	0:false
GRPC_ARG_KEEPALIVE_TIGRPC_ARG_HTTP2_MAX_PINGS_WITHOUT_DATAMEOUT_MS	當沒有其他資料（資料幀或標頭幀）要發送時,該參數控制可發送的最大 ping 數。如果超出限制,gRPC Core 將不會繼續發送 ping 命令。把其設定為 0 將允許在不發送資料的情況下發送 ping 命令	2

當遇到日誌中出現錯誤程式為 ENHANCE_YOUR_CALM 的 GOAWAY 情況時,如果用戶端發送太多不符合規則的 ping 命令,那麼伺服器發送 ENHANCE_YOUR_CALM 的 GOAWAY 幀。舉例來說,①伺服器將 GRPC_ARG_KEEPALIVE_PERMIT_WITHOUT_CALLS 設定為 false,但用戶端卻在沒有任何請求的 transport 中發送 ping 命令。②用戶端設

定的 GRPC_ARG_HTTP2_MIN_SENT_PING_ INTERVAL_WITHOUT_
DATA_MS 的值低於伺服器的 GRPC_ARG_HTTP2_MIN_ RECV_
PING_INTERVAL_WITHOUT_DATA_MS 的值。

雖然作業系統以及遠端方法呼叫框架都實現了 keepalive，但是作為應用
層，也應該實現 keepalive，主要原因如下：

（1） 如果作業系統崩潰導致機器重新啟動，就會導致沒有機會發送
TCP segment。

（2） 如果伺服器硬體故障導致機器重新啟動，就會導致沒有機會發送
TCP segment。

（3） 在併發連接數很多時，作業系統或處理程序重新啟動，可能沒有
機會斷開全部連接。

（4） 對於網路故障，連接雙方得知發生故障的唯一方案是透過檢測心
跳逾時。

心跳除了說明應用服務還「活著」，更重要的是表明應用程式還能正常
執行。Linux TCP keepalive 由作業系統負責探查，即使處理程序鎖死或
阻塞，作業系統依然能夠正常收發 keepalive 資料封包。對方無法得知異
常發生。

由應用程式記錄上次接收和發送資料封包的時間，在每次接收資料或發
送資料時，都更新一下這個時間，而心跳檢測計時器在每次檢測時，將
這個時間與當前系統時間比較，如果時間間隔大於允許的最大時間間隔
（在實際開發中根據需求設定為 15～45 秒），就發送一次心跳封包。總
之，進行通訊的兩端之間在沒有資料來往達到一定的時間間隔時才發送
一次心跳封包[184]。

9.5.3 加密的金鑰長度

加密的金鑰長度對性能影響較大的兩個環節如下。

環節 1：隱私資料求交集

隱私資料求交集常用的方案有 PSI、RSA Intersection、RAW Intersection。
對 RSA Intersection 來說，RSA 演算法的金鑰一般是 1024 位元的，而在
要求更嚴苛的場景中會使用 2048 位元的，在資料集較大（億位元組等
級）時，金鑰的長度對求交集過程的性能影響就會非常明顯。因此，我
們要根據伺服器性能、需要求交集的資料量選擇合適的求交集演算法方
案和加密演算法，在保證安全的前提下對金鑰長度的合理設定能大大地
增加隱私資料求交集的時間。

環節 2：在模型訓練過程中傳遞的加密梯度

在聯邦學習模型訓練過程中需要傳遞同態加密的梯度以使各方更新模型
參數。以 Paillier 演算法為例，Paillier 演算法是基於複合剩餘類的困難
問題的機率公開金鑰加密演算法。該加密演算法是一種同態加密演算
法，滿足加法和數乘同態。我們一般會設定 Paillier Secure Key Size 為
2048 位元，為了在保證不易被破解的情況下提升運算效率，可以改
Paillier Secure Key Size 為 1024 位元或其他長度來達到安全和性能的平
衡。

9.5.4 隱私資料集求交集過程最佳化

隱私資料集求交集過程是很重要的過程，既要保證隱私資料的安全性，
又要透過可靠的加密演算法找出參與訓練的多方的資料交集。選擇性
能、安全性兼顧的演算法及其實現方案非常重要，目前主要的演算法有
Private Join and Compute、Diffie-Hellman Key Exchange、RSA

Intersection、RAW Intersection 等。我們可以根據個人技術堆疊以及對性能、安全性、使用成本的需求選擇適合自己的實現方案,透過資料分區、平行計算提升該過程的效率。

9.5.5 伺服器資源最佳化

在模型訓練過程中,資料集、特徵大小、同時訓練任務的密集度等諸多因素會影響模型的訓練速度。為了提升資源使用率、縮短模型訓練時長,我們需要對模型訓練過程中的日誌記錄、伺服器資源使用情況進行統計分析,根據性能瓶頸調整伺服器的硬體資源,以提升模型訓練效率。

我們可以利用 sar 找出系統瓶頸,sar 是 System Activity Reporter(系統活動情況報告)的縮寫。sar 對系統當前的狀態進行取樣,然後透過計算資料和比例來表達系統的當前運行狀態。它的特點是,可以連續地對系統取樣,獲得大量的取樣資料;取樣資料和分析的結果都可以存入檔案,所需的負載很小。sar 是目前 Linux 上全面的系統性能分析工具之一,可以從 14 個大的方面對系統的活動進行分析並生成報告,包括檔案的讀寫情況、系統呼叫的使用情況、CPU 效率、記憶體使用狀況、處理程序活動及與處理程序間通訊(IPC)有關的活動等,其使用較複雜。sar 是在查看作業系統報告指標的各種工具中,使用得最普遍和最方便的。它有兩種用法:①追溯過去的統計資料(預設);②週期性地查看當前資料。

常用的 sar 視覺化工具有 SAR Chart、kSar 等。我們可以根據安裝需求,選擇適合自己的工具進行 sar 的分析。

9.5.6 推理服務最佳化

即時線上推理服務是聯邦學習投入工業生產使用的一種方式,是模型進行線上生產進而支撐真實業務場景的方法之一。推理服務的穩定性、性能將影響實際的線上業務。為了保證推理服務高且可用,我們需要用至少 2 台伺服器部署推理服務,並且做好從硬體層面到軟體層面的負載平衡,根據對雙方的即時特徵獲取介面進行壓力測試,在滿足業務場景需求的前提下設定合理的逾時,避免部分特徵獲取時間過長影響推理服務的整體性能。同時,服務上線後特徵介面的性能監控預警、特徵品質監控預警也是提升服務可用性的重要方法。

聯邦學習的產業案例

▌ 10.1 醫療健康

隨著人工智慧和巨量資料技術的發展,「醫療巨量資料」時常被人們提及。雖然醫療巨量資料的價值十分明顯,但是真正應用到產業中的案例卻很少。儘管我們可以想像很多種人工智慧與醫療結合的方式(如 AI 影像幫助醫生檢查 CT 圖形、機器學習為醫生診療提供臨床案例,以及電子病歷的生成等),但是在這樣的應用背景之下,資料的獲取、資料的品質問題、資料的共用問題成為限制人工智慧和巨量資料技術在醫療領域中發展的瓶頸。

IBM 的超級電腦「華生」(WATSON),是人工智慧與醫療健康結合所孕育出的比較知名的產品,但也曾因為在訓練中開出錯誤的治療藥物而飽受質疑。經過調查發現,華生之所以會對患者做出錯誤診斷,是因為華生訓練所需的資料量與實際進行訓練的資料量相差甚遠,資料量不足導致模型訓練出現錯誤,這就是上文所說的人工智慧在醫療領域中發展的瓶頸,也就是醫療領域的「資料孤島」現象的反映。如何解決這個瓶

頸問題？聯邦學習的提出為解決這個瓶頸問題提供了條件。因為醫療資料的隱私性極強，所以資料傳輸和分享十分敏感，儲存在不同機構的不同資料集之間無法實現資訊共用，限制了對醫療巨量資料的充分利用，而聯邦學習可以在不傳輸資料的情況下進行模型訓練。因此，聯邦學習對於解決醫療領域的「資料孤島」問題具有非常重要的作用。本節透過列舉聯邦學習在醫療領域中的應用實例，讓你充分了解聯邦學習對醫療領域的幫助。

10.1.1 患者死亡可能性預測

電子病歷是指在個人電子裝置上生成的和患者健康相關的資料資訊。有效地利用電子病歷對醫學的發展具有重大價值，但電子病歷的儲存是十分分散的，電子病歷可能儲存在個人裝置、醫院、藥店等不同的位置。由於資料的敏感性以及法律的嚴格限制，資料之間的分享成為巨大的挑戰。傳統方法通常將醫療資料統一集中到資料庫的網站中，對資料進行統一的分析建模，但由於前文所說的原因，醫療資料的傳輸限制非常複雜，因此資料傳輸成本會隨之增大。採用聯邦學習的方式，能夠有效地解決傳統方法所面臨的「資料孤島」問題。下面以利用 ICU 患者的電子醫療資訊，透過開發聯邦學習模型對 ICU 患者的康復結果進行預測為例，來展示聯邦學習在醫療領域中是如何發揮作用的[185]。

透過利用來自多家醫院的 ICU 患者的住院資訊，以患者入院 24 小時之內服用的藥物作為輸入，預測患者在 ICU 住院期間的死亡率。為了對每次入院的 ICU 患者進行二進位預測，架設了三層全連接神經網路模型，隱藏層採用 ReLu 函數啟動，輸出層採用 Sigmoid 函數啟動，採用交叉熵作為訓練的損失函數。患者死亡事件用二元標記，0 表示存活，1 表示死亡。聯邦學習的作用機制就是將整合模型中學到的演算法分布到每個

資料來源進行分散式訓練，然後將本地的訓練模型的參數回饋給處理器並建立整合模型，整個過程會循環多次。

為了模擬真實的醫療環境來進行模型訓練，假設每個醫院的住院資訊都位於其自己的資料環境中。中央解析器透過向所有模擬的醫院節點發送具有相同參數的初始模型以進行整體模型訓練的初始化。每個模擬節點的本地模型僅使用屬於自己內部的資料來源進行訓練，將根據平均樣本大小加權後的參數返回給中央解析器，中央解析器在對所有資料來源的模型進行整合、更新後，將更新後的模型再次發送給所有醫院。整個模型聯邦學習示意圖如圖 10-1 所示。

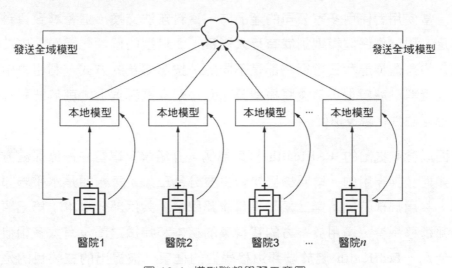

圖 10-1　模型聯邦學習示意圖

透過利用聯邦學習的技術，在保護使用者隱私的前提下，最大限度地實現了資料的共用建模，並且文中還對現有的聯邦學習技術進行改進，提高其預測的準確度，更進一步地將聯邦學習應用到醫療領域，可以說聯邦學習打開了人工智慧在醫療領域中應用的大門，從而給人類真正做到「智慧醫療」帶來了更多的可能性[186]。

10.1.2 醫療保健

上文透過採用聯邦學習的方式，在保護患者個人資訊的隱私性前提下，有效地利用了電子病歷，實現了醫療資料資訊的共用分析。人工智慧在醫療領域中除了幫助醫生診斷病情，也可以幫助大眾進行醫療保健。我們身體的健康狀況與日常活動行為具有密不可分的聯繫。隨著可穿戴式智慧裝置的普及，例如手環、智慧型手機、手環等，透過記錄身體的活動情況，我們可以對一些疾病的產生提出風險預警。在醫療保健中，同樣也需要大量的資料進行訓練，也面臨著「資料孤島」的問題。在醫療場景中，「資料孤島」問題產生的原因有以下兩個：①隱私和法律的原因。當使用者使用多家公司的產品時，資料無法交換，這會導致資料量不足，對醫療保健模型訓練有巨大影響。②模型的個性化問題。由於每個人的身體機能和日常行為都是不同的，按照傳統的方式，利用集中的大量資料訓練模型，然後將模型分布到每個穿戴裝置上，就無法對每個人進行個性化醫療保健。

下面以微軟提出的 FedHealth 框架為例，介紹聯邦學習在醫療保健方面是如何發揮作用的。聯邦機器學習主要分為三類：第一類是水平聯邦學習，共用局部特徵；第二類是垂直聯邦學習，共用部分樣本；第三類是聯邦遷移學習，適用於多方的資料集的樣本和特徵之間沒有太多相似性的情況。FedHealth 屬於聯邦遷移學習的框架，被提出的主要目的是透過聯邦遷移學習實現精準的個人醫療保健。FedHealth 框架主要由以下兩個部分組成，第一個是基於伺服器端的雲端模型，該模型利用公共資料集進行訓練，然後 FedHealth 框架將雲端模型發送到所有使用者的裝置上，這樣每個使用者就都可以用自己的資料進行模型訓練。使用者將自己的個性化模型上傳到雲端，對已有的雲端模型進行訓練更新，整個模型的參數共用傳輸過程透過同態加密完成，保證使用者的隱私不會被洩露。

從上文的敘述中可看出，雲端模型和使用者端模型的訓練是 FedHealth
框架的兩個重要組成部分。每個使用者都可以在伺服器端模型的幫助下
訓練出自己的個性化模型，從而進行個人醫療保健。FedHealth 框架採
用深度神經網路進行雲端模型和使用者端模型的訓練，其目標函數以下

$$\text{argmin}_{\theta} L = \sum_{i=1}^{n} l\left(y_i, f_{\text{S}}(X_i)\right) \quad\quad (10\text{-}1)$$

式中，X_i 為輸入的樣本；y_i 為樣本真實值；f_{S} 為要學習的伺服器端模
型；L 為函數損失；n 為樣本大小，θ 為學習模型的參數，也就是網路節
點的權重和偏差。

該框架的第二個部分是使用者端模型的訓練。在更新好雲端模型後，要
將模型發送到每個使用者終端，在這個過程中採用同態加密技術以避免
直接分享使用者的資訊，而只進行模型參數的共用。每個使用者端模型
的目標函數以下

$$\text{argmin}_{\theta^u} L_1 = \sum_{i=1}^{n^{\text{u}}} l\left(y_i^{\text{u}}, f_u(X_i^{\text{u}})\right) \quad\quad (10\text{-}2)$$

式中，f_{u} 代表使用者端模型；L_1 代表每個使用者端的模型損失。在訓練
完成後，f_{u} 會被上傳到雲端整合。

研究者將 FedHealth 框架應用於智慧型手機的人類活動辨識資料集上以
驗證其性能。該人類活動辨識資料集由 30 個志願者的 6 個活動組成，共
收集 10 299 個實例。為了模擬現實情景和保證使用者隱私資料的安全，
研究者從資料集中選取了 5 個志願者的資料作為孤立的隱私資料不與其
他志願者的資料進行共用。FedHealth 框架的研究者將其與傳統的機器
學習方法和不使用聯邦學習的深度學習模型等進行了比較，結果顯示
FedHealth 框架辨識的精確度不僅大大超過了傳統的機器學習方法，而
且與不使用聯邦學習的模型相比平均提高了 5.3%左右。

FedHealth 是聯邦學習在可穿戴醫療保健領域中應用的一次嘗試，透過利用裝置上的個人醫療資料實現對個人的醫療保健。微軟進行的人類活動實驗已經證明了它的有效性，並且研究者表示該模型在未來還擁有更大的潛力，例如利用增量學習技術，使模型可以根據使用者和環境的變化進行即時更新。另外，該聯邦遷移學習框架在未來也可以被應用到更多的醫療程式中，如某些疾病的風險預警、跌倒預警等。透過該案例，我們可以了解到聯邦學習在醫療領域中還有更加廣闊的應用空間。

10.1.3 聯邦學習在醫療領域中的其他應用

聯邦學習目前是解決醫療領域「資料孤島」問題切實可行的方法。在醫療領域中，除了上述提到的應用，也有很多學者進行了其他方向的研究。在醫學成像方面，NVIDIA 團隊與倫敦國王學院合作，率先將聯邦學習應用到醫療影像分析中，推出了首個用於醫療影像分析且具有隱私保護能力的聯邦學習系統，這成為聯邦學習在醫療領域中應用的又一次突破。該技術在 2019 年的國際醫學圖形計算和電腦輔助干預國際會議上進行了公佈。研究者在論文中提道：「聯邦學習在無須共用患者資料的前提下，即可實現分散化的神經網路訓練，各個節點訓練自身的本地模型，並定期交給參數伺服器，進而創建全域模型，分享給所有節點。」該系統已經在包含了 285 位腦瘤患者的 MRI 掃描結果的 BraTS 2018 資料集的腦瘤分割資料上成功地進行了實驗。在相似患者的尋找中，有學者使用聯邦學習利用多家醫院的資料進行患者的相似性學習，他們在保護使用者隱私的前提下，利用模型找到了不同醫院的相似患者；也有學者利用聯邦學習進行患者表徵學習及肥胖症患者的表型研究；還有學者利用聯邦學習進行心臟病預測以及腦部疾病的研究等，都獲得了不錯的進展。他們還在已有的聯邦學習的基礎上，不斷進行改進，讓使用者的隱私資訊進一步得到保護。相信隨著專家學者及所有人工智慧同好們不

斷研究，聯邦學習會日益成熟。未來在通往人類真正的「智慧醫療」的
發展道路上，聯邦學習將發揮巨大的作用。

▍10.2 金融產品的廣告投放

自 2014 年以來，網際網路金融（互金）產業經歷了從野蠻生長到回歸理
性的過程。因為大部分人對互金產品存在戒備心以及互金產品天然存在
著風險屬性，所以互金產品從拉新、註冊到投資轉化的道路註定是艱難
的。隨著獲客成本不斷攀升，互金產品的競價成本已經從人均幾十元攀
升到幾百元甚至上千元，各大互金企業在獲客上的投入都是非常大的。
大部分企業面臨的現狀是要想獲客就先要有流量，而流量越來越貴，好
不容易獲得的流量又沒有極佳地轉化，轉化後的使用者品質不高，且黏
性差，於是進入「砸」錢→獲取使用者→使用者品質差→「砸」更多的
錢→獲得更多低品質使用者的怪圈。舉個例子來了解上面的困境：某廣
告主在投放廣告時發現借貸成本（新增一次借貸需要的廣告投入）太
高，於是分別透過降低出價、定在對低風險高需求使用者進行競價，發
現成本降低了，但是曝光量（廣告的展示次數）急劇減少。該廣告主無
奈，只能透過提高出價、放寬使用者定向限制來增加廣告曝光量，但這
樣就會導致成本超過標準、使用者品質得不到保證。

所以，想要破除怪圈，我們就需要在商業邏輯的框架下，同時從媒體和
廣告主的角度出發對從流量到轉化的全流程進行拆分、評估、最佳化，
權衡各個環節，使得轉化的全鏈路最佳。

使用者在瀏覽某媒體時，常會有文字、圖片或視訊廣告展現給他。使用
者在點擊廣告之後會到達廣告產品的登錄網頁。各個廣告主都希望媒體
能展示自己的廣告，那麼媒體怎麼決定展示哪個廣告主的廣告呢？答案

之一就是即時競價。簡單來説，競價廣告就是媒體按照價高者得的策略，將某個流量的某個廣告展示位賣給廣告主。實際上，由於大部分廣告都是產生點擊後才費率（CPC 廣告）的，所以媒體並不是簡單地按照出價對廣告主進行排序，而是按照點擊收益×點擊率（即 eCPM，千次展示期望收益）對廣告主進行排序，並將流量分配給 eCPM 最高的廣告主，其中點擊收益是廣告主在媒體廣告交易平台設定的點擊成本。實際成交價在廣義第二高階的競價策略下略低於廣告主設定的點擊成本。所以，對媒體來説，對廣告點擊率預測得越準，表示收益越大。

在上述框架中，我們來討論競價廣告的最佳投放策略是什麼。對廣告主來説，他們希望在預算一定的前提下獲得最多的有效轉化。廣告主的動作空間是什麼呢？有兩個：①廣告素材；②分層出價。廣告素材不在本文討論範圍內，我們來看一下為什麼要做分層出價。流量的市場價是由參與競價的廣告主決定的，流量的市場價往往與流量價值（流量為廣告主帶來的收益）正相關。試想一下，我們如果對所有使用者都按市場平均價出價，那麼會獲得什麼樣的流量呢？答案是容易獲得低價值的流量。因為對高價值流量來説，我們的出價不具有競爭力。當對流量價值預估不準時，我們把不同價值的流量放在一起出價，依然會出現高價值流量競爭力不足的問題。在競爭激烈、出價接近使用者價值的情況下，這個問題可能導致廣告主虧損！

所以，競價廣告的最佳化策略如下：對不同價值的流量設定不同的點擊成本—分層出價。最極端的做法當然是我們對每個流量都設定不同的成本，但由於實踐難度太大，實際上更多地採用客群維度的分層出價，即將價值相近的使用者放在一起來設定成本。

分層出價問題可以拆分為分層和最佳出價兩個子問題。

綜上所述，我們希望在流量價值維度將人群進行分層，這就需要對使用者的價值做出預測。我們通常使用生命週期價值來衡量企業客戶對企業所產生的價值，但在實際業務中需要用短期指標進行量化。以互金產品為例，我們通常從逾期風險、借貸需求等維度考驗使用者價值。不管考驗維度是什麼，我們都可以透過機器學習的方式從使用者的行為畫像中預測使用者價值。至此，我們將問題抽象為一個有監督的機器學習問題，建模的本質是從歷史資料中學習從人物誌到價值的映射關係，通常可以用 XGBoost 的結果作為基準，透過模型融合、深度學習等方式提高預測的準確性。

與一般的有監督模型相比，在廣告投放場景中的建模困難在於，媒體端流量對廣告主來說大部分是薄資訊甚至無資訊使用者，如何預測這部分流量的價值呢？一種有效的方式是聯邦學習。聯邦學習可以在保證參與方資訊不洩露的前提下完成基於多方資料的聯合建模。在廣告投放場景中，廣告主有流量價值相關資料，如是否逾期、是否借貸、是否活躍等，媒體有流量的行為資料，如瀏覽次數、登入時長等。透過垂直聯邦學習，我們可以用媒體側的行為資料預測流量價值，從而進行人群分層。聯邦學習框架提供的安全的資料共用機制，使得具有強互補性的媒體和廣告主之間的資料能夠實現最大化的變現。在這個過程中，廣告主自然有充分利用自身資料更準確地預測 eCPM 的衝動。同時，如前面所述，媒體也有這樣的需求，利用雙方資料更加準確地預測使用者行為，進而實現廣告主與媒體雙贏。目前，不少互金企業已創新地與頭部媒體將聯邦學習實踐到實際廣告投放業務中。實踐表明，聯邦模型與單邊模型相比，無論是在覆蓋度上還是在模型預測效果上都有很大提高。

10.3 金融風控

目前，各個產業正經歷著與科技的深度融合，其中巨量資料、人工智慧在許多領域中已經開始發揮作用，成為經濟發展的新引擎。尤其在金融領域，例如銀行產業、保險業、證券業，對巨量資料技術和創新的需求非常大，佔巨量資料市佔率的 10%以上，應用場景包括精準行銷、個性化定價、客戶管理、金融信貸、信用消費評級、資訊驗證等。

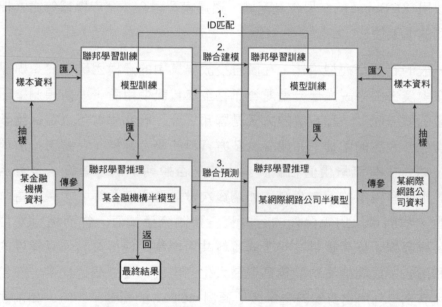

圖 10-2　某金融機構與某網際網路公司的聯邦學習實踐過程示意圖

雖然大量的使用者資料是金融機構進行巨量資料風控必不可少的武器，但是在《中華人民共和國網路安全法》中明確要求獲取使用者資料必須經過授權。2019 年，國家對侵犯公民隱私的公司進行了查處，多家知名獨角獸企業主動或被動地停止了部分業務，受此影響相關的一些金融機構也暫停了放款業務。聯邦學習是一種更好的聯合建模方法，可以在保護使用者隱私的前提下實現「金融資訊+場景資料」的多方跨界融合，

幫助金融機構有效地降低金融風險，提升服務水準。下面透過某金融機構與某網際網路公司的合作來講解聯邦學習的實踐過程，如圖 10-2 所示。

某金融機構在授信審核時希望可以進行初步風控，但只擁有使用者的一些身份資訊及借貸資訊，而某網際網路公司擁有大量的使用者行為資訊、消費資訊等資料。現在透過聯邦學習將兩方資料融合進行模型訓練。聯邦學習的實踐分為兩個階段：第一個階段為聯邦學習訓練，即使用聯邦學習進行模型訓練；第二個階段為聯邦學習推理，即線上呼叫訓練完成的聯邦學習模型進行即時預測評分。

聯邦學習在金融風控中的應用可以進一步劃分為多個資料方之間、資料方與金融機構之間的聯邦學習。

10.3.1 資料方之間的聯邦學習

資料方往往有大量的使用者資料。在巨量資料時代，使用者的特徵維度經常可以達到上千個，但單一資料方所擁有的資料特徵往往不夠全面，而且公司真正需要的是和預測目標有較大相關性的特徵，單一資料方的有效特徵數量往往不足。舉例來説，某手機公司可能擁有大量的 App 安裝資料，如支付類 App 當前的安裝個數、投資類 App 當前的安裝個數、遊戲類 App 當前的安裝個數等。當手機公司想要預測使用者的購買力時，「遊戲類 App 當前的安裝個數」這個特徵和使用者購買力的相關性不大，僅靠金融類 App 的安裝個數等特徵進行建模得到的效果又可能不甚理想。於是，手機公司希望和其他資料方進行合作，以獲得更多有效特徵進行聯合建模。不同的資料方擁有不同側重點的特徵，如網際網路公司擁有使用者行為資料、電子商務公司擁有使用者消費資料等。為了保證特徵的全面性，手機公司會考慮和各種類型的資料方合作。

以前，手機公司可以透過在專門的資料方購買資料來提升自己的業務能力，這些資料方透過各種隱蔽的通路獲取重要性和隱私性更強的使用者資料，然後出售給銀行等金融機構來獲利。然而，隨著國家對資料保護的監管力度逐漸加大、公民對隱私保護的意識逐漸增強[187]，獲取使用者資料的難度和代價逐漸增加，很多曾違法竊取使用者資料的公司也都主動或被動地停止了業務。

在保證資料合法性、安全性、規範性的前提下，資料方之間可以透過聯合建模的方式合作。

聯邦學習建模既能保證資料的安全性，又能保證模型的準確性，非常適用於巨量資料時代的多方合作，金融建模流程如圖 10-3 所示。資料方往往有大量的使用者資料，而地理位置相近的資料方往往有很多重合使用者。基於隱私保護的樣本 ID 匹配，我們可以在合法的條件下得到大量的可使用樣本。因此，樣本的量級完全可以滿足聯邦建模的需要。

在特徵維度方面，單一資料方在某個方面的特徵維度往往會很大。舉例來說，手機公司有種類繁多的 App 安裝記錄等。如果直接將各方的所有特徵輸入模型，那麼會導致訓練時間急劇增加，而大量無用特徵對模型效果幾乎沒有提升，因此在訓練之前還需要使用聯邦特徵工程對資料進行前置處理，主要包括單變數分析、變數篩選兩個步驟。

單變數分析旨在分析每個特徵（x_i）對目標（y）的效用，進而指導特徵工程。挑選入模變數過程是比較複雜的過程，需要考慮的因素很多。比如，變數的預測能力、變數之間的相關性、變數在業務上的可解釋性等。在單變數分析階段，需要使用聯邦特徵工程技術在加密標籤的前提下對各方的特徵計算 WOE、IV、PSI 等參數。WOE 稱為證據權重，用於對特徵進行變換；IV 稱為資訊價值，是與 WOE 密切相關的指標，用

於對特徵的預測能力進行評分[188]；PSI 用於篩選特徵變數、評估模型的
穩定性。

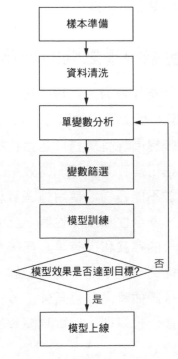

圖 10-3　金融建模流程圖

在計算完成後，整理各個指標的結果，以便進行後續的變數篩選。

在變數篩選階段，需要根據單變數分析的結果剔除預測能力較差、穩定
性較差、缺失率較高的變數。舉例來說，標籤擁有方先透過缺失率剔除
了婚姻狀況這個變數，再計算剩餘變數的 IV，按照從大到小的順序排
序，選取了前 100 個變數。

各個資料方根據變數篩選的結果重新準備資料，輸入模型中進行訓練、
推理、模型評估等工作。在流程結束後，標籤擁有方根據每個資料方提
供的特徵變數的重要性支付報酬。標籤擁有方透過聯邦學習，在保證安

全的前提下訓練獲得了更好的模型，而資料擁有方透過提供加密的資料，在不曝露使用者隱私的前提下從標籤擁有方處獲得了利益。這樣，各方透過聯邦學習安全地實現了多贏！

10.3.2 資料方與金融機構之間的聯邦學習

不同於其他場景，以銀行為代表的金融機構往往比較保守，雖然其對各種新興技術（如人工智慧和巨量資料處理等）具有非常強烈的需求[189]，迫切希望使用這些技術來提高現有業務（包括精準行銷、個性化定價、客戶管理、金融信貸、信用消費評級等）的效率，但是銀行所持有的資料往往比較敏感。銀行並不能輕易地使用這些資料進行探勘分析，需要保證資料使用的合法性、安全性和規範性等。此外，銀行所持有的資料通常比較單一，只有本行的存款和借貸等資訊，並不能為使用者刻畫全面的人物誌，所以為了達到更精準地描繪人物誌和資金管理目標，其往往在對使用者或企業進行評估時需要巨量外部資料支援，透過多維度的使用者特徵和巨量資料最佳化模型，以實現高效的風控和優質使用者管理等目標。

聯邦學習的出現使得多個參與方用本地資料協作建模成為可能，其能夠在保證資料的合法性、安全性和規範性的前提下，使得包括銀行在內的各個資料方的資料既不離開本地資料庫又能參與到建模過程中，同時使銀行可以與多個資料方共用特徵變數、協作建模，實現「金融資訊+場景資料」的多方跨界融合，幫助金融機構有效地降低金融風險和提升服務水準。此外，聯邦學習的協作模式還可以實現雙方建模人員線上分析與建模，降低成本。下面分別介紹垂直聯邦學習和水平聯邦學習在銀行等金融機構的應用案例。

舉例來說，某銀行（銀行 A）與某兩家其他公司（公司 B 和公司 C）透過垂直聯邦學習的方式協作訓練模型，其中銀行 A 擁有使用者的身份資

訊、標籤和中國人民銀行的信用報告等特徵，而公司 B 和公司 C 分別擁有大量的使用者行為資訊和消費資訊等資料。銀行 A 和其他公司（公司 B 和公司 C）聯邦建模示意圖如圖 10-4 所示。

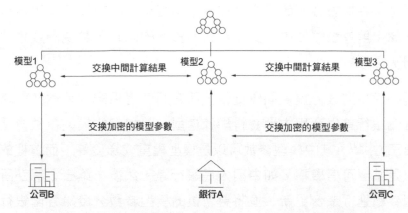

圖 10-4　銀行 A 與其他公司（B、C）聯邦建模示意圖

參與聯邦建模的雙方並不會向對方直接傳遞資料，而是傳遞加密的模型參數（如梯度等）進行模型更新。垂直聯邦建模的第一步是加密樣本對齊，即透過 RSA 等加密技術在找出參與方交集使用者的同時不洩露差集使用者[189]，然後進行對應的特徵工程提取有效的特徵進行模型訓練以提高模型的準確性、穩定性和可解釋性，參與方在建模過程中以加密的形式互動模型的中間計算結果並更新各自側模型，最後在模型訓練完成後基於對應指標進行模型效果評估。這種聯邦學習的協作建模方案可以顯著提高模型的性能，明顯降低銀行的不良貸款率。

與垂直聯邦學習不同，水平聯邦學習的特點是多個參與方之間使用者特徵相同，但是樣本不相同，其在銀行場景中可以應用於反洗錢等業務。反洗錢在銀行的日常運作中非常重要，但是如何確定交易是正常交易還是洗錢行為是非常枯燥和易錯的。銀行一般會先基於某些規則的模型從所有記錄中過濾出明顯的正常交易，然後透過人工一個一個審核的方式檢查其餘交易是否是洗錢行為，但是往往那些基於規則的模型覆蓋範圍

較小，需要人工審核的交易往往會浪費大量的時間和精力。此外，這些基於規則的模型對於未知情景（如新洗錢形式等）不具備很好的處理和判別能力。所以，多個銀行之間可以透過水平聯邦學習協作訓練共用的通用模型，在保證各個銀行本地資料不出資料庫的前提下共用資料進行模型訓練，解決該領域樣本少、資料品質低的問題，實現高效率地辨識和控制洗錢行為。

參與聯邦建模的銀行提供同質資料，即它們使用相同的特徵參與聯邦建模。各個銀行首先利用本地資料訓練模型，將加密的模型參數傳遞給可信的第三方[190]，其中模型參數可以是模型權重或梯度等，而這裡的第三方可以是某個可信機構，如中國人民銀行等。然後，第三方解密所收到的模型參數進行聚合更新，並將更新後的模型參數分發給各個銀行，各個銀行再基於本地資料更新收到的模型參數後發送給第三方，如此反覆疊代直到滿足終止條件。模型由所有參與的銀行協作訓練完成，期間各方的資料均不會離開其自己的資料庫，這種方式極大地提高了模型性能，且參與聯邦建模的銀行越多，模型性能越高。銀行之間聯邦建模示意圖如圖 10-5 所示。

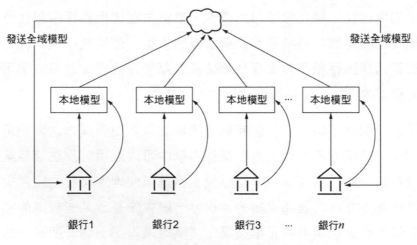

圖 10-5　銀行之間聯邦建模示意圖

無論是在水平聯邦學習中還是在垂直聯邦學習中，各個資料方的原始資料均沒有脱離本地環境，ID 匹配的過程也基於加密機制下的安全求交。嚴格加密的計算過程保證了中間參數無法反推，完美地解決了企業之間的安全聯合建模的需求。聯邦學習在銀產業中有廣泛的應用場景，已有多家大型銀行機構及網際網路公司展開了戰略布局和應用，推出了具有產業影響力的解決方案和專案，其在保險科技、信貸風控等諸多場景中得到初步驗證。我們相信在不遠的未來聯邦學習將更快地疊代，將有更多的產品及專案實踐，在銀行相關領域中發揮作用，促進經濟和社會發展。

▊ 10.4 其他應用

聯邦學習自從被提出後受到了許多研究者的關注，除了上述幾個領域，在其他領域中也起了重要的作用。

10.4.1 聯邦學習應用於推薦領域

目前，推薦功能在機器學習領域中已經獲得了廣泛發展。推薦功能已經深入我們日常生活的各個領域，例如商品推薦、視訊推薦、新聞推薦。大多數的推薦都基於使用者的歷史資料資訊來判定使用者未來可能的行為。但是由於近年來使用者資料隱私性問題已經成為非常重要的問題，很多使用者資料出於保護使用者隱私的原因被分布在多個機構中，形成了一個個「資料孤島」。如何在保證使用者資料的隱私性的同時，實現使用者級資訊共用從而進行推薦成為限制推薦系統在實踐中應用的主要問題。

聯邦學習的提出使這個問題的解決成為可能。聯邦學習大致分為三個方面：水平聯邦學習（在推薦中可了解為基於商品的聯邦學習）、垂直聯

邦學習（在推薦中可了解為基於使用者的聯邦學習）、遷移聯邦學習
（遷移聯邦學習研究的則是在相同的使用者和相同的商品特徵都不多的
情況下如何建構聯邦推薦模型）。下面用一個書籍推薦的例子介紹聯邦
學習在推薦中的應用。

將書籍推薦服務商和使用者興趣資料的服務商之間進行聯邦建模。在具
備使用者特徵的前提下，採用因數分解機對特徵進行交換處理，對推薦
系統的性能提升有很大幫助。在聯邦學習場景中，微眾銀行提出聯邦因
數分解機，在不直接進行資料共用的前提下完成聯邦雙方內部的特徵交
換和雙方相互之間的特徵交換。首先，聯邦參與方需要初始化自己的模
型，計算模型的中間結果，例如部分特徵的梯度、部分損失等，將其加
密後傳給對方。雙方將加密並加入隱藏後的梯度進行整理上傳到伺服器
端，伺服器端解密後發送給聯邦雙方，而後雙方更新自己的本地模型。
最後，雙方會分別得到訓練好的部分聯邦模型，所以在對使用者進行推
薦預測時雙方需要共同參與完成。雙方各自完成本地模型的中間參數的
計算，然後將其上傳到伺服器端，伺服器端將其解密後，對雙方模型進
行解密整理，計算得到預測結果，最後將預測結果回饋給推薦服務商。

除了上述聯邦學習在推薦領域的應用方式，華為也提出了自己的聯邦推
薦學習框架—聯邦元學習推薦，其主要目的是利用以往的經驗進行學
習，換言之，就是讓機器知道自己如何進行訓練。在推薦演算法領域比
較常用的演算法就是協作過濾演算法，但是協作過濾演算法需要伺服器
端收集大量的使用者資料和商品資料。在應用聯邦學習解決了資料的隱
私性問題之後，華為開始關注伺服器端與聯邦用戶端的傳輸內容。在聯
邦學習框架中，各個終端與伺服器端之間傳輸的是模型（模型參數），
模型是通用的而且通常比較大。所以，華為引入了元學習，使伺服器端
與各個用戶端傳輸訓練模型的演算法，這樣既減少了傳輸內容，又可以
使每個用戶端的演算法不同，從而保證其個性化。隨著聯邦學習不斷發

展和許多研究者不斷創新，聯邦學習在推薦系統中的應用形式會更加豐富。

10.4.2 聯邦學習與無人機

近年來，隨著資訊通訊技術快速發展，無人機的使用需求在不斷增長，由於其機動、靈活的特性使其在很多領域中擁有先天優勢。舉例來說，監控、航拍、運輸以及在軍事領域中的使用。另外，無人機也可以作為一個裝置終端，搭載應用。無人機可以搭載的應用多以即時性應用為主，例如即時直播、遙測。這就對搭載在無人機上的無線網路提出了較高的要求，要求高速率、低延遲。

機器學習在很多領域中進行了應用，受到很多研究者關注，但在無人機領域結合傳統的機器學習技術卻有些不適用。傳統的機器學習技術通常以伺服器為中心在伺服器端集中儲存資料，資料的傳輸主要集中在伺服器端。這些傳輸的資料很可能導致個人資訊洩露。另外，因為無人機所處的室外環境不斷變化，在利用無線網路向伺服器端進行資料傳輸時對網路頻寬有一定的要求，所以傳統的方案會帶來極大的網路延遲，對一些需要即時決策的程式會帶來很大影響。所以，我們需要一種去中心化的方案來訓練由各個無人機裝置生成的資料集。因此，無人機與聯邦學習的結合便應運而生。身為分散式訓練的方法，聯邦學習可以解決無人機與人工智慧結合所面臨的問題。無人機裝置使用其本地生成的資料集訓練本地模型，並將本地模型的權重發送到伺服器端進行整合計算。聯邦學習可以使各個無人機裝置將自己生成的資料保存在本地以分散式方式訓練模型，避免了資料隱私性問題。另外，聯邦學習避免了向伺服器端發送大量資料，有效地改善了網路負擔。因此，與傳統機器學習相比，聯邦學習更適合在無人機領域應用，也更適合應用在即時性應用程式中。

基於無人機網路架設聯邦學習模型，不僅可以保護無人機的資料隱私，還更高效率地利用了無人機資源。基於無人機網路訓練聯邦學習的基本步驟如下：

首先，根據無人機要支援的目標應用，伺服器端初始化一個全域模型 $M1$，$M1$ 被發送到各個無人機終端。然後，每個無人機終端 i 利用自己的本地資料基於全域模型 M_j 訓練並更新本地模型，模型參數為 L_i^j，j 為當前的疊代次數。每個終端模型在訓練時要找到一個使損失最小的參數進行不斷更新，並返回給伺服器端。訓練流程圖如圖 10-6 所示。

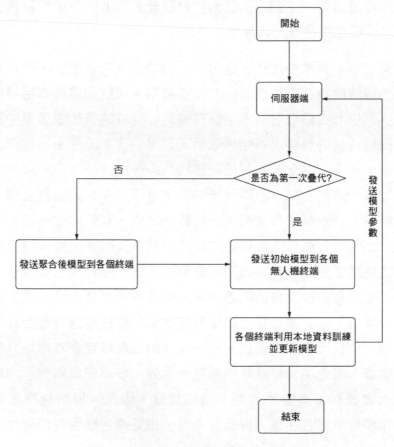

圖 10-6 無人機聯邦學習模型訓練流程圖

最後，伺服器端將各個終端模型按照最小化整體平均損失的原則進行整合。

$$\text{Loss}\left(M_j\right)=\frac{1}{N}\sum_{i=1}^{N}\text{Loss}\left(L_i^j\right)$$　　　　（10-3）

基於聯邦學習技術的無人機未來可以應用在我們生活的各方面，例如可以將無人機作為 5G 基地台進行部署，擴充網路覆蓋範圍，特別是對於一些偏遠地區。因為物聯網裝置需要超低延遲，所以可以將無人機部署成一個行動網路，與物聯網結合。總之，聯邦學習與無人機的結合還處於發展階段，隨著技術的發展，相信未來會有更多應用的可能性。

10.4.3 聯邦學習與新型冠狀病毒肺炎監測

2020 年 4 月 1 日，史丹佛大學舉辦了名為「新型冠狀病毒肺炎（簡稱新冠肺炎）和 AI」的活動。在這次活動中，史丹佛大學教授李飛提出了家用 AI 系統，該系統在保證居民隱私的前提下監測使用者的健康資料，從而達到對新冠肺炎預警的目的。

該系統最初是針對老年人的，尤其是獨居老人的，希望透過 AI 技術達到對老年人進行護理的目的。該系統由預先安裝在家中的攝影機、熱感測器、深度感測器和可穿戴感測器組成。感測器和攝影機在捕捉資訊時，如果直接把資訊傳輸給中央伺服器，那麼這個過程很容易產生資訊洩露，並且感測器和攝影機捕捉的通常是很敏感的使用者私人資訊。所以，資料在傳輸到伺服器端之前就應該進行加密。因此，李飛教授採用了聯邦學習方案，讓每個終端裝置進行本地的模型訓練，然後將加密的模型資料傳送到伺服器端進行聚合計算，透過這種方式來降低資料洩露的風險，同時採用聯邦學習這種分散式的訓練方式會使模型的堅固性更

強,另外也可以在一些可穿戴裝置上進行聯邦學習模型的訓練。目前,該系統還處於研發階段,距離投入生產可能還有一段距離。

隨著疫情緩解,政府、企業開始復工,學校陸續開學。大專院校學生返校是對疫情防控工作的又一次考驗。有大專院校的研究學者提出利用邊緣計算和聯邦學習來對大專院校新冠肺炎進行防控管理。每個大專院校都可以利用邊緣計算在本地對擷取到的師生資訊進行快速計算和分析。每個大專院校擷取的資料資訊都相當於一個資料終端。聯邦學習將每個大專院校所訓練的模型特徵參數上傳到伺服器端,伺服器端將所有上傳的模型參數進行聚合,然後將更新後的模型參數傳送給各個大專院校終端。由於傳輸的是模型的加密參數,所以在這個過程中可以確保大專院校的資料不會被洩露。

聯邦學習為人工智慧和巨量資料的發展與應用開闢了更廣闊的道路,實現了在保證本地資料隱私性的前提下對模型進行分散式訓練,使多個資料的提供者可以共用模型,實現真正的互利共贏。期待在未來,聯邦學習可以應用到各行各業中,真正打破產業間的資料門檻。

資料資產定價與激勵機制

聯邦學習身為新興的人工智慧基礎技術，最初的設計目標就是在依法、符合規範的前提下，保證多方資料可以安全地進行傳輸和交換，保護終端資料和個人資料的隱私安全，解決「資料孤島」問題。在實際場景中，資料身為特殊形態的資產，聯邦學習在實現過程中勢必存在各方的利益交換，我們需要對資料進行合理定價，並對各個參與方進行對應的激勵。本章從研究資料自身價值出發，說明資料資產的相關概念和特徵，研究資料資產定價的理論模型，同時，介紹在當前聯邦學習場景中的激勵機制與定價模型。

▌ 11.1 資料資產的相關概念及特點

11.1.1 巨量資料時代背景

在電腦被發明以前，受限於媒體和運算能力等因素，儲存和能夠被利用的資料極其有限。1946 年，馮‧諾依曼發明的電腦問世，使得資料的獲

取、儲存、運算處理等問題得以解決。隨著行動網際網路的發展，我們的生活和社會都朝著數位化方向高速發展，每個人的網路行為都被網際網路真實地記錄下來，各式各樣的資料如同石油一般沉澱累積下來。在 2012 年以後，巨量資料一詞越來越多地被人提及，人們用它來描述和定義資訊爆炸時代產生的巨量資料。研究機構 Gartner 認為，巨量資料是一種巨量、高增長率和多樣化的資訊資產，這種資產需要應用新的處理模式才能具有更強的決策力、洞察發現力和流程最佳化能力。

巨量資料之所以區別於普通資料，是因為巨量資料的 4V 特性：Volume（規模性）、Velocity（高速性）、Variety（多樣性）、Value（價值性）[191]。規模性是指目前在網際網路中累積的資料規模巨大，已經無法按照傳統的儲存計算方式進行處理，資料規模從量變到達了質變。高速性是指數據的更新頻率更快，資料每秒都有增量更新，這直接影響了巨量資料的規模性。多樣性是指數據的種類各式各樣，除了結構化的資料，更多的是半結構化和非結構化的資料。價值性有兩層含義：一是資料都是蘊含價值等待探勘的；二是巨量的資料可能擁有的有用價值極低，資料的價值密度低。

網際網路時代的巨量資料累積是迅速的，在大多數情況下，以當時的技術方法無法處理、提取所有資料中的有用資訊和知識。但是，這些日積月累的資料卻為科學技術的進步提供了充足的燃料。隨著各種硬體設施和技術方法不斷升級，人類能夠處理和應對的資料更加豐富，從中進行分析、提取的資訊創造了巨大的學術價值和經濟價值，資料的價值屬性愈發凸顯。

11.1.2　資料資產的定義

目前，資料探勘應用在金融、工業、醫療、農業、民生、教育等各個領域中都發揮著積極作用，其對經濟和生活的影響引起了政府的高度重

視。在國家層面，更是將資料資產提升到了資料生產要素的高度，從頂層戰略角度去看待巨量資料。

對資料要素或資料資產來說，我們不妨先參考會計學中關於資產的經典定義。資產是指由企業過去的交易或事項形成的、由企業擁有或控制的、預期會給企業帶來經濟利益的資源。資產一般可以被認為是企業擁有或控制的能夠用貨幣計量，並能夠給企業帶來經濟利益的經濟資源。簡單地說，資產就是企業的資源。在財務報表中，一項資源可以被確認為資產，不僅需要符合資產的定義，還應該同時滿足以下兩個條件：①與該資源有關的經濟利益很可能流入企業，即該資源有較大的可能直接或間接導致現金和現金相等物流入企業；②該資源的成本或價值能夠可靠地計量，即應當能以貨幣來計量[192]。

顯而易見，資料是企業的一項資產，按照資產的會計學定義，可以對資料資產進行認定。

第一，資料資產的來源，資料確實是在企業的生產營運過程中產生的，這點符合資產定義第一條「由企業過去的交易或事項形成的」。

第二，因為大部分數據都是在和客戶的互動過程中產生的，這時資料的權屬問題就變得難以確定。歐盟的《通用資料保護條例》（GDPR）規定了資料主體、資料控制者和資料處理者[193]，但是沒有明確規定資料的權屬，我國在這個方面也沒有明確的立法說明。所以，資產定義的第二點「由企業擁有或控制的」可能是確定資料資源能否真正成為資料資產的關鍵項。從現實情況來看，企業在不同情況下對不同資料類型的權力範圍不一而論，目前我國已發布《資訊安全技術個人資訊安全規範》，正在研究制定《資料安全法》等法律法規。

第三，毋庸置疑，企業在生產營運中產生的資料，如果能夠得到充分、有效的探勘，不僅可以給企業提供決策支援，分析結果還可以作為產品

輸出，這都可以給企業帶來經濟利益。這點滿足資產定義第三點「預期會給企業帶來經濟利益」，但因為資料的價值密度性，並不是所有資料都能給企業帶來正向的收益，資料能夠計入資產，是有一定門檻限制的。

綜上所述，我們列出企業資料資產的相關定義如下。

定義 11-1：如果滿足以下條件，那麼企業擁有的資料被稱為資料資產。

（1） 該項資料來自企業正常的生產經營與交易活動。

（2） 該項資料在法律意義上可以確權，即企業擁有資料的所有權或控制權。

（3） 企業可以利用該項資料進行生產加工和交易，最終可以獲得經濟利益。

另外，如果需要對資料資產進行會計處理，計入財務報表，那麼還需要滿足以下條件：

該項資料的獲取成本和預期經濟收益可以用貨幣計量。

從資料資產的定義中可以看出，對廣義的資料資產來說，最關鍵的是需要有法律明確規定資料權屬，這屬於法律問題，可以透過立法解決。對狹義的資料資產來說，關鍵在於對資料資產進行合理的定價，這屬於技術問題，可以透過研究定價模型解決。

11.1.3 資料資產的特點

區別於正常的資產，資料身為電子化、虛擬的無形資產，具有特殊的物理特徵、數學特徵和經濟學特徵。分析資料資產的典型特徵，可以幫助我們了解和認識資料資產的相關性質。

1. 物理特徵

資料資產的物理特徵包括擷取來源、儲存媒體、格式標準化等。

（1）擷取來源。資料資產的擷取來源必須合法符合規範。企業在生產經營過程中，無時無刻不在產生資料累積，但不是所有資料都能夠成為資料資產。舉例來說，企業內部流程資訊流轉累積的資料，並不能為企業產生實際的經濟利益，不能稱之為資料資產。企業資料資產的擷取來源通常有以下幾種：一是公開資料；二是在自身產品營運中累積的使用者資料（如瀏覽記錄、交易資訊、登記資訊等），但是這部分資料是由使用者和企業共同創造的，使用者擁有資料所有權，企業擁有資料控制權，企業需要取得使用者的充分授權才能將此項資料作為資產使用；三是透過第三方企業購買獲取資料資產，必須保證牽扯的各方授權鏈條完整。

（2）儲存媒體。資料資產在網路空間傳輸，其物理存在需要佔用儲存媒體的物理空間，以二進位形式儲存。傳統紙質媒介無法滿足對資料資產進行有效的儲存和傳輸，只有網路空間中讀取取的資料才可以進行資產化認定。資料資產的儲存性質是資料真實存在的表現，並且可以度量，資料的物理存在可以直接用於製作資料複本和資料傳輸。

（3）格式標準化。結構化資料和非結構化資料都可以成為資料資產，但只有滿足儲存格式標準化，才可以進行標準化商品交易。資料的格式標準如果不統一，那麼將不利於資料的儲存、傳輸和定價，從而為資料交易的雙方帶來不必要的麻煩。

2. 數學特徵

資料資產的數學特徵包括統計學指標、品質指標、融合性、相斥性、模型依賴性等。

（1）統計學指標。資料資產擁有樣本數、變數、時間序列長度、平均值、方差、樣本分布等統計學指標。透過分析資料資產樣本的統計學指標，我們可以推斷資料資產的整體分布性質。

（2）品質指標。資料資產擁有資料覆蓋度、觀察粒度度、資料完整度等品質指標。資料資產的品質指標是影響資料資產價值的關鍵因素。

（3）融合性。兩項資料資產在合併後產生的價值，可能大於兩項資料資產價值相加。舉例來說，在信貸審核場景中，將個人身份資訊資料和個人金融借貸資訊資料綜合放入貸前審核模型中，比單純地考慮個人身份資訊或個人金融借貸資訊的效果更好。

（4）相斥性。兩項資料資產在合併後產生的價值，可能小於兩項資料資產價值相加。由於資料自身的價值性，資料資產同時也具有相斥性，兩項資料資產單純地合併可能也會導致資料價值密度下降、資料雜訊增多、增益效果降低等後果。對於具體場景，我們需要具體分析資料資產的融合性和相斥性。

（5）模型依賴性。資料資產的價值需要透過建立對應的演算法模型來表現。根據 Ackoff 提出的 DIKW 模型，智慧、知識、資訊和資料之間依次存在從窄口徑到寬口徑的從屬關係（如圖 11-1 所示）。從資料中可以提取出資訊，從資訊中可以複習出知識，從知識中可以昇華出智慧。透過機器學習、神經網路、自然語言處理等演算法模型，我們可以將資料資產升級為更高層次的「資料」，為使用者提高生產效能發揮更大的資料價值。

圖 11-1 DIKW 模型圖

3. 經濟學特徵

資料資產的經濟學特徵包括非競爭性、場景差異性、外部性、時效性等。

（1）非競爭性。資料資產的邊際成本約等於零。在經濟學中，關於非競爭性的定義是，一個使用者對該物品的消費並不減少它對其他使用者的供應，換句話說，增加消費者的邊際成本為零。由於資料資產的物理性質，它是可以被重複使用的，並且使用次數不會影響資料品質或容量，它還可以被不同使用方在同一時間使用，因此資料資產具有非競爭性。

（2）場景差異性。資料資產在不同使用者的應用場景中，存在一定的外在價值差異。首先，不同的使用者針對相同的資料資產應用不同的分析方法，可以得到不同的資訊結論；其次，相同的資料資產，在面臨不同的應用場景和問題時，能提供的增益價值不同。

（3）外部性。資料資產對其所有者的價值和對社會的公共價值存在一定差異，這被稱為資料資產的外部性。在經濟學中，外部性又稱為溢出效應，指一個人或一群人的行動和決策使另一個人或另一群人受損或受益的情況。資料資產的外部性既可為正又可為負。

（4）時效性。資料資產具有很強的時效性，依靠即時的資料資產做出的決策需要在特定時間內發揮作用。另外，大部分數據資產在經過一段時

間後，並不能反映觀測時刻的現實狀況，從而會造成資料資產的可使用價值下降，這稱為資料資產折舊。

11.1.4 資料市場

既然資料可以作為一項資產進行認定，並且具有典型的物理、數學、經濟學特徵，我們就可以將資料資產作為商品進行市場化交易，建構資料市場。根據傳統經濟學中關於市場的定義和性質特徵，我們可以以下定義資料市場。

定義 11-2：如果一個市場滿足以下條件，那麼被稱為資料市場。

（1） 供需關係存在。在經濟關係活動中存在資料資產的供給方和資料資產的需求方，即資料資產的買方和賣方。
（2） 交易標的。資料資產的交易標的為資料的使用權或所有權。
（3） 市場參與角色。除了資料資產的買賣雙方，還會有資料市場的平台方、市場監管方。
（4） 交易環境。由於資料資產的特殊屬性，資料市場必須建立在可信、安全的交易環境中，以保證交易雙方的資料資產安全。

資料市場是一個買賣雙方可以進行資料資產交易的平台，支援資料資產的可信、安全共用和交易，自動強化和控制資料所有者的合法權益及應得報酬。因為資料資產的虛擬性、非競爭性、複製成本極低，所以資料市場必須建立在合法符合規範與對應的安全技術（如巨量資料、雲端運算、資料加密、隱私保護等）的基礎上，只有確保資料主體及資料所有者對資料的有效控制，才可以正常地進行資料資產交易。

在現實生活中，資料的交易一直都在發生，但是因為資料資產難以進行標準化定價，所以一直沒有形成集中化和標準化的資料市場。目前，資料的交易模式主要是基於服務訂購的點對點交易，買方提出訂製化資料

需求，透過和賣方協商採用不同的服務模式進行交易，不是連線應用程式設計發展介面，就是進行資料的聯合建模，而資料資產的定價多採用市場競價方案。

建構資料市場的核心是為資料資產供需雙方提供可信的資料交換和交易的環境，密碼學技術則可以幫助資料市場實現可信環境並且進行資料資產的產權界定，其中包括可驗證計算、同態加密、安全多方計算等方法。對於複雜的計算任務，可驗證計算可以生成一個簡短證明，只需驗證簡短證明，即可判斷計算任務是否被準確地執行，這可以解決計算結果可靠性的驗證問題。同態加密和安全多方計算則可以對資料資產進行加密處理而不影響資料的使用效果，資料資產的交易標的為資料的一次使用權，從而使資料具備排他性。另外，我們還可以透過區塊鏈技術建構一個去中心化的資料市場，加強資料的交易與使用管理。

聯邦學習作為目前一種新興的技術解決方案，可以為資料市場提供一種交易模式。從技術角度來看，聯邦學習是一種隱私保護的分散式機器學習技術，包括機器學習、分散式、隱私保護三個技術關鍵字。與現有的分散式機器學習不同，聯邦學習主要受制於原始資料分布在不同位置的嚴格約束，不能有任何洩露原始資料的風險，這其中也用到了密碼學技術。比如，在水平聯邦學習的場景中，各個資料參與方在本地訓練模型，加密上傳本地模型的訓練梯度到雲端，原始資料不出本地，由雲端聚合進行全域模型更新，最後返回給各方雲端的模型訓練結果，以對其自身產品進行最佳化改進。在此過程中，各方無法對加密資料進行破解，也無法透過訓練結果逆向解析出原始資料，因而為企業資料資產在外部使用提供了一個安全、可信的環境。

▍11.2 資料資產價值的評估與定價

11.2.1 資料資產價值的主要影響因素

資料資產身為新型資產,其價值評估理論還需要不斷研究、實踐和完善。行動網際網路發展迅速,大量的資料湧向資料市場,對資料資產價值的評估已經十分急迫。對資料資產價值的評估需要研究影響資料資產價值的主要因素,需要關注資料資產的生產、傳播、應用等全鏈路流程。一般來説,能夠具體表現資料資產價值的主要因素有資料資產化成本、資料資產的品質、資料資產的應用價值。下面詳細分析這三個因素的影響邏輯和評判方案。

1. 資料資產化成本

資料資產一定是資料,但資料不一定是資料資產,只有滿足定義 11-1 的特定資料才被稱為資料資產。原始資料的體量大,並且收集和獲取具有一定成本,如果沒有資產化處理,那麼一方面會存在安全符合規範問題,不能直接交易評估,另一方面不能被直接使用,無法產生對應的經濟收益,因此其不能被稱為資料資產。由此可知,資料資產化過程是生成資料資產必不可少的環節。

在資料成為生產要素之後,利用資料創造價值的其他條件就是工具和工作力。資料加工的過程之所以能夠表現資料資產的價值,其根本緣由在於工作(人力工作和機器計算)將資料加工生成了可以應用或傳播的有商品價值屬性的資料資產。邏輯建構越複雜和計算複雜度越大,所表現的資料探勘精細程度越高,所得到的資料資產品質越高,價值越大。如圖 11-2 所示,原始資料經過清洗、重組、分析、視覺化等處理之後,形成的資料可以被企業用於參與專案或生產決策,並為企業帶來對應的經濟收益,形成的資料就是資料資產。

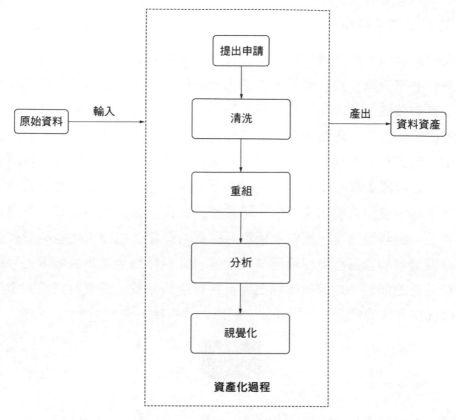

圖 11-2　資料資產化過程

一般來説，資料資產化成本主要表現在人力成本和計算分析複雜度成本兩個方面。人力主要是參與整理分析的資料處理人員，其價值在於透過腦力工作設計有效的邏輯方案或演算法，從原始資料中探勘出有效的可被企業直接使用的資料資產。計算分析複雜度主要表現在形成資料資產的過程中所使用的算力。對算力的評估可以表示為每時段內同設定機器可處理的資料記錄數。如果只是簡單地對原始資料進行標注或梳理，那麼計算分析複雜度成本相對較低，如果對原始資料建構了較為複雜的邏輯標籤或使用演算法模型得到有效評分等，那麼計算分析複雜度成本相對較高。我們可以根據實際情況做計算分析複雜度成本計算。

2. 資料資產的品質

企業透過資料資產化過程得到資料資產,雖然耗費一定成本,但是成本的多少並不能直接決定資料資產價值的高低。資料資產的品質情況是資料資產價值的內在表現。資料資產的本質仍是資料,因此可以採用資料品質的評估方法來評估資料資產的品質。一般來說,評估資料品質的主要指標有資料完整性、資料規範性、資料準確性、資料時效性、資料豐富度和資料覆蓋率,如圖 11-3 所示。資料完整性、資料規範性和資料準確性是細粒度的資料內容評估,可具體到每筆資料記錄的品質。對資料時效性、資料豐富度、資料覆蓋率要從資料整體上把握,要能夠從整體上表現資料的豐富程度和匹配覆蓋程度。從具體到全域兩個維度上評估資料品質的問題,能夠準確地把握資料資產的品質,為資料資產的價值評估提供有效的參考。下面詳細介紹這六個指標。

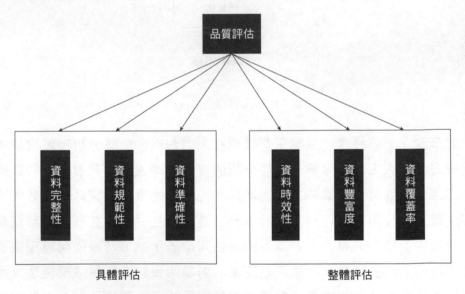

圖 11-3 影響資料資產品質的因素

(1)資料完整性。資料完整性主要評估資料的缺失程度。當資料出現缺失時,資料記錄的可用性就存在疑問,當資料資產中出現大量資料缺失

時，資料資產就可能失去價值。因此，無論是原始資料還是在資料資產化的過程中，都要儘量保證資料的完整性，不能在任何環節中出現不必要的資料缺失，導致資料資產不完整，從而影響資料資產的價值。

（2）資料規範性。規範是資料資產可以被有效應用的前提之一，資料規範性是指數據記錄符合規範且邏輯合理。符合規範主要評估的是資料在格式或類型上的一致性，保證資料資產在格式或類型上沒有無效資料。邏輯合理主要評估的是資料項目的設定值合乎一定邏輯，資料項目之間固有的邏輯關係也需要合理。舉例來說，資料項目 A 的設定值小於資料項目 B、資料項目 C 的設定值範圍在[Vmin,Vmax][註1]等。

（3）資料準確性。在如今的巨量資料時代，資料來源多種多樣，保證資料的可靠、準確十分重要。保證資料準確性的首要前提是保證資料來源的可靠性。只有在來源可靠的前提下，驗證資料記錄資訊是否存在錯誤或異常才有意義。一般來說，資料項目的分布都符合正態分布的規律，某些顯著大或顯著小的異常資料很容易就被發現，但對不顯著的異常資料的查錯是較為困難的，可能需要借助複雜的資料分析和相關的業務場景知識。

（4）資料時效性。資料時效性主要評估隨著時間的增加，資料資產的價值隨之衰減的程度。在巨量資料時代，資料的更新非常迅速，資料的有效期變得相對較短，比如使用者的消費資料每天都在發生變化，給使用者推薦的商品排序資料也會隨之發生變化，而之前的使用者消費資料的參考價值就會逐漸衰減，乃至更早的資料被淘汰。一般來說，給不同時段的資料設定合理的時間衰減因數，可以評估資料的時效性。

[註1] Vmin 指價值最小值，Vmax 指價值最大值。

（5）資料豐富度。資料豐富度主要評估資料資產中有價值資訊項的豐富程度。資料資產中可被有效利用的資料項目越多，其價值就越大，而且不同資料項目之間的價值也可能不同。資料項目之間的連結性和區分性，也是需要考慮的方面，對存在資訊容錯的資料項目需要做資訊減益。

（6）資料覆蓋率。資料覆蓋率相對容易評估，主要評估資料資產能夠覆蓋多少樣本資料。資料覆蓋率越高，其使用率就越高，其價值越大。

上面詳細地描述了資料品質評估的六大維度。它們可以被有效地應用到資料資產的品質評估中，從資料品質的角度反映資料資產的內在價值。

3. 資料資產的應用價值

資料資產的應用價值評估是資料資產價值評估中最重要的環節。資料資產的成本和品質評估都是其內在價值評估，而資料資產的應用才是資料資產價值最直接的表現。不同類型的資料資產的價值及其重要程度在不同專案中具有差異化表現，需要在特定場景中具體定義，因此資料資產的類型和使用場景是影響資料資產價值的重要因素。資料資產的應用效果主要表現在效果回饋上，資料資產的呼叫次數和效果回饋就直接表現了資料資產的具體價值。綜上所述，我們定義評估資料資產應用價值的四大維度分別是資產類別、應用場景、使用次數、效果評估，如圖 11-4 所示。

（1）資產類別。因為不同類型的資料資產的獲取難易程度不同，其在場景中產生作用的重要程度不同，所以應用價值有高低差異，不能一概而論。舉例來說，使用者消費類資料資產和使用者資產類資料資產。從獲取難易程度上看，使用者資產類資料資產一般屬於使用者較為私密的資料，較難以獲取。而在不同的場景中，使用者消費類資料資產和使用者資產類資料資產的作用也有較大差異。因此，資料資產類別是影響資料資產應用價值評估的重要因素。

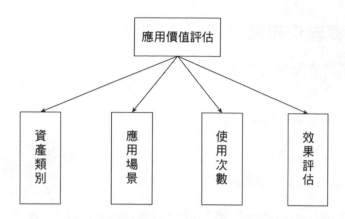

圖 11-4 影響資料資產應用價值的因素

（2）應用場景。資料資產的場景差異性，決定了資料資產在其中的重要程度，因此可根據資料資產與不同應用場景的契合程度，反映資料資產的應用價值。舉例來說，上文說到的使用者消費類資料資產和使用者資產類資料資產，使用者消費類資料資產主要表現使用者的消費行為習慣，可以據此提供給使用者合理的商品推薦，所以在使用者推薦中，使用者消費類資料資產更為有效。使用者資產類資料資產表現使用者的資產情況，表明使用者的資質，在使用者評級以及信貸場景中較為重要。因此，在評估應用價值時，我們必須考慮資料資產的應用場景。

（3）使用次數。資料資產越重要、越有效，使用的次數就越多，因此使用次數也是資料資產應用價值表現的指標。

（4）效果評估。資料資產的使用是否有效，主要看回饋效果好壞。一般來說，回饋效果評估越好，說明資料資產的應用價值越高。

11.2.2 資料資產價值的評估方案

前文根據資料資產價值表現的三個主要方面，說明了影響資料資產價值的一些具體因素和評估方法。本節將對現有的資料資產評估方法做分析說明，然後提出資料資產價值評估方案。

現有的資料資產價值評估方法主要參考無形資產的評估，大致歸納為收益法[194]、成本法[195]和市場法[196]。

收益法是目前能夠被廣大學者和評估機構接受的方法。收益法本質上是測算資料資產在未來能為企業帶來多少收益值，並利用折現率[註2]把收益值計算為現值，進而計算資料資產的價值。收益法的基本依據是，認為市場購買資料資產的價值不會高於未來透過利用資料資產所能得到的預期收益回報[194,197]。但是收益法有明顯的弊端，對於資料資產在未來能為企業帶來多少收益的評估是十分困難的，未來是不可控的，且收益與具體產品掛鉤，單一的資料資產在其中的作用和收益無法具體評估。

成本法透過計算重置資料資產所需要的成本，同時加入時間貶值、功能性貶值、經濟性貶值等因素，而得到資料資產的具體價值[197]。該方法的基本思想在於商品的價值不應該超出重構與重建商品的成本價值[195,197]。資料資產在現行條件下進行重構和再生產的成本一般不會超過之前的成本。然而，一方面，對某些特殊的資料資產來說，由於特定的生產要素不是大眾所有的，一般難以實現重構，不能夠透過此種方法評估其價值。另一方面，資料資產能夠為企業帶來的經濟效益遠遠大於其生產成本，因此即使能夠透過重組成本的方法評估其價值，也是片面的，與真實價值差距較大。

[註2] 折現率是指將未來有限期預期收益折算成現值的比率。

市場法是指將市場上相同或類似的資料資產的近期交易價格，透過直接或間接比較，分析其中的差異來評估當前資料資產價值[195,196]。該方法注重的是市場具體價值，對於評估當前資料資產價值有很大的參照意義，但是該方法也存在一定的侷限。一方面，必須保證市場上存在相同或可比較的類似資料資產參照，否則不存在參照價值。另一方面，如何對不同資料資產間的可比性以及差異性進行量化，目前也缺乏統一、完整的方案。

前文對三種無形資產價值評估的方法進行了說明，這些方法從不同的角度來評估資料資產價值，都存在一定的局限性和片面性，對資料資產價值的評估並不一定全面、合理。本節針對這些痛點，提出一種多維度的資料資產價值評估框架，如圖 11-5 所示。資料資產價值評估框架由資料資產化成本評估、資料資產品質評估、資料資產應用價值評估三個模組建構，每個模組都從不同的維度來評估資料資產的價值，使得資料資產的價值評估更加全面、具體。同時，每個模組都列出具體的評估指標，可以細化到資料資產生命週期的各個階段，保證了資料資產價值評估的完整性和合理性。

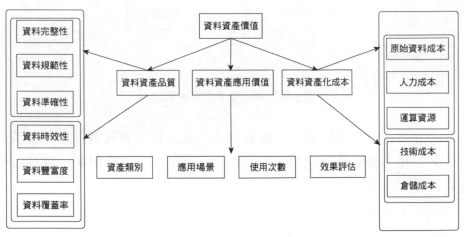

圖 11-5 資料資產價值評估框架

1. 各個模組的指標評估

由於不同的評估指標對資料資產價值的影響程度不同，因此需要確定每項評估指標的權重，從而評估資料資產價值。下面採用層次分析法建構資料資產價值的評估系統。以資料資產化成本評估指標為例，繪製的層次化結構如圖 11-6 所示。透過評估指標判斷矩陣可以得到各個指標的權重 w_i，假設資料資產的原始資料成本、人力成本、運算資源、技術成本、倉儲成本的得分分別是$[S_1, S_2, \cdots, S_5]$，那麼資料資產化成本評估的總得分 S_c 可以表示為

$$S_c = \sum_{i=1}^{n} w_i s_i \qquad (11\text{-}1)$$

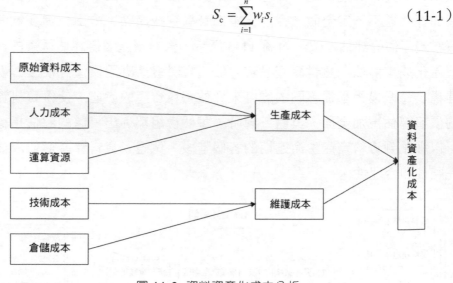

圖 11-6 資料資產化成本分析

同樣的計算方法，可以適用於資料資產品質評估和資料資產應用價值評估，分別得到資料資產品質評估得分 S_q 和資料資產應用價值評估得分 S_a。

2. 資料資產價值評估

結合上文從三個角度的不同指標對資料資產價值做全面的評估，按照資料資產化成本、資料資產品質和資料資產應用價值對資料資產價值影響的重要程度不同，對其確定不同的權重分別是 W_c，W_q，W_a。由此可以得到，資料資產價值評估的最終分值為

$$S = S_c W_c + S_q W_q + S_a W_a \qquad （11\text{-}2）$$

11.2.3 資料資產的定價方案

根據 11.2.2 節對資料資產多個維度的評估方案，我們可以對資料資產有全面的認識。在此基礎上，依據評估結果，對當前資料資產進行合適的定價，可以達到用貨幣衡量資料資產價值的目的，同時也可以更進一步地適應市場，方便資料資產的傳播。

在此我們沒有考慮複雜的資產定價模型，主要依據的是 11.2.2 節的三個模組的多維度評估系統。參照上文的資料資產價值評估系統，我們可以對市場上已有的相同或類似資料資產進行抽樣評估，得到具體的評估值，與我們的資料資產評估結果形成比較差異。假設抽樣市場的資料資產的標價是 V'，經過上文評估系統得到的具體評估結果分別是 S'_c，S'_q，S'_a。那麼可以依據式（11-3）得出資料資產的基本定價 V。

$$V = V' \times \left(1 + \frac{S_a - S'_a}{S'_a} \times \alpha\right) \times \left(1 + \frac{S_q - S'_q}{S'_q} \times \beta\right) \times \left(1 + \frac{S_c - S'_c}{S'_c} \times \gamma\right) \quad （11\text{-}3）$$

式中，S_a，S_q，S_c 分別為當前的資料資產應用價值、品質、資產化成本的評估結果；α，β，γ 分別為不同的溢價係數，溢價係數的設定值區間為 $(0,1]$。基本的思想是考慮當前的資料資產是否比同類型的資料資產

的應用價值、品質、資產化成本更優，因此會在同類型的資料資產上有一定的溢價基礎。

該定價方案融合了統計層面的資料資產評估結果和價格層面的資料市場價值，完成了對資料資產的定價，不僅實現了當前的資料資產與市場相近資料資產的評估比較，同時完成了對當前的資料資產的參照定價。該方案可以較為準確、合理地解決市場上有可參照的資料資產定價問題，但仍然無法避免市場方法的弊端，對無參照的資料資產的定價基本無效。無參照的資料資產一般來說較為特殊和獨有，在某些特殊場景中的重要程度較高，可以透過資料資產評估方案評估後，再借助專家經驗實現有效定價。

▌ 11.3 激勵機制

聯邦學習作為資料資產交換使用的具體場景，為許多複雜的業務場景提供了技術解決方案，展示了資料市場的一種合作模式。目前，聯邦學習還面臨一些亟待解決的問題，激勵機制的設計便是其中之一。聯邦學習機制的設計都假設參與方願意無條件地參與到聯邦建模中，但現實情況並非如此，因為資料的擷取過程是有成本的，比如 11.2 節中介紹的資料資產化過程。資料經過資產化過程之後便擁有了其本身的價值，分享不同價值的資料自然也應該獲得不同的回報。比如，水平聯邦學習中的參與裝置在共用資料的過程中，均會產生電量和頻寬的消耗，如果參與到聯邦建模中的裝置不能獲得額外的回報，那麼在實際場景中將很難保證水平聯邦學習裝置的數量。

這便是理想和現實的區別。在商業化方案的實際實踐中，不僅要考慮各個參與方之間的建模有效性和資料的隱私性，還應考慮合適的利益分

配，為提供高品質資料的參與方分配足夠的回報。尤其在垂直聯邦學習中，各個參與方之間可能存在間接的競爭關係。從這個角度來看，參與垂直聯邦學習的各個參與方在提供了資料的同時便產生了機會成本，如果不能給這些參與方分配足夠的報酬，那麼很難保證這些參與方能夠長期地參與到聯邦學習中。

建構一個合理的報酬分配機制，不僅可以保證聯邦學習的機制長久、穩定運行，還能激勵更多的機構參與到聯邦學習機制中，提高聯邦學習的效果。只有資料資產定價和激勵機制合理才能保證資料市場長久發展。

因此，在聯邦學習中，建構合理的激勵機制是聯邦學習的重要一環。如何建構一個合理、有效的激勵機制，是一個複雜但有重要意義的研究方向。

目前，聯邦學習的激勵機制設計主要包括兩個方面：① 如何對各個參與方的貢獻進行量化；② 在激勵機制中收益分配方案的設計，即除了貢獻度，收益分配方案還應該考慮哪些因素。

11.3.1 貢獻度量化方案

目前，對參與方貢獻度的衡量方法與聯邦學習的類型有關，即水平聯邦學習和垂直聯邦學習會根據學習機制的不同，採用不同的衡量方法。

在水平聯邦學習中，由於參與方均擁有完整的特徵空間，因此可以使用模型解釋的方法計算各個參與方的貢獻度。其中，文獻[198]使用刪除診斷和影響函數來衡量不同參與方的資料品質和貢獻度。

刪除診斷方法的思想是，在刪除某些訓練集中的某些資料後，再重新訓練模型，並比較刪除前後的模型變化。為了量化模型的變化，文獻[198]使用了以下定義的影響函數

$$\text{Influence}^{-i} = \sum_{j \in N} \left| y_j - y_j^{-i} \right| \qquad (11\text{-}4)$$

式中，y_j 為第 j 個樣本在原始模型中的推理結果；y_j^{-i} 為第 j 個樣本在刪除了資料 i 之後訓練完成的模型中的推理結果。影響函數的值代表了該資料對模型的重要性。由於水平聯邦學習中的裝置提供的資料不止一筆，因此一個裝置的貢獻度使用該裝置所有資料的影響函數之和來表示，即

$$\text{Influence}^{-D} = \sum_{i \in D} \text{Influence}^{-i} \qquad (11\text{-}5)$$

透過不斷地重新訓練來計算影響函數，雖然可以有效地評判資料品質和效用，但是這種重新訓練的方法卻非常低效，尤其在聯邦學習場景中，每次訓練都需要較長時間。這種評估資料價值的方式的成本較高，需要較多的運算資源和較長的評估時間，這也是在激勵機制設計中需要解決的問題。Richardson 等人提出了一種提高激勵機制實用性的方法[199]。在他們的方案中，不會直接計算準確的影響函數，而是計算一個影響函數的近似結果，並保證近似結果與真實結果的誤差在可承受的範圍內，透過這種方式大大地提高了評估速度，尤其在資料量較大的情況下效果更為明顯。

除此之外，Kang 也使用水平聯邦學習中裝置的 CPU 頻率、CPU 使用輪數和本地模型疊代次數等屬性計算了裝置的資源消耗，作為貢獻度的衡量指標[200]。

在垂直聯邦學習中，因為不同的參與方提供不同維度的特徵，所以參與方的貢獻度可以使用特徵的重要性進行衡量。Wang 等人提出使用 Shapley 值作為特徵的貢獻度，並設計了一種在垂直聯邦學習場景中能夠保護隱私的 Shapley 值計算方法[198]。Shapley 值作為博弈論中常用的評價指標，可以將模型的效果科學地分配到每個特徵上，為特徵貢獻度

的量化提供了一個有力的方法。但是，與水平聯邦學習場景中的激勵機制一樣，該方法的複雜度也比較高，在實際場景中很難直接使用，可行性較差。為了解決這個問題，Wang 等人使用蒙特卡洛取樣演算法，近似計算每個特徵的 Shapley 值，透過這個方法大大地降低了該評估方案的計算複雜度。

上述的文獻主要研究了貢獻度量化方法，使用這些方法可以計算出各個參與方的貢獻度，這可以作為激勵機制的基準線，但是資料的擷取和共用都存在對應的成本。因此，在貢獻度的基礎上可以加入其他因素，制定一個更合理的收益分配方案。

11.3.2 收益分配方案

收益分配方案的設計是博弈論中重要的研究方向。在聯邦學習中，收益分配也是一個博弈問題。如上文所説，在聯邦學習中，各個參與方均存在一定的參與成本，如果只考慮貢獻度這個指標，那麼可能會造成分配機制不合理，比如某些提供了高品質資料的參與方可能會出現收益小於回報的情況。因此，除了貢獻度，還應該綜合考慮多種指標，制定更加合理的激勵機制。

Yu 等人提出了一種聯邦學習激勵機制，該機制從各個參與方的貢獻（contribution）、成本（cost）和遺憾（regret）三種維度進行了量化[201]。為了保證足夠的公平性，其收益分配的思想是綜合以上三種公平性指標，從而確定最終的收益分配值。

除此之外，Kang 還提出了用參與方的信譽度這個概念作為制定分配策略的重要指標，提供資料的品質越高，其信譽度就越高[200]。使用信譽度指標，不僅可以提高對高品質資料提供者的激勵，還可以有效地對各方資料進行篩選，防止惡意使用者或低品質使用者對模型效果產生影響。為

了將參與方的信譽度設計為一種長期的指標，設計者提出了使用聯盟區塊鏈維護各個參與方的信譽度，並透過合約機制設計了一種適合聯邦學習的激勵機制。

11.3.3 資料資產定價與激勵機制的關係

機器學習並不是一門新興學科，而是一門在巨量資料時代迎來了曙光的「古老」學科。利用巨量資料的核心是探勘資料的價值，機器學習便是探勘資料價值的關鍵技術，資料越多，機器學習的效果就越好，但如果資料本身的品質存在問題，或資料量不足，那麼無論機器學習的演算法如何巧妙，其模型效果都必將受到很大限制。換句話說，資料決定了機器學習效果的上限。聯邦學習身為帶有隱私保護功能的分散式機器學習機制，希望從資料聚合的角度提升模型效果的上限。正如 11.1 節所述，資料的重要性日益上升，市場需要一個合理的資料資產定價方法。同樣，在以資料為核心的聯邦學習機制中，聯邦學習場景內的所有參與方的資料便組成了一個資料市場，只有合理的激勵機制才能保證這個市場穩定運行，或說，在聯邦學習場景中業務方需要建構一個合理的資料資產定價方法，為各個貢獻資料的參與方發放獎勵。從這個角度講，激勵機制的核心便是資料資產定價的方法，我們可以借鏡或直接使用資料資產定價方法設計聯邦學習的激勵機制。

當前對聯邦學習激勵機制的研究相對較少，且主要集中在水平聯邦學習場景中[200,202]，缺乏對垂直聯邦學習場景中相關激勵方法的研究。然而，企業之間的合作卻多以垂直聯邦學習的方式為主，且對一個合理的分配機制有天然的強烈需求。因此，在企業之間的聯邦學習合作實踐處理程序中，如何設計一個合理的、被廣泛認可的垂直聯邦學習激勵機制，是迫切的需求，具有重要的商業意義。資料資產定價方法，對資料市場上不同企業的資料價值進行了量化，全面地考慮了資料的資產化成

本、品質以及應用價值,為垂直聯邦學習場景中的激勵機制設計提供了一個有效的資料評估方法,解決了方案設計的核心問題。

另外,當前文獻衡量資料資產的主要指標為資料對模型效果的影響,容易忽略資料資產化過程產生的成本和資料資產的品質。科學的資料資產定價方案綜合考慮了多個因素,既能保證激勵機制中收益分配的合理性,又可以透過資料資產品質的多個指標對資料進行篩選,降低聯邦學習過程中低質量數據的比例,從而有效地提升聯邦學習的效率以及模型效果。

資料資產定價方法從資料的多個屬性出發,對資料資產的價值進行了深度剖析,可以為聯邦學習激勵機制的設計提供更科學的資料價值量化方法。另外,資料資產定價方法適用於垂直聯邦學習場景中的收益分配方案設計,填補了當前研究中垂直聯邦學習激勵機制設計的空白。

當然,目前適用於聯邦學習的激勵機制方案還不成熟,FATE 以及 TensorFlow Federated 等當前主流框架還未加入有效的激勵機制,但在業務場景中收益分配又是迫切的需求。資料身為虛擬資產,其價值由多種因素所確定。只有使用有效的激勵機制,才能對資料的品質和價值進行準確的量化,保證不同參與方的不同品質的資料在合作中完成「優勝劣汰」,最終保證聯邦學習能夠產生足夠的效果,確保聯邦學習方案在商業場景中正常運行,為聯邦學習方案的實踐保駕護航。因此,資料資產定價方法以及聯邦學習的激勵機制設計都將是一個重要的研究方向。

12

聯邦學習面臨的挑戰
和可擴充性

身為前端新興技術，聯邦學習為我們提供了一種新的兼顧資料隱私保護
和資料協作計算的方法，正處於高速發展中，吸引了業界的極大關注，
但與其他機器學習技術（如深度學習、強化學習等）相比仍不夠成熟，
還有待進一步研究推動。以本書前面的章節（特別是國內外聯邦學習的
發展現狀）為基礎，本章對聯邦學習研究和應用中可能會遇到的挑戰以
及聯邦學習帶來的機遇進行簡要的討論。

▌ 12.1 聯邦學習面臨的挑戰

Google 科學家 Kairouz 等人發表了 Advances and Open Problems in
Federated Learning[28]，基於國內外人工智慧發展現狀的差異，對目前聯
邦學習可能會遇到的問題進行了討論。我們在第 1 章中已經分析過聯邦
學習對於解決巨量資料時代「資料孤島」問題所擁有的優勢，同時也分
別呈現了在聯邦學習中用到的安全多方計算、同態加密和差分隱私等技
術的優勢。儘管如此，身為新興的機器學習技術，聯邦學習要想和其他
機器學習技術（如深度學習、強化學習等）一樣廣泛應用還有很長的路

要走。我們希望主要針對目前國內外的聯邦學習發展狀況，為讀者展現實現和部署聯邦學習可能會面臨的挑戰，同時也希望有更多的夥伴加入對聯邦學習的研究中，共同推進聯邦學習的發展。

12.1.1 通訊與資料壓縮

在巨量資料時代，資料傳輸和通訊是重要的環節之一，所以我們十分關心聯邦學習在通訊和資料壓縮方面可能需要解決哪些問題。在前面的章節中，我們講到在聯邦學習的典型訓練過程中各個參與方需要把加密資料等資訊傳輸到中央伺服器進行聯合訓練，也就是用分布在大量用戶端上的訓練資料來訓練高品質的集中模型，這樣不僅需要很大的通訊成本，而且每個用戶端的網路連接都不可靠且相對較慢。因此，國內外的研究者推測資料傳輸與通訊可能會成為聯邦學習的主要發展瓶頸。

目前，對於網路通訊連接這個研究方向，很多學者開始對如何降低聯邦學習中的通訊成本（如網路頻寬等）進行了探討。Konen 等人提出了兩種降低上行鏈路通訊成本的方法，即將聯邦平均演算法與模型更新稀疏化結合或將模型更新量化到少量位元，並在深度神經網路分類任務中對這兩種方法進行了評估，實驗結果證明了這兩種方法均可以顯著降低通訊成本，在最好的情況下可以實現將訓練合理模型所需的上傳通訊量減少兩個數量級[10]。但是問題在於，我們能否在此基礎上降低更多通訊成本，或採用這些降低通訊成本的方法是否可以保證聯邦學習的準確性，如果無法保證模型的準確性，那麼只單純降低通訊成本沒有意義。

12.1.2 保護使用者隱私資料

眾所皆知，聯邦學習的出現就是為了保護資料隱私和資料安全，但是聯邦學習在提供資料隱私保護的同時，可能也會帶來一些新的資料安全問題。因此，我們對現有技術結果進行調研，並將聯邦學習技術在進行嚴

格的隱私保護方面可能會面臨的挑戰歸結為以下幾點。

1. 隱私疊代

現在假設有值得信任的中央伺服器，如何更進一步地實現嚴格的隱私保護？在聯邦學習訓練過程中，如果模型疊代（在每次訓練完成後保存最新的模型）對於各個參與方和中央伺服器都是可見的，那麼為了保證模型疊代的安全（隱藏來自本機伺服器的疊代），各個參與方可以在提供隱私保密的可信執行環境（Trusted Execution Environment，TEE）中執行聯邦學習的本地計算部分[203]。中央伺服器需要確定聯邦學習的程式是否正在可信執行環境中運行，並且將加密的模型疊代傳輸到裝置中，這樣可以保證只能在可行執信環境內部進行解密。最後，在可信執行環境中先對模型更新參數加密，再將參數傳輸到中央伺服器，在中央伺服器上使用金鑰進行解密，其簡單的互動過程如圖 12-1 所示。關鍵的挑戰之一在於，存在支持跨裝置的可信執行環境，但在計算上成本卻很高。

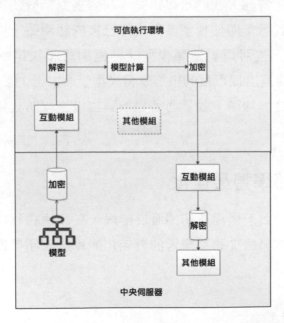

圖 12-1　中央伺服器與可信執行環境互動過程的簡單示意圖

2. 對不斷更新的資料進行分析

在沒有隱私問題的情況下，我們需要在新的資料到達時可以簡單地更新模型（重新訓練模型）來保證模型在現有資料上的最大準確性。然而，相關類似（相同）資料的其他資訊發布可能會導致隱私保護程度降低，因此必須減少這些模型的更新頻率，以保證隱私和整體分析的準確性 [204]。所以，如何在聯邦學習訓練中實現對資料庫隱私和模型準確性的保證是值得研究的問題。

3. 防止模型失竊或被濫用

模型失竊或被濫用是一個很重要的問題，模型本來就是一種有價值的知識資產，一些比較重要的模型是基於很多最有價值的資料訓練得到的，比如風控、金融交易、信用預測等。防止模型失竊用和被濫對於資料的安全性是非常重要的，因為這些模型失竊或被濫用之後可能會造成一些敏感資訊洩露。對此，我們可以選擇限制對模型參數的存取。但是問題在於，有研究表明：即使模型參數本身已被成功隱藏，透過一些簡單有效的攻擊方法，也可以對邏輯模型、神經網路和決策樹等流行模型以「接近完美的逼真度提取目的機器學習模型」[205]。因此，在對各個參與方資料進行聯合訓練時，我們必須採取適當措施以防止模型失竊或被濫用。

12.1.3 聯邦學習最佳化

聯邦學習的應用目前還處於初期發展階段，在訓練過程中有很多仍待最佳化的地方，本節將從聯邦學習的最佳化演算法和超參數最佳化兩個方面分別多作説明。

1. 聯邦學習的最佳化演算法

正如 1.4 節所講，在典型的聯邦學習訓練過程中，我們的最終目標是要
得到一個聯合模型（全域模型），這個聯合模型在各個參與方的總資料
集（各個參與方資料集的聯集）上的損失函數最小。從最佳化演算法的
角度來說，資料、通訊傳輸和裝置因素都十分重要。除此以外，與其他
技術的可組合性是聯邦學習演算法需要考慮的另一個重要因素。從隱私
性來看，通常聯邦學習演算法的生產部署不是獨立運行的，而是和其他
加密技術（如安全多方計算、差分隱私以及梯度壓縮）結合的。

McMahan 等人提出了一種基於疊代模型平均的深度網路聯合學習的聯邦
平均演算法，透過對更新好的本地模型進行平均，從而在中央伺服器上
生成更新好的聯合模型[27]。在本地進行模型更新並減少與中央伺服器的
通訊回合在一定程度上解決了資料傳輸和通訊能力有限帶來的挑戰，但
同時也帶來了一些新的演算法挑戰。比如，對於獨立同分布資料，假設
各個資料參與方都有一個大規模資料集，這些資料參與方在訓練時會直
接對本地模型進行簡單的平均，但理論和實踐都無法保證這種模型平均
的方法導致的速度收斂是正確的還是錯誤的。在最近的研究中，將聯邦
學習和與模型無關的元學習（Model Agnostic Meta Learning，MAML）
結合的方法被提出[206]，但是從目前該領域的發展來看，這個研究方向還
會有以下問題：與模型無關的元學習演算法的評估主要針對圖形分類問
題，那麼聯邦學習訓練所用的多方資料集（可能不是圖形分析相關資料
集）能否用於與模型無關的元學習演算法中進行模型評估還有待考證
[207]。

2. 超參數最佳化

超參數最佳化（Hyperparameter Optimization，HPO）又叫超參數調整。
很多機器學習演算法通常包含了大量可以最佳化的參數，其中有一些參數

無法透過訓練最佳化，我們把它們稱為超參數（Hyperparameter），比如學習率就是一個超參數。關於一般機器學習和自動機器學習（AutoML）[208]的 HPO 的研究比較多，其中 AutoML 可以被了解為透過設計一系列進階控制系統來操作機器學習模型，使得模型可以自動地調整超參數到合適的設定而無須人工操作，但是在聯邦學習背景下對超參數最佳化的研究還比較少。超參數最佳化主要用來提高模型的準確性。需要注意的是，對於資源有限的裝置，HPO 可能會過度使用其有限的運算資源。

根據聯邦學習的特性，與一般的機器學習技術相比，聯邦學習可能會增加更多的超參數，如全域模型的更新規則、訓練過程的用戶端數量等。因此，在聯邦學習中的超參數最佳化不僅需要更高維度的搜索空間，可能還需要更多的運算資源。為了解決這個問題，對超參數設定具有堅固性的最佳化演算法和自我調整演算法的開發也許是很有價值的研究方向[209]。

12.1.4 模型的堅固性

如第 1 章和第 2 章所述，聯邦學習模型雖然結合了安全多方計算、差分隱私和同態加密等一系列安全技術，在面對傳統攻擊時可表現出一定的安全性和可靠性，但是我們在下文中將介紹相關學者針對聯邦學習場景提出的一些新的攻擊方式和失敗模式。我們希望將聯邦學習模型在面對攻擊時可能遇到的挑戰綜合呈現出來，這對於讀者在進行聯邦學習訓練、開發聯邦學習模型演算法和布局聯邦學習架構時的安全性考量是十分重要的。在前面的章節中，我們提到了兩種攻擊方式：模型更新中毒攻擊和逃避攻擊，這兩種攻擊都屬於「對抗性攻擊」，其主要方式為對模型的訓練及推理過程進行一些更改，從而降低模型性能。

1. 模型更新中毒攻擊

對模型更新中毒攻擊來說，尤為重要的是拜占庭式攻擊模型，由於分散式系統中的故障可以產生任意輸出[210]，因此攻擊者一旦可以使該處理程序產生任意輸出，那麼對分散式系統中的某個處理程序的攻擊就是拜佔庭式的。2020 年，Fang 等人第一次系統地研究了局部模型對聯邦學習的中毒攻擊，假設攻擊者已經破壞了一些用戶端裝置，並且在學習過程中操縱受損用戶端裝置上的本地模型參數，使得全域模型具有較大的測試錯誤率。實驗評估結果表明，在某些情況下，多個拜佔庭式彈性防禦對模型更新中毒攻擊的防禦能力很弱。這表明對聯邦學習的局部模型更新中毒攻擊需要一些新的防禦措施[211]。除此以外，Fung 等人認為聯邦學習訓練過程容易受到多種攻擊，其中模型更新中毒攻擊會更加嚴重，特別是容易受到基於女巫（sybil）的中毒攻擊[212]。

2. 逃避攻擊

逃避攻擊是在機器學習和模式辨識中常見的攻擊之一，逃避攻擊主要透過修改測試集中惡意樣本的特徵值來成功逃避機器學習系統的檢測，從而實現對系統的惡意攻擊。儘管在資料保護中，業界關注更多的是黑盒攻擊，但由於聯邦學習系統的分散式特性，全域模型有可能被任意惡意的用戶端存取，因此在聯邦學習系統中考慮防禦白盒逃避攻擊是十分必要的。研究結果表明，針對對抗範例的防禦方法（如對抗訓練）只能提高所針對的特定類型對抗樣本的堅固性，對於其他類型則無法提供防禦保證，甚至有可能會增加模型的脆弱性，這使得將對抗訓練適應於聯邦學習面臨了一系列的挑戰。生成對抗性範例十分昂貴，雖然有學者提出可以透過重用對抗範例來最大限度地降低成本，但是依然需要大量本地運算資源。對於跨裝置的聯邦學習，生成對抗性範例可能會大量增加計算成本[213]。

12.1.5 聯邦學習的公平性

在進行機器學習模型訓練時,有時可能會出現預期之外的結果,比如具有相似特徵的人臉圖片被辨識成不一樣的分類,就可能導致模型「不公平」[40]或對某些資訊敏感的群眾(如膚色、種族等)導致不同的結果,也可能會違反人口公平性的相關標準[214]。在聯邦學習中,多方資料聯合訓練,我們尤其要注意這點。下面從訓練資料的偏差、對敏感屬性的公平性等方面來討論在聯邦學習中的公平性、隱私性、堅固性,以及在聯邦學習的公平性中出現的新的機遇與挑戰。

1. 訓練資料的偏差

與機器學習相同的是,在聯邦學習模型中引發不公平的常見因素也是訓練資料的偏差,比如抽樣等引起的偏差。比較常見的是在訓練資料中一些少數民族的人數較少,因此在學習的時候就可能會出現對這些群眾的加權較小,這就直接導致了對這類群眾的模型預測較差。在聯邦學習中,在資料存取過程中可能會出現資料集移位和非獨立性,這也可能引發訓練資料的偏差。

有研究結果表明:訓練資料生成過程的偏差可能引發從該資料中學到的結果模型的不公平性。在聯邦學習訓練中,當從本地用戶端收集資料時,我們一定要考慮這點。雖然目前國內外學者提出了少數可以在聯邦學習系統中辨識和校正已經收集的資料的偏差的方法(如對抗方法),但這個方向仍待進行深入的實驗研究。

2. 對敏感屬性的公平性

正如本節提到的,關於人群的一些敏感資訊(如膚色、種族等)都可能導致模型結果的「不公平性」。但是如何將模型結果與聯邦學習的環境相匹配也是一個重要的挑戰。比如,在對語言建模時,常常沒有明確對

使用者「好」的概念的結果,而是集中在預測準確性方面。針對這個問題,Li 等人提出了 q-Fair 聯邦學習(q-Fair Federated Learning,q-FFL),鼓勵在聯邦學習網路中跨裝置進行更公平(即更低的方差)的精度分配,即「模型性能在裝置之間的更公平分布」[215]。

3. 公平性、隱私性和堅固性

從法律和道德的角度來看,公平性和隱私性似乎是互補的,因為在現實生活中,我們不僅需要保護隱私,還需要保持公平性。「不公平」現象主要是由基礎資料的敏感性導致的。由於聯邦學習的特性,對於聯邦學習如何解決現有的公平性問題以及可能會出現的新的公平性問題還有很多挑戰。Cummings 等人對非聯邦學習的差分隱私保護和公平性問題相容做了相關研究,並且列出了一個有效的分類演算法,該演算法既能保持效用,又能滿足高要求的隱私性和近似公平性[216]。但關於聯邦學習系統如何解決隱私保護和公平性問題仍然需要更多的研究工作。需要注意的是,如果敏感性資料不可用,那麼對隱私保護和模型公平性的權衡就變得十分困難,因為目前關於如何辨識模型表現不佳的子組並量化「隱私」的研究還沒有進展,對這個領域的研究以及應對相關挑戰還需要更多學者參與。

在聯邦學習中,很多關於隱私保護的工作常常需要同時對模型的公平性和堅固性一起考慮。比如,在前文中我們提過的差分隱私不僅可以保護隱私,還可以防禦資料中毒以提高模型的堅固性。需要注意的是,在透過轉換資料的方式以隱藏私有屬性保護隱私的同時,我們也為模型訓練中的相對屬性公平提供了一種保障。同樣,在聯邦學習中,用戶端也可以將某個轉換應用於其本地資料,以改善聯邦學習過程中的隱私保護及公平性問題,但是能否以聯合的方式學習該轉換就是一個需要解決的問題。

▍12.2 聯邦學習與區塊鏈結合

12.2.1 王牌技術

在網際網路新浪潮中,最受關注的兩項熱門技術是聯邦學習和區塊鏈。聯邦學習是一種在巨量資料服務中保護隱私的分散式機器學習技術,區塊鏈是一種在網路中實現價值轉移的去中心化分散式資料庫技術。

聯邦學習誕生於 2016 年的 Google 輸入法最佳化專案,在網際網路產業中存在三種服務形態:水平聯邦學習、垂直聯邦學習和聯邦遷移學習。2020 年 4 月,中國政府出台了關於完善要素市場化的重要檔案,資料作為新型生產要素被寫入檔案中,與土地、工作力、資本、技術並列為五大生產要素。資料要素區別於傳統生產要素的最大特徵是:一方面,它嚴格要求保護個人隱私資料,這是個人權利不可被侵犯的表現,個人隱私資料受到法規嚴格保護。另一方面,資料的開放共用又是人工智慧提供給使用者便捷服務的基礎,是數位經濟發展的命脈之所在。因此,資料成為生產要素的困難在於,實現隱私保護和資料開放共用之間的平衡,產業界一般採用聯邦學習技術解決該問題。

區塊鏈誕生於 2009 年的比特幣專案,根據分散式帳本來源分為三種服務形態:數位貨幣、智慧合約、應用平台。目前,全球主要國家都在加快布局區塊鏈技術發展,中國在區塊鏈領域擁有良好基礎,要加快推動區塊鏈技術和產業創新發展,積極推進區塊鏈和經濟社會融合發展。

上述事實資料表明,聯邦學習和區塊鏈的重要性均已上升到國家戰略技術的高度,是當前名副其實的王牌技術,在當今市場經濟發展中具有巨大潛力。

12.2.2 可信媒介

能夠獲得如此高的熱度和受到如此重視，聯邦學習和區塊鏈有一個重要的共同特徵：可信。俗話說：「人心隔肚皮」，陌生人之間一般難以快速建立信任，這是因為在資源有限的社會競爭中，獲得更多利益是人的本性，人們擔心被詐騙而損失利益。然而，信任在市場經濟中具有非常重要的作用，能夠簡化交易流程、提高交易成功率，進而實現大規模交易，推動市場經濟健康良好運行。

在網際網路市場中，智慧終端機裝置高速發展，光纖網路和 5G 無線網路逐步普及，產品創新層出不窮。相比之下，權威機構需要經過較長時間的調查和研究才能制定對應的法規，這使得很多網際網路產品在短時間內得不到權威機構的背書，進而使得使用者不敢放心大膽地使用新產品。舉例來說，在網際網路電子支付出現 7 年之後，權威機構才為部分網際網路企業發放支付牌照，這才有了後來無處不在、十分便捷的手機支付形式。現如今，點對點轉帳（提高跨境交易的便捷性）、網際網路巨量資料合作（提高使用者服務水準）等新產品，尚缺乏成熟的法律法規來進行必要的管理與規範，極須可用的「可信媒介」。

聯邦學習和區塊鏈正是在這樣的背景下誕生的技術派「可信媒介」。聯邦學習的可信在於，在資料合作過程中使用的是不可逆的變換資料，即使沒有權威機構監督，隱私資料也不會被洩露。區塊鏈的可信在於，在記帳過程中使用了群眾共識和數位簽章技術，即使沒有權威機構監督，所記錄的交易也是不可被篡改且不可否認的。因此，這樣的技術「可信媒介」將為國民經濟持續健康發展提供新的生產力。

12.2.3 比較異同

透過深入分析,我們發現聯邦學習和區塊鏈有很多相似之處,表 12-1 詳細地比較了兩項技術的共同點和差異。

表 12-1 聯邦學習與區塊鏈的共同點和差異

	共同點	差異	
		聯邦學習	區塊鏈
應用場景	網際網路服務	個性化的使用者服務	點對點的交易記帳和合約
應用基礎	許多計算節點,存在協作意願,達成共識	各個節點資料具有互補性,共識為具體的聯邦學習演算法	各個節點同步記錄所有交易資訊,共識為具體的同步機制
應用目標	在去中心化網路中增強節點互信	各個節點資料可用不可見,提升服務品質,為使用者創造價值	確保交易記錄不可被篡改,在數位世界實現價值表示和價值轉移
資料儲存	資料分散式儲存在多個節點中	無重複容錯,特徵維度不同,或樣本對應的主體不同	有容錯,各個節點均記錄全量資料(或摘要),儲存的資料相同
關鍵技術	安全多方計算	差分隱私、同態加密等隱私保護技術,分散式運算,機器學習	共識機制,數位簽章,智慧合作
挑戰問題	計算量大	在確保安全性的前提下,最佳化模型準確性,提升計算效率	在確保共識性的前提下,提升輸送量

以下舉例說明應用場景、應用基礎、應用目標三個方面的共同點和差異。

1. 應用場景

兩項技術均用於網際網路場景。不同之處在於,聯邦學習用於個性化的使用者服務。舉例來說,在電子商務 App 上給女朋友挑選禮物,這是令很多男生發愁的一件事情,聯邦學習可以綜合購物歷史、性格愛好、商

品推薦等巨量資料資訊，幫助使用者選出既時髦又有個性的禮物。又如，金融服務的核心是風控，在傳統業務模式中，找出潛在的多頭和詐騙風險使用者是比較困難的，聯邦學習可以從消費習慣、社交關係、職業等維度實現風險定價，為優質使用者提供更低利息的貸款。

區塊鏈用於點對點的交易記帳和合約。舉例來說，在國際貿易中，跨境支付需要經過匯出銀行、中央銀行、代理和收款銀行等多家金融機構的處理和清算，導致了手續費費率高、到賬時間長等問題。區塊鏈可提供去中心化的點對點電子交易系統，支付過程無須傳統的中心化金融機構，可極大地降低手續費費率並縮短到賬時間。又如，傳統的開發票、報銷和抵稅流程十分繁雜，需要會計人員多重審核，區塊鏈可用於實現自動開票、報銷和抵稅，從而減少繁雜的人力投入。

2. 應用基礎

兩項技術均需要有協作意願和共識的計算節點。不同之處在於，聯邦學習要求節點之間的資料具有互補性。舉例來說，其中一個節點儲存消費習慣特徵，另一個節點儲存性格、愛好等特徵，各個節點之間的共識為聯邦演算法，透過約定在聯邦之間的資訊互動協定，實現模型訓練及推理。

區塊鏈需要各個節點同步記錄所有交易資訊。舉例來說，帳戶 A 給帳戶 B 支付 1 枚代幣，A 的支付資訊及簽名將發送給網路上的所有節點，各個節點產生一致的記錄。區塊鏈網路能夠達成一致，最關鍵的技術是共識演算法。共識演算法是解決一致性問題的關鍵，在分散式、去中心化的區塊鏈網路中協助節點保持資料一致。常用的共識演算法有工作量證明（PoW）、拜佔庭容錯（BFT）、股份授權證明（DPoS）等。

3. 應用目標

兩項技術的目標都是在去中心化網路中增強節點之間的互信，不同之處在於，聯邦學習旨在實現「資料可用不可見」的隱私保護，並透過融合使用各方資料提升使用者服務的品質，進而創造出新的價值。舉例來說，同態加密就是一種隱私保護技術，所產生的加密與明文完全不一樣，分布性質和排序性質都發生了巨大變化，這使得原始資料是「不可見」的，加密可按指定規則進行運算，進而實現了梯度下降演算法和模型最佳化，實現了「可用」。

區塊鏈旨在確保交易記錄不可被篡改，利用共識演算法、分散式技術解決在去中心化網路中的雙重支付問題，最終實現數位世界的價值表示和價值轉移。舉例來說，在比特幣系統中，帳戶 A 給帳戶 B 支付 1 枚比特幣，並將該資訊廣播給所有「礦工」節點，「礦工」節點為了獲得系統獎勵，都努力將該資訊打包到新區塊，並為了獲得更多獎勵爭當歷史區塊的見證者，這便使得該資訊在區塊鏈中不可被篡改。

12.2.4 強強聯合

聯邦學習和區塊鏈有共同的應用基礎，透過技術上的共識實現多方合作的可信網路，具有較好的互補性。從應用目標來看，聯邦學習旨在創造價值，而區塊鏈旨在表示和轉移價值，因此有以下兩種基本結合形式，即攻擊溯源和收益分配，如圖 12-2 所示。

第一種結合是利用區塊鏈的記錄不可被篡改的特性，對聯邦學習合作方可能面臨的惡意攻擊進行追溯和懲罰。舉例來說，在多個參與方進行聯邦學習的同時，部署區塊鏈用於記錄聯邦學習的資料指紋（包括建模樣本、推理樣本、互動資訊），而對應的原始資料儲存於參與方本地。當發現有樣本遭受惡意攻擊時，由各個參與方或第三方組成調查組，依據

區塊鏈記錄的指紋對原始資料進行核心驗，便可以找出具體是哪一方遭受了攻擊，進而可以採取對應的補救措施。

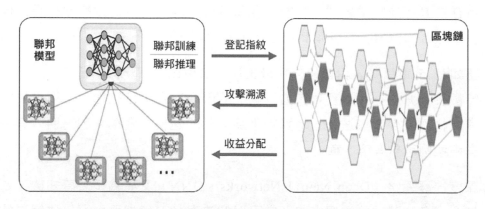

圖 12-2　聯邦學習和區塊鏈的結合形式

第二種結合是利用區塊鏈的價值表示和轉移功能，對聯邦學習服務所創造的價值進行記帳和收益分配。舉例來說，在多個參與方進行聯邦推理的同時，部署區塊鏈用於記錄使用者服務的介面呼叫日誌指紋、各個參與方的貢獻、該服務所產生的收益，並透過智慧合約自動將收益分配給各個參與方。這種方式與現有的按筆費率不同，可以更精準地評估每次呼叫的品質，從而激勵參與方確保呼叫的準確性，並積極最佳化效果。

聯邦學習和區塊鏈還有更多結合的可能，這需要我們共同參與，進行更多探索，將這兩項王牌技術結合形成更有價值的產品和服務。

12.3 聯邦學習與其他技術結合

在本節中，我們將簡要地介紹聯邦學習與前端技術的結合與發展，包括自動特徵工程、深度神經網路和強化學習，而具體的技術實現可參見本書前面的對應章節。

特徵工程是聯邦學習中一個重要的環節，主要包括特徵建構、特徵提取、特徵選擇三個部分（詳細介紹可參見第 5 章）。自動特徵工程方法旨在自動完成特徵創建、特徵選擇和特徵提取，可以高效率地實現最佳參數組合的搜索，減少超參數最佳化的時間成本。

正如第 5 章所述，與傳統的特徵工程方法相比，在聯邦學習中採用自動特徵工程方法，可以實現多方互動下的聯合自動最佳化過程，這對於特徵建構經驗少或無法有效地進行手動調參的建模方有很大的幫助，其中詳細案例可參考第 5 章。

深度神經網路（Deep Neural Networks，DNN）又稱為多層感知機，是包含很多隱藏層的神經網路。它可以解決很多傳統機器學習無法解決的問題，特別是在人臉辨識、圖形檢測等領域。在聯邦學習環境中，基於隱私保護的多方協作建模可以充分利用各個參與方的資料，提高深度神經網路模型的性能。王蓉等研究者提出了一種基於聯邦學習和卷積神經網路的入侵偵測方法，除了可以保證資料隱私，其實驗結果表明：該方法在很大程度上減少了訓練時間並保持了較高的檢測率[217]。在技術實踐方面，目前很多主流聯邦學習框架（如 FATE、PaddleFL 等）都已部署了深度神經網路模組，其中具體的技術實現和相關案例詳見 6.5 節。

強化學習（Reinforced Learning）又稱為增強學習，透過智慧體與環境互動獲得獎勵進行學習，其基本模型為馬可夫決策過程。目前，強化學習主要應用於機器人、遊戲和自動駕駛等領域。透過將聯邦遷移學習和強化學習結合，我們可以實現智慧體共同進行非同步更新，這對於解決多智慧體強化學習中的資訊回饋問題有很大幫助。除此之外，這種方法適用於多種強化學習模型，並且在研究實驗中表現出了出色的性能，其中詳細的研究與應用參見第 8 章。

參考文獻

[1]   Chen J X. The evolution of computing: AlphaGo[J]. Computing in Science & Engineering, 2016, 18 (4): 4-7.

[2]   Bengio Y. Learning Deep Architectures for AI[J]. Foundations and Trends in Machine Learning, 2009, 2 (1): 1-127.

[3]   Chen M, Mao S, Liu Y. Big Data: A Survey[J]. Mobile Networks and Applications, 2014, 19 (2): 171-209.

[4]   Chen X, Zhang H, Wu C, et al. Performance Optimization in Mobile-Edge Computing via Deep Reinforcement Learning：2018 IEEE 88th Vehicular Technology Conference (VTC-Fall) [C]. New York: Institute of Electrical and Electronics Engineers, 2018.

[5]   Guha R, Al-Dabass D. Impact of Web 2.0 and Cloud Computing Platform on Software Engineering: 2010 International Symposium on Electronic System Design[C]. New York: Institute of Electrical and Electronics Engineers, 2010.

[6]   Athey S. The impact of machine learning on economics[M]. Chicago: University of Chicago Press, 2018.

[7]   Bertino E, Ferrari E. Big Data Security and Privacy[M]. Berlin: Springer Publishing Company, 2018.

[8]   Buttarelli G. The EU GDPR as a clarion call for a new global digital gold standard[J]. International Data Privacy Law, 2016, (2): 2.

[9]   Houser K, Voss W G. GDPR: The End of Google and Facebook or a New Paradigm in Data Privacy?[J]. Social Science Electronic Publishing, 2018, 25:1.

[10]   Konen J, McMahan H B, Yu F X, et al. Federated Learning: Strategies for Improving Communication Efficiency[A/OL]. arXiv.org[2020-1-18]. https://ui.adsabs.harvard.edu/abs/2016arXiv 161005492K/abstract.

[11]   Vaidya J, Clifton C W, Zhu Y M. Privacy Preserving Data Mining[M]. Berlin: Springer Publishing Company, 2006.

[12]   Yang Z, Liu Y. Investigating the Influential Factors On Firefighter Injuries Using Statistical Machine Learning：International Conference on Machine Learning & Cybernetics[C]. New York: Institute of Electrical and Electronics Engineers, 2018.

[13]   Pettai M, Laud P. Automatic Proofs of Privacy of Secure Multi-party Computation Protocols against Active Adversaries: 2015 IEEE 28th Computer Security Foundations Symposium (CSF) [C]. New York: Institute of Electrical and Electronics Engineers, 2015.

[14]   McMahan B, Ramage D. Federated Learning: Collaborative Machine Learning Without Centralized Training data[J]. Google Research Blog, 2017, 3:1-3.

[15]   Bonawitz K, Eichner H, Grieskamp W, et al. Towards Federated Learning at Scale: System Design[A/OL]. arXiv.org[2020-1-18]. https://ui.adsabs.harvard.edu/abs/2019arXiv190201046B/ abstract.

[16]   何寶宏, 覃敏. 巨量資料須結束資料孤島[J]. 新世紀週刊, 2013, (33): 70-72.

[17]   何哲. 利用巨量資料打通政務資訊孤島[J]. 中國戰略新興產業, 2016, (21): 96.

[18]   張育寧. 巨量資料時代政府解決「資訊孤島」問題初探——以美國聯邦政府為例[J]. 東方企業文化, 2015, (17): 256.

[19]   趙怡康, 李大威, 鄧兆華. 生態文明中巨量資料如何打破「門檻」消除「孤島」[J]. 山東林業科技, 2017, 47 (6): 89-92.

[20]   王萌萌. 地方政府治理中的巨量資料技術運用研究[D]. 重慶：中共重慶市委黨校, 2017.

[21]   Zerlang J. GDPR: a milestone in convergence for cyber-security and compliance[J]. Network Security, 2017, 2017 (6): 8-11.

[22]   葉明, 王岩. 人工智慧時代資料孤島破解法律制度研究[J]. 大連理工大學學報(社會科學版), 2019, 40 (5): 69-77.

[23]   Donaldson M S, Lohr K N, Bulger R J. Health data in the information age: use, disclosure, and privacy [M]. 2nd ed. Washington D.C.: National Academies Press, 1994.

[24]   Wang J, Zhang Y. Research and Implementation of Holter Data Format Unification:2014 International Conference on Medical Biometrics [C]. New York: Institute of Electrical and Electronics Engineers, 2014.

[25] Sundaram B V, Ramnath M, Prasanth M, et al. Encryption and hash based security in Internet of Things: 2015 3rd International Conference on Signal Processing, Communication and Networking (ICSCN) [C]. New York: Institute of Electrical and Electronics Engineers, 2015.

[26] Halevi S. Homomorphic encryption[M]. Berlin: Springer Publishing Company, 2017.

[27] McMahan B, Moore E, Ramage D, et al. Communication-Efficient Learning of Deep Networks from Decentralized Data[A/OL]. arXiv.org[2020-1-18]. https://ui.adsabs.harvard.edu/abs/ 2016arXiv160205629B/abstract.

[28] Kairouz P, McMahan H B, Avent B, et al. Advances and Open Problems in Federated Learning[A/OL]. arXiv.org[2020-1-18]. https://ui.adsabs.harvard.edu/abs/2019arXiv191204977K/ abstract.

[29] Li T, Sahu A K, Talwalkar A, et al. Federated Learning: Challenges, Methods and Future Directions[J]. IEEE Signal Processing Magazine, 2020, 37(3):50-60.

[30] Yang Q, Liu Y, Chen T, et al. Federated Machine Learning: Concept and Applications[J]. ACM Transactions on Intelligent Systems and Technology (TIST), 2019, 10 (2): 1-19.

[31] Larson D B, Chen M C, Lungren M P, et al. Performance of a Deep-Learning Neural Network Model in Assessing Skeletal Maturity on Pediatric Hand Radiographs[J]. Radiology, 2018, 287(1):313-322.

[32] Larsen K, Petersen J H, Budtz-Jørgensen E, et al. Interpreting Parameters in the Logistic Regression Model with Random Effects[J]. Biometrics, 2000, 56 (3): 909-914.

[33]   Lin W, Liu Z P, Zhang X S, et al. Prediction of hot spots in protein interfaces using a random forest model with hybrid features[J]. Protein Engineering, Design & Selection, 2012, 25(3): 119-126.

[34]   Pan S J, Yang Q. A survey on transfer learning[J]. IEEE Transactions on knowledge and data engineering, 2010, 22 (10): 1345-1359.

[35]   Goldwasser S, Lindell Y. Secure Multi-Party Computation without Agreement[J]. Journal of Cryptology, 2005, 18(3):247-287.

[36]   Maurer U. Secure multi-party computation made simple[J]. Discrete Applied Mathematics, 2002, 154 (2): 370-381.

[37]   Dwork C. Differential Privacy: International Conference on Automata[C].Berlin: Springer Publishing Company, 2006.

[38]   Dwork C. Differential Privacy: A Survey of Results: International Conference on Theory and Applications of Models of Computation[C]. Berlin: Springer Publishing Company, 2008.

[39]   Dwork C. Differential privacy in new settings: Proceedings of the Twenty-First Annual ACM-SIAM Symposium on Discrete Algorithms [C]. New York: Association for Computing Machinery, 2010.

[40]   Dwork C, Hardt M, Pitassi T, et al. Fairness through awareness: Proceedings of the 3rd innovations in theoretical computer science conference[C]. New York: Association for Computing Machinery, 2012.

[41]   Kairouz P, Oh S, Viswanath P. The composition theorem for differential privacy: International conference on machine learning[C]. New York: Association for Computing Machinery, 2015.

[42]   Mhamdi E M, Guerraoui R, Rouault S. The hidden vulnerability of distributed learning in byzantium[A/OL]. arXiv.org[2020-1-18]. https://ui.adsabs.harvard.edu/abs/2018arXiv180207927M/ abstract.

[43]   Biggio B, Corona I, Maiorca D, et al. Evasion Attacks against Machine Learning at Test Time[M]. Berlin: Springer Publishing Company, 2013.

[44]   Steinhardt J, Koh P W, Liang P S. Certified defenses for data poisoning attacks: Advances in neural information processing systems[C]. New York: Curran Associates, 2017.

[45]   Madry A, Makelov A, Schmidt L, et al.Towards deep learning models resistant to adversarial attacks[A/OL]. arXiv.org[2020-1-18]. https://ui.adsabs.harvard.edu/abs/2017arXiv 170606083M/abstract.

[46]   Geyer R C, Klein T, Nabi M. Differentially private federated federated learning: A client level persprctive: NIPS 2017 Workshop: Machine Learning on the Phone and other Consumer Devices[A/OL]. arXiv.org[2020-1-18]. http://arxiv-export-lb.library.cornell.edu/abs/1712.07557.

[47]   Goldreich O, Micali S, Wigderson A. How to play any mental game, or a completeness theorem for protocols with honest majority[M]. San Rafael: Morgan & Claypool Publishers, 2019.

[48]   Douglasr R. Stinson, 斯廷森, 馮登國. 密碼學原理與實踐[M]. 北京: 電子工業出版社, 2009.

[49]   Goldreich O. Foundations of Crytography[M]. Cambridge: Cambridge University Press, 2001.

[50]   Dwork C, Roth A. The algorithmic foundations of differential privacy[J]. Foundations and Trends in Theoretical Computer Science,

2014, 9 (3-4): 211-407.

[51]   Daemen J, Rijmen V. The Design of Rijndael: AES - The Advanced Encryption Standard[M]. Berlin: Springer Publishing Company, 2002.

[52]   Rivest R L, Shamir A, Adleman L. A method for obtaining digital signatures and public-key cryptosystems[J]. Communications of the Acm, 1978, 21 (2): 120-126.

[53]   Paillier P. Public-key cryptosystems based on composite degree residuosity classes: Advances in Cryptology — EUROCRYPT'99[C]. Berlin: Springer Publishing Company, 1999.

[54]   Yao A C C. How to generate and exchange secrets: 27th Annual Symposium on Foundations of Computer Science (sfcs 1986)[C]. New York: Institute of Electrical and Electronics Engineers, 1986.

[55]   熊平，朱天清，王曉峰. 差分隱私保護及其應用[J]. 電腦學報， 2014, 37(1): 101-122.

[56]   Melis L, Song C, Cristofaro E D, et al. Exploiting Unintended Feature Leakage in Collaborative Learning: 2019 IEEE Symposium on Security and Privacy (SP) [C]. New York: Institute of Electrical and Electronics Engineers, 2019.

[57]   Shokri R, Shmatikov V. Privacy-Preserving Deep Learning: ACM Conference on Computer and Communications Security (CCS) [C]. New York: Association for Computing Machinery, 2015.

[58]   Li Q, Wen Z, Wu Z, et al. A survey on federated learning systems: vision, hype and reality for data privacy and protection[A/OL]. arXiv.org[2020-1-18]. https://ui.adsabs.harvard.edu/ abs/2019arXiv190709693L/abstract.

[59]   Diffie W. New direction in cryptography[J]. IEEE Trans. Inform.
        Theory, 1976, 22: 472-492.

[60]   李宗育, 桂小林, 顧迎捷, 等. 同態加密技術及其在雲端運算隱私保
        護中的應用[J]. 軟體學報, 2018, 29 (07): 1830-1851.

[61]   Gentry C. Fully homomorphic encryption using ideal lattices:
        Proceedings of the forty-first annual ACM symposium on Theory of
        computing[C]. New York: Association for Computing Machinery,
        2009.

[62]   Gentry C, Halevi S. Implementing gentry's fully-homomorphic
        encryption scheme: Advances in Cryptology – EUROCRYPT
        2011[C]. Berlin: Springer Publishing Company, 2011.

[63]   Cheng K, Fan T, Jin Y, et al. Secureboost: A lossless federated
        learning framework[A/OL]. arXiv.org[2020-1-18].
        https://ui.adsabs.harvard.edu/abs/2019arXiv190108755C/abstract.

[64]   Pathak M A, Rane S, Raj B. Multiparty Differential Privacy via
        Aggregation of Locally Trained Classifiers: International Conference
        on Neural Information Processing Systems[C]. Cambridge: The MIT
        Press, 2010.

[65]   Tzeng W G. Efficient 1-Out-n Oblivious Transfer Schemes: Public
        Key Cryptography[C]. Berlin: Springer Publishing Company, 2002.

[66]   Lindell Y, Pinkas B. A proof of security of Yao's protocol for two-
        party computation[J]. Journal of cryptology, 2009, 22 (2): 161-188.

[67]   Kolesnikov V, Schneider T. Improved garbled circuit: Free XOR
        gates and applications: Automata, Languages and Programming [C].
        Berlin: Springer Publishing Company, 2008.

[68] Hastings M, Hemenway B, Noble D, et al. Sok: General purpose compilers for secure multi-party computation: 2019 IEEE Symposium on Security and Privacy (SP) [C]. New York: Institute of Electrical and Electronics Engineers, 2019.

[69] Mohassel P, Rindal P. ABY3: A mixed protocol framework for machine learning: Proceedings of the 2018 ACM SIGSAC Conference on Computer and Communications Security[C]. New York: Association for Computing Machinery, 2018.

[70] Bonawitz K, Ivanov V, Kreuter B, et al. Practical secure aggregation for privacy-preserving machine learning: Proceedings of the 2017 ACM SIGSAC Conference on Computer and Communications Security[C]. New York: Association for Computing Machinery, 2017.

[71] Baldi P, Baronio R, Cristofaro E D, et al. Countering GATTACA: efficient and secure testing of fully-sequenced human genomes: Proceedings of the 18th ACM conference on Computer and communications security[C]. New York: Association for Computing Machinery, 2011.

[72] Narayanan A, Thiagarajan N, Lakhani M, et al. Location Privacy via Private Proximity Testing: Proceedings of the Network and Distributed System Security Symposium[C]. Reston: Internet Society, 2011.

[73] Mezzour G, Perrig A, Gligor V, et al. Privacy-Preserving Relationship Path Discovery in Social Networks: Cryptology and Network Security[C]. Berlin: Springer Publishing Company , 2009.

[74] Freedman M J, Nissim K, Pinkas B. Efficient Private Matching and Set Intersection: Advances in Cryptology - EUROCRYPT 2004[C]. Berlin: Springer Publishing Company , 2004.

[75]   Asharov G, Lindell Y, Schneider T, et al. More efficient oblivious
         transfer and extensions for faster secure computation: Proceedings of
         the 2013 ACM SIGSAC conference on Computer & communications
         security[C]. New York: Association for Computing Machinery, 2013.

[76]   Shamir A. How to share a secret[J]. Communications of the ACM,
         1979, 22: 612-613.

[77]   Blakley G R. Safeguarding cryptographic keys: 1979 International
         Workshop on Managing Requirements Knowledge (MARK) [C]. New
         York: Institute of Electrical and Electronics Engineers, 1979.

[78]   Meadows C. A More Efficient Cryptographic Matchmaking Protocol
         for Use in the Absence of a Continuously Available Third Party:
         1986 IEEE Symposium on Security and Privacy [C]. Berlin: Springer
         Publishing Company , 1986.

[79]   Bellare M, Rogaway P. Random oracles are practical: A paradigm for
         designing efficient protocols: Proc First Annual Conference on
         Computer and Communications Security[C]. New York: Association
         for Computing Machinery, 1993.

[80]   Naor M. Efficient Oblivious Transfer Protocols: Symposium on
         Discrete Algorithms[C]. New York: Association for Computing
         Machinery, 2001.

[81]   Canetti R, Goldreich O, Halevi S. The random oracle methodology,
         revisited[J]. Journal of the Acm, 2004, 51(4): 557-594.

[82]   Freedman M J, Ishai Y, Pinkas B, et al. Keyword Search and
         Oblivious Pseudorandom Functions: Theory of Cryptography[C].
         Berlin: Springer Publishing Company, 2005.

[83] Cristofaro E D, Tsudik G. Practical Private Set Intersection Protocols with Linear Complexity: Financial Cryptography and Data Security [C]. Berlin: Springer Publishing Company, 2010.

[84] Chen H, Laine K, Rindal P. Fast Private Set Intersection from Homomorphic Encryption: Proceedings of the 2017 ACM SIGSAC Conference on Computer and Communications Security[C]. New York: Association for Computing Machinery, 2017.

[85] Ishai Y, Kilian J, Nissim K, et al. Extending Oblivious Transfers Efficiently: Advances in Cryptology - CRYPTO 2003[C]. Berlin: Springer Publishing Company, 2003.

[86] Dong C, Chen L, Wen Z. When private set intersection meets big data: An efficient and scalable protocol: Proceedings of the 2013 ACM SIGSAC conference on Computer & communications security[C]. New York: Association for Computing Machinery, 2013.

[87] Kolesnikov V, Kumaresan R, Rosulek M, et al. Efficient Batched Oblivious PRF with Applications to Private Set Intersection: Proceedings of the 2016 ACM SIGSAC Conference on Computer and Communications Security[C]. New York: Association for Computing Machinery, 2016.

[88] Rindal P, Rosulek M. Improved Private Set Intersection Against Malicious Adversaries: Advances in Cryptology – EUROCRYPT 2017[C]. Berlin: Springer Publishing Company, 2017.

[89] Rindal P, Rosulek M. Malicious-secure private set intersection via dual execution: Proceedings of the 2017 ACM SIGSAC Conference on Computer and Communications Security[C]. New York: Association for Computing Machinery, 2017.

[90]   Pinkas B, Schneider T, Zohner M, et al. Scalable Private Set
       Intersection Based on OT Extension[J]. ACM Transaction on
       Information and System Security, 2018, 21(2), 1-35.

[91]   Kolesnikov V, Kumaresan R. Improved OT Extension for
       Transferring Short Secrets: Advances in Cryptology – CRYPTO
       2013[C]. Berlin: Springer Publishing Company, 2013.

[92]   Pagh R, Rodler F F. Cuckoo hashing[J]. Journal of Algorithms, 2004,
       51(2): 122-144.

[93]   Hardy S, Henecka W, Ivey-Law H, et al. Private federated learning
       on vertically partitioned data via entity resolution and additively
       homomorphic encryption[A/OL]. arXiv.org[2020-1-18].
       https://ui.adsabs.harvard.edu/abs/2017arXiv171110677H/abstract.

[94]   Christen P. Data matching: concepts and techniques for record
       linkage, entity resolution, and duplicate detection[M]. Berlin:
       Springer Publishing Company, 2012.

[95]   Vatsalan D, Christen P, Verykios V S. Efficient two-party private
       blocking based on sorted nearest neighborhood clustering:
       Proceedings of the 22nd ACM international conference on
       Information & Knowledge Management[C]. New York: Association
       for Computing Machinery, 2013.

[96]   Liu Y, Zhang X, Wang L. Asymmetrically vertical federated
       learning[A/OL]. arXiv.org[2020-1-18].
       https://ui.adsabs.harvard.edu/abs/2020arXiv200407427L/abstract.

[97]   Criminisi A, Shotton J, Konukoglu E. Decision forests for
       classification, regression, density estimation, manifold learning and
       semi-supervised learning[J]. Foundations and Trends in Computer
       Graphics and Vision, 2011, 5 (6): 12.

[98]   Bergstra J, Bengio Y J. Random search for hyper-parameter optimization[J]. The Journal of Machine Learning Research, 2012, 13 (1): 281-305.

[99]   Li L, Jamieson K, Desalvo G, et al. Hyperband: A novel bandit-based approach to hyperparameter optimization[J]. Journal of Machine Learning Research, 2016, 18: 1-52.

[100]   Kairouz P, McMahan H B, Avent B, et al. Advances and open problems in federated learning[J]. Foundations and Trends in Machine Learning, 2021, 14 (1): 22-34.

[101]   Bahmani R, Barbosa M, Brasser F, et al. Secure multiparty computation from SGX: Financial Cryptography and Data Security[C]. Berlin: Springer Publishing Company, 2017.

[102]   Liang G, Chawathe S S. Privacy-preserving inter-database operations: Intelligence and Security Informatics[C]. Berlin: Springer Publishing Company, 2004.

[103]   Scannapieco M, Figotin I, Bertino E, et al. Privacy preserving schema and data matching: Proceedings of the 2007 ACM SIGMOD international conference on Management of data[C]. New York: Association for Computing Machinery, 2007.

[104]   方匡南, 吳見彬, 朱建平, 等. 隨機森林方法研究整體説明[J]. 統計與資訊理論壇, 2011, 26 (3): 32-38.

[105]   Chen T, Guestrin C. Xgboost: A scalable tree boosting system: Proceedings of the 22nd acm sigkdd international conference on knowledge discovery and data mining[C]. New York: Association for Computing Machinery, 2016.

[106] Phong L T, Aono Y, Hayashi T, et al. Privacy-Preserving Deep Learning via Additively Homomorphic Encryption[J]. IEEE Transactions on Information Forensics and Security, 2018, 13 (5): 1333-1345.

[107] McMahan B H, Moore E, Ramage D, et al. Communication-efficient learning of deep networks from decentralized data[A/OL]. arXiv.org[2020-1-18]. https://ui.adsabs.harvard.edu/abs/2016arXiv160205629B/abstract.

[108] Yu C, Tang H, Renggli C, et al. Distributed learning over unreliable networks: International Conference on Machine Learning[C]. New York : Association for Computing Machinery, 2019.

[109] Su H, Chen H. Experiments on parallel training of deep neural network using model averaging[A/OL]. arXiv.org[2020-1-18]. https://ui.adsabs.harvard.edu/abs/2015arXiv150701239S/ abstract.

[110] Yu H, Yang S, Zhu S. Parallel restarted SGD with faster convergence and less communication: Demystifying why model averaging works for deep learning[A/OL]. arXiv.org[2020-1-18]. https://ui.adsabs.harvard.edu/abs/2018arXiv180706629Y/abstract.

[111] Chang K, Balachandar N, Lam C, et al. Distributed deep learning networks among institutions for medical imaging[J]. Journal of the American Medical Informatics Association, 2018, 25 (8): 945-954.

[112] Chang K, Balachandar N, Lam C K, et al. Institutionally Distributed Deep Learning Networks[A/OL]. arXiv.org[2020-1-18]. https://ui.adsabs.harvard.edu/abs/2017arXiv170905929C/ abstract.

[113] Yang Q, Liu Y, Cheng Y, et al. Federated Learning[M]. San Rafael: Morgan & Claypool Publishers, 2019.

[114] Yang T, Andrew G, Eichner H, et al. Applied federated learning: Improving google keyboard query suggestions[A/OL]. arXiv.org[2020-1-18]. https://ui.adsabs.harvard.edu/abs/2018arXiv 181202903Y/abstract.

[115] Dai W, Yang Q, Xue G R, et al. Boosting for transfer learning: Proceedings of the 24th international conference on Machine learning[C]. New York: Association for Computing Machinery, 2007.

[116] Das S R, Chen M Y. Yahoo! for Amazon: Sentiment Extraction from Small Talk on the Web[J]. Management Science, 2007, 53 (9): 1375-1388.

[117] Thomas M, Pang B, Lee L. Get out the vote: Determining support or opposition from Congressional floor-debate transcripts: Proceedings of the 2006 Conference on Empirical Methods in Natural Language Processing[C]. Cambridge: The MIT Press, 2006.

[118] Blitzer J, Dredze M, Pereira F. Biographies, bollywood, boom-boxes and blenders: Domain adaptation for sentiment classification: Proceedings of the 45th annual meeting of the association of computational linguistics[C]. Stroudsburg: Association for Computational Linguistics, 2007.

[119] Yin J, Yang Q, Ni L. Adaptive temporal radio maps for indoor location estimation: Third IEEE international conference on pervasive computing and communications[C]. New York: Institute of Electrical and Electronics Engineers, 2005.

[120] Ferris B, Fox D, Lawrence N D. Wifi-slam using gaussian process latent variable models: International Joint Conferences on Artificial Intelligence[C]. Menlo Park: AAAI Press, 2007.

[121] Pan J J, Yang Q, Chang H, et al. A manifold regularization approach to calibration reduction for sensor-network based tracking: Association for the Advancement of Artificial Intelligence[C]. Menlo Park: AAAI Press, 2006.

[122] Pan S J, Zheng V W, Yang Q, et al. Transfer learning for wifi-based indoor localization: Association for the advancement of artificial intelligence (AAAI) workshop[C]. Menlo Park: AAAI Press, 2008.

[123] Cook D, Feuz K D, Krishnan N C. Transfer learning for activity recognition: A survey[J]. Knowledge and information systems, 2013, 36 (3): 537-556.

[124] Pan S J, Tsang I W, Kwok J T, et al. Domain adaptation via transfer component analysis[J]. IEEE Transactions on Neural Networks, 2011, 22 (2): 199-210.

[125] Krizhevsky A, Sutskever I, Hinton G E. Imagenet classification with deep convolutional neural networks: Advances in neural information processing systems[C]. New York: Curran Associates, 2012.

[126] Simonyan K, Zisserman A. Very deep convolutional networks for large-scale image recognition[A/OL]. arXiv.org[2020-1-18]. https://ui.adsabs.harvard.edu/abs/2014arXiv1409.1556S/abstract.

[127] Szegedy C, Liu W, Jia Y, et al. Going deeper with convolutions: Proceedings of the IEEE conference on computer vision and pattern recognition[C]. New York: Institute of Electrical and Electronics Engineers, 2015.

[128] 周志華. 機器學習[M]. 北京：清華大學出版社, 2016.

[129] Zeiler M D, Taylor G W, Fergus R. Adaptive deconvolutional networks for mid and high level feature learning: 2011 International

Conference on Computer Vision[C]. New York: Institute of Electrical and Electronics Engineers, 2011.

[130] Le Q V. Building high-level features using large scale unsupervised learning: 2013 IEEE international conference on acoustics, speech and signal processing[C]. New York: Institute of Electrical and Electronics Engineers, 2013.

[131] Oquab M, Bottou L, Laptev I, et al. Learning and transferring mid-level image representations using convolutional neural networks: Proceedings of the IEEE conference on computer vision and pattern recognition[C]. New York: Institute of Electrical and Electronics Engineers, 2014.

[132] Shu X, Qi G J, Tang J, et al. Weakly-shared deep transfer networks for heterogeneous-domain knowledge propagation: Proceedings of the 23rd ACM international conference on Multimedia[C]. New York: Association for Computing Machinery, 2015.

[133] Chua T S, Tang J, Hong R, et al. NUS-WIDE: a real-world web image database from National University of Singapore: Proceedings of the ACM international conference on image and video retrieval[C]. New York: Association for Computing Machinery, 2009.

[134] Zhu Y, Chen Y, Lu Z, et al. Heterogeneous transfer learning for image classification: Twenty-Fifth AAAI Conference on Artificial Intelligence[C]. Menlo Park: AAAI Press, 2011.

[135] Qi G-J, Aggarwal C, Huang T. Towards semantic knowledge propagation from text corpus to web images: Proceedings of the 20th international conference on World wide web[C]. New York: Association for Computing Machinery, 2011.

[136] Regulation P. Regulation (EU) 2016/679 of the European Parliament and of the Council[J]. REGULATION (EU), 2016, 679: 2016.

[137] Liang X, Liu Y, Chen T, et al. Federated Transfer Reinforcement Learning for Autonomous Driving[A/OL]. arXiv.org[2020-1-18]. https://ui.adsabs.harvard.edu/abs/2019arXiv191006001L/abstract.

[138] Liu Y, Chen T, Yang Q. Secure federated transfer learning[A/OL].arXiv.org[2020-1-18]. https://ui.adsabs.harvard.edu/abs/2018arXiv181203337L/abstract.

[139] Sharma S, Chaoping X, Liu Y, et al. Secure and Efficient Federated Transfer Learning: 2019 IEEE International Conference on Big Data (Big Data) [C]. New York: Institute of Electrical and Electronics Engineers, 2019.

[140] Aono Y, Hayashi T, Phong L T, et al. Scalable and secure logistic regression via homomorphic encryption: Proceedings of the Sixth ACM Conference on Data and Application Security and Privacy[C]. New York: Association for Computing Machinery, 2016.

[141] Phong L T , Aono Y , Hayashi T , et al. Privacy-Preserving Deep Learning via Additively Homomorphic Encryption[J]. IEEE Transactions on Information Forensics and Security, 2018, 13(5):1333-1345.

[142] Kim M, Song Y, Wang S, et al. Secure logistic regression based on homomorphic encryption: Design and evaluation[J]. JMIR medical informatics, 2018, 6 (2): 19.

[143] Sirajudeen Y M, Anitha R. Survey on Homomorphic Encryption: International Conference for Phoenixes on Emerging Current Trends in Engineering and Management (PECTEAM 2018) [C]. Paris: Atlantis Press, 2018.

[144] Demmler D, Schneider T, Zohner M. ABY-A framework for efficient mixed-protocol secure two-party computation: The Network and Distributed System Security Symposium[C]. Reston: Internet Society, 2015.

[145] Damgård I, Pastro V, Smart N, et al. Multiparty computation from somewhat homomorphic encryption: Advances in Cryptology – CRYPTO 2012[C]. Berlin: Springer Publishing Company, 2012.

[146] Damgård I, Keller M, Larraia E, et al. Practical covertly secure MPC for dishonest majority-or: breaking the SPDZ limits: Computer Security – ESORICS 2013[C]. Berlin: Springer Publishing Company, 2013.

[147] Abadi M, Chu A, Goodfellow I, et al. Deep learning with differential privacy: Proceedings of the 2016 ACM SIGSAC Conference on Computer and Communications Security[C]. New York: Association for Computing Machinery, 2016.

[148] Hitaj B, Ateniese G, Perez-Cruz F. Deep models under the GAN: information leakage from collaborative deep learning: Proceedings of the 2017 ACM SIGSAC Conference on Computer and Communications Security[C]. New York: Association for Computing Machinery, 2017.

[149] Du W, Han Y S, Chen S. Privacy-preserving multivariate statistical analysis: Linear regression and classification: 2004 SIAM international conference on data mining[C]. Philadelphia: Society for Industrial and Applied Mathematics, 2004.

[150] Jing Q, Wang W, Zhang J, et al. Quantifying the Performance of Federated Transfer Learning[A/OL]. arXiv.org[2020-1-18]. https://ui.adsabs.harvard.edu/abs/2019arXiv191212795J/abstract.

[151] Lillicrap T P, Hunt J J, Pritzel A, et al. Continuous control with deep reinforcement learning[A/OL]. arXiv.org[2020-1-18]. https://ui.adsabs.harvard.edu/abs/2015arXiv150902971L/abstract.

[152] Watkins C, Dayan P. Q-learning[J]. Machine Learning, 1992, 8(3-4): 279-292.

[153] Silver D, Lever G, Heess N, et al. Deterministic policy gradient algorithms: Proceedings of the 31st International Conference on International Conference on Machine Learning[C]. New York: Association for Computing Machinery, 2014.

[154] Ioffe S, Szegedy C. Batch normalization: accelerating deep network training by reducing internal covariate shift: International Conference on Machine Learning[C]. New York : Association for Computing Machinery, 2015.

[155] Uhlenbeck G E, Ornstein L S. On the Theory of the Brownian Motion[J]. Revista Latinoamericana De Microbiología, 1973, 15(1): 29.

[156] Liu B，Wang L，Liu M, et al. Lifelong Federated Reinforcement Learning: A Learning Architecture for Navigation in Cloud Robotic Systems [J]. IEEE Robotics and Automation Letters, 2019, 4(4): 4555-4562.

[157] Wu P, Dietterich T G. Improving SVM accuracy by training on auxiliary data sources: Proceedings of the twenty-first international conference on Machine learning[C]. New York: Association for Computing Machinery, 2004.

[158] Liao X, Xue Y, Carin L. Logistic regression with an auxiliary data source: Proceedings of the 22nd international conference on Machine learning[C]. New York: Association for Computing Machinery, 2005.

[159] Jiang J, Zhai C X. Instance weighting for domain adaptation in NLP: Proceedings of the 45th annual meeting of the association of computational linguistics[C]. Stroudsburg: Association for Computational Linguistics, 2007.

[160] Dai W, Xue G R, Yang Q, et al. Transferring naive bayes classifiers for text classification: The Association for the Advancement of Artificial Intelligence[C]. Menlo Park: AAAI Press, 2007.

[161] Huang J, Gretton A, Borgwardt K, et al. Correcting sample selection bias by unlabeled data[J]. Advances in neural information processing systems, 2006, 19: 601-608.

[162] Bickel S, Brückner M, Scheffer T. Discriminative learning for differing training and test distributions: Proceedings of the 24th international conference on Machine learning[C]. New York: Association for Computing Machinery, 2007.

[163] Sugiyama M, Nakajima S, Kashima H, et al. Direct importance estimation with model selection and its application to covariate shift adaptation: Advances in neural information processing systems[C]. New York: Curran Associates, 2008.

[164] Quionero-Candela J, Sugiyama M, Schwaighofer A, et al. Dataset shift in machine learning[M]. Cambridge: The MIT Press, 2009.

[165] Argyriou A, Evgeniou T, Pontil M. Multi-task feature learning: Advances in neural information processing systems[C]. New York: Curran Associates, 2007.

[166] Argyriou A, Pontil M, Ying Y, et al. A spectral regularization framework for multi-task structure learning: Advances in neural information processing systems[C]. New York: Curran Associates, 2008.

[167] Jebara T. Multi-task feature and kernel selection for SVMs: Proceedings of the twenty-first international conference on Machine learning[C]. New York: Association for Computing Machinery, 2004.

[168] Lee S I, Chatalbashev V, Vickrey D, et al. Learning a meta-level prior for feature relevance from multiple related tasks: Proceedings of the 24th international conference on Machine learning[C]. New York: Association for Computing Machinery, 2007.

[169] Raina R, Battle A, Lee H, et al. Self-taught learning: transfer learning from unlabeled data: Proceedings of the 24th international conference on Machine learning[C]. New York: Association for Computing Machinery, 2007.

[170] Wang C, Mahadevan S. Manifold alignment using procrustes analysis: Proceedings of the 25th international conference on Machine learning[C]. New York: Association for Computing Machinery, 2008.

[171] Blitzer J, Mcdonald R, Pereira F. Domain adaptation with structural correspondence learning: 45th Annv. Meeting of the Assoc[C]. Stroudsburg: Association for Computational Linguistics, 2006.

[172] Daumé Iii H. Frustratingly easy domain adaptation[A/OL]. arXiv.org[2020-1-18]. https://ui.adsabs.harvard.edu/abs/2009arXiv0907.1815D/abstract

[173] Ben-David S, Blitzer J, Crammer K, et al. Analysis of representations for domain adaptation: Advances in neural information processing systems[C]. New York: Curran Associates, 2007.

[174] Blitzer J, Crammer K, Kulesza A, et al. Learning bounds for domain adaptation: Advances in neural information processing systems[C]. New York: Curran Associates, 2008.

[175] Lawrence N D, Platt J C. Learning to learn with the informative vector machine: Proceedings of the twenty-first international conference on Machine learning[C]. New York: Association for Computing Machinery, 2004.

[176] Evgeniou T, Pontil M. Regularized multi-task learning:.Proceedings of the tenth ACM SIGKDD international conference on Knowledge discovery and data mining[C]. New York: Association for Computing Machinery, 2004.

[177] Bonilla E V, Chai K M, Williams C. Multi-task Gaussian process prediction: Advances in neural information processing systems[C]. New York: Curran Associates, 2008.

[178] Schwaighofer A, Tresp V, Yu K. Learning Gaussian process kernels via hierarchical Bayes[J]. Advances in neural information processing systems, 2004, 17: 1209-1216.

[179] Gao J, Fan W, Jiang J, et al. Knowledge transfer via multiple model local structure mapping: Proceedings of the 14th ACM SIGKDD international conference on Knowledge discovery and data mining[C]. New York: Association for Computing Machinery, 2008.

[180] Richardson M, Domingos P. Markov logic networks[J]. Machine learning, 2006, 62 (1-2): 107-136.

[181] Davis J, Domingos P. Deep transfer via second-order markov logic: Proceedings of the 26th annual international conference on machine learning[C]. New York: Association for Computing Machinery, 2009.

[182] Mihalkova L, Mooney R J. Transfer learning by mapping with minimal target data: Proceedings of the AAAI-08 workshop on transfer learning for complex tasks[C]. Menlo Park: AAAI Press, 2008.

[183] Wang Z, Song Y, Zhang C. Transferred dimensionality reduction: Machine Learning and Knowledge Discovery in Databases[C]. Berlin: Springer Publishing Company, 2008.

[184] 陳碩. Linux 多執行緒服務端程式設計: 使用 muduo C++網路函數庫 [M]. 北京: 電子工業出版社, 2013.

[185] Brisimi T S, Chen R, Mela T, et al. Federated learning of predictive models from federated Electronic Health Records[J].International Journal of Medical Informatics, 2018, 112: 59-67.

[186] Liu D, Miller T, Sayeed R, et al. Fadl: Federated-autonomous deep learning for distributed electronic health record[A/OL]. arXiv.org[2020-1-18]. https://ui.adsabs.harvard.edu/abs/2018arXiv 181111400L/abstract.

[187] 譚作文, 張連福. 機器學習隱私保護研究整體説明[J]. 軟體學報, 2020, 31(7): 2127-2156.

[188] 夏商周. 基於 WoE-Logistic ogistic 信用評分卡違約預測模型的網貸 平台價值最佳化方法[D]. 武漢：華中師範大學, 2019.

[189] 楊強. AI 與資料隱私保護：「聯邦學習」的破解之道[J]. 資訊安全 研究, 2019,(11): 961-965.

[190] 沈煒, 陳純. 基於條件可信第三方的不可否認協定[J].浙江大學學報 (工學版), 2004,38(1): 35-39.

[191] 維克托·邁爾-舍恩伯格. 巨量資料時代：生活、工作與思維的大變 革[M]. 杭州：浙江人民出版社, 2013.

[192] 伍李明. 企業會計準則——基本準則[J]. 對外經貿財會, 2006, (4): 7-9.

[193] Murphy J. The general data protection regulation (GDPR)[J]. Irish medical journal, 2018, 111(5): 747.

[194] Berkman M. Valuing Intellectual Property Assets for Licensing Transactions[J]. The Licensing Journal, 2002, 28(4):16.

[195] 蘇淑香. 無形資產評估的重置成本法及其適用性探討[J]. 山東工業大學學報：社會科學版, 2000, (3): 211-212.

[196] 劉琦, 童洋, 魏永長, 等. 市場法評估巨量資料資產的應用[J]. 中國資產評估, 2016,(11):33-37.

[197] 李永紅, 張淑雯. 資料資產價值評估模型建構[J]. 財會月刊, 2018,(9):30-35.

[198] Wang G, Dang C X, Zhou Z. Measure Contribution of Participants in Federated Learning: 2019 IEEE International Conference on Big Data (Big Data)[C]. New York: Institute of Electrical and Electronics Engineers, 2020.

[199] Richardson A, Filos-Ratsikas A, Faltings B. Rewarding high-quality data via influence functions[A/OL]. arXiv.org[2020-1-18]. https://ui.adsabs.harvard.edu/abs/2019arXiv190811598R/ abstract.

[200] Kang J, Xiong Z, Niyato D, et al. Incentive Mechanism for Reliable Federated Learning: A Joint Optimization Approach to Combining Reputation and Contract Theory[J]. IEEE Internet of Things Journal, 2019, 6(6):10700-10714.

[201] Yu H, Liu Z, Chen T, et al. A Fairness-aware Incentive Scheme for Federated Learning: Proceedings of the AAAI/ACM Conference on AI, Ethics, and Society[C]. New York: Association for Computing Machinery, 2020.

[202] Pandey S R, Tran N H, Bennis M, et al. A crowdsourcing framework for on-device federated learning[J]. IEEE Transactions on Wireless Communications, 2020, 19(5): 3241-3256.

[203] Sabt M, Achemlal M, Bouabdallah A. Trusted Execution Environment: What It is, and What It is Not: 2015 IEEE Trustcom/BigDataSE/ISPA[C]. New York: Institute of Electrical and Electronics Engineers, 2015.

[204] Dwork C, Mcsherry F, Nissim K, et al.Calibrating noise to sensitivity in private data analysis[J].Journal of Privacy and Confidentiality, 2016, 7 (3): 17-51.

[205] Tramèr F, Zhang F, Juels A, et al. Stealing machine learning models via prediction apis: 25th USENIX Security Symposium (USENIX Security 16) [C]. Berkeley: the Advanced Computing Systems Association , 2016.

[206] Jiang Y, Konen J, Rush K, et al. Improving Federated Learning Personalization via Model Agnostic Meta Learning[A/OL]. arXiv.org[2020-1-18]. https://ui.adsabs.harvard.edu/abs/2019arXiv 190912488J/abstract.

[207] Lake B, Salakhutdinov R, Gross J, et al. One shot learning of simple visual concepts: Proceedings of the 33rd Annual Conference of the Cognitive Science Society[C]. Austin: Cognitive Science Society, 2011.

[208] Wong C, Houlsby N, Lu Y, et al. Transfer learning with neural automl: Advances in Neural Information Processing Systems[C]. New York: Curran Associates, 2018.

[209] Thakkar O, Andrew G, McMahan H B. Differentially private learning with adaptive clipping[A/OL]. arXiv.org[2020-1-18]. https://ui.adsabs.harvard.edu/abs/2019arXiv190503871T/abstract.

[210] Lamport L, Shostak R, Pease M. The Byzantine generals problem[M]. San Rafael: Morgan & Claypool Publishers, 2019.

[211] Fang M H, Cao X Y, Jia J Y, et al. Local Model Poisoning Attacks to Byzantine-Robust Federated Learning[A/OL]. arXiv.org[2020-1-18]. https://ui.adsabs.harvard.edu/abs/2019arXiv191111815F/abstract.

[212] Fung C, Yoon C J, Beschastnikh I. Mitigating sybils in federated learning poisoning[A/OL]. arXiv.org[2020-1-18]. https://ui.adsabs.harvard.edu/abs/2018arXiv180804866F/abstract.

[213] Tramèr F, Boneh D. Adversarial training and robustness for multiple perturbations: Advances in Neural Information Processing Systems[C]. New York: Curran Associates, 2019.

[214] Mehrabi N, Morstatter F, Saxena N, et al. A survey on bias and fairness in machine learning[A/OL]. arXiv.org[2020-1-18]. https://ui.adsabs.harvard.edu/abs/2019arXiv190809635M/abstract.

[215] Li T, Sanjabi M, Beirami, et al. Fair Resource Allocation in Federated Learning[A/OL]. arXiv.org[2020-1-18]. https://ui.adsabs.harvard.edu/abs/2019arXiv190510497L/abstract.

[216] Cummings R, Gupta V, Kimpara D, et al. On the compatibility of privacy and fairness: Adjunct Publication of the 27th Conference on User Modeling, Adaptation and Personalization[C]. New York: Association for Computing Machinery, 2019.

[217] 王蓉, 馬春光, 武朋. 基於聯邦學習和卷積神經網路的入侵偵測方法[J].資訊網路安全, 2020,(4): 47-54

Note

Note